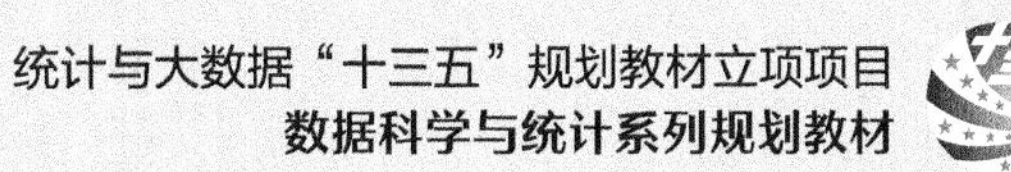

机器学习与Python实践

Machine Learning with Python

U0202770

黄勉 ◎ 编著

人民邮电出版社
北京

图书在版编目（CIP）数据

机器学习与Python实践 / 黄勉编著. -- 北京 : 人民邮电出版社, 2021.1（2024.1重印）
数据科学与统计系列规划教材
ISBN 978-7-115-53846-8

Ⅰ. ①机… Ⅱ. ①黄… Ⅲ. ①机器学习－教材②软件工具－程序设计－教材 Ⅳ. ①TP181②TP311.561

中国版本图书馆CIP数据核字(2020)第246146号

内 容 提 要

本书是一本机器学习入门的书籍。全书系统地讲解了机器学习的理论以及在实际数据分析中使用机器学习的基本步骤和方法；介绍了进行数据处理和分析时怎样选择合适的模型，以及模型的估计和优化算法等，并通过多个例子展示了机器学习的应用和实践经验。不同于很多讲解机器学习方法的书籍，本书以实践为导向，使用 Python 作为编程语言，强调简单、快速地建立模型，解决实际问题。读者通过对本书内容的学习，可以迅速上手实践机器学习，并利用机器学习解决实际问题。

本书可作为机器学习课程的教材，也适合于有意从事使用机器学习分析财经数据的分析师，以及经管类的本科生和研究生阅读。

◆ 编　　著　黄　勉
　责任编辑　武恩玉
　责任印制　周昇亮

◆ 人民邮电出版社出版发行　　北京市丰台区成寿寺路 11 号
　邮编　100164　　电子邮件　315@ptpress.com.cn
　网址　https://www.ptpress.com.cn
　固安县铭成印刷有限公司印刷

◆ 开本：800×1000　1/16
　印张：16.25　　　　2021 年 1 月第 1 版
　字数：387 千字　　　2024 年 1 月河北第 4 次印刷

定价：59.80 元

读者服务热线：(010)81055256　印装质量热线：(010)81055316
反盗版热线：(010)81055315
广告经营许可证：京东市监广登字 20170147 号

丛书序

当今，大数据和人工智能仍是最具活力的热点领域。大数据引发新一代信息技术的变革浪潮，正以排山倒海之势席卷世界，影响着社会生产生活的方方面面。而随着我国大数据、数据科学产业的蓬勃发展，北京大学光华管理学院商务统计系系主任王汉生教授意识到大数据和数据科学人才的匮乏，尤为难得的是，汉生教授所带领的团队愿意为高校的统计大数据人才培养方案和教学解决方案贡献智慧，以此希望能够培养出更多的大数据与数据科学人才来推动我国相关产业的发展。

面对海量的数据资源，汉生教授及其所在团队以敏锐的眼光抓住了学科发展的态势，引导读者使用数据分析工具和方法来重新认识大数据，重新认识数据科学。应该说，在整个大数据浪潮之中，我们正面临着大数据浪潮的冲击与历史性的转折，这无疑是个信息化的新时代，也是整个统计专业的新机遇。

基于此，汉生教授带领团队策划出版了“数据科学与统计系列规划教材”，本套丛书具有如下特色。

（1）始终坚持原创。本套丛书涉及的教学案例均为原创案例，这些案例体现数据创造价值、价值源于业务的原则；集教学实践与科研实践于一体，其核心目标是让精品案例走进课堂，更好地服务于“数据科学与大数据技术”专业的需要。

（2）矩阵式产品结构体系。为了更清晰地展示学科全貌，本套丛书采用矩阵式产品结构体系，计划在三年之内构建出一个完整、完善和完备的教学解决方案，供相关专业教师参考使用，以助力高等院校培养出更多的大数据和数据科学人才。

（3）注重实践。教育界一直都是理论研究和发展的基地，又是实践人员的培养中心。汉生教授及其所在团队一直重视本土案例的研发，并不断总结科研和教学的实践经验。他们把这些实践经验都融入了本套丛书之中，以此提供一个又一个鲜活的教学解决方案，体现大数据技术与数据科学人的共同进步。

总之，本套丛书不仅对“数据科学和大数据技术”专业很有价值，也对其他相关专业具有重要的参考价值和借鉴意义，特此向高等院校的教师们推荐本套丛书作为教材、教学参考、研究素材和学习标杆。

中国工程院院士　柴洪峰

2020 年 10 月 11 日

前言

随着信息技术的蓬勃发展和大数据时代的来临，学习和掌握分析处理数据的方法日益成为一种迫切的需求，甚至成为一种时尚。业界需要大量数据科学人才进行数据分析，数据科学人才需要能够掌握并灵活运用各个相关领域的方法，包括机器学习、数据挖掘、人工智能、计算机和统计学等。其中，机器学习处在这几个交叉学科中心的位置，深入了解和掌握机器学习方法和应用技巧是进入大数据分析领域的一个很好的切入点。

本书是作者多年教学和科研的结晶，全面介绍了机器学习理论及相关的实践知识，并对机器学习相关知识进行了系统介绍、分类和梳理，从理论、案例分析和动手编程多个角度来帮助读者学习、理解和掌握机器学习的各种理论方法和实践技巧。全书共 12 章，主要内容包括机器学习概述、Python 科学计算简介、无监督学习、线性回归和正则化方法、分类、局部建模、模型选择和模型评估、统计推断基础、贝叶斯方法、树和树的集成、深度学习、强化学习。本书内容丰富，讲解通俗易懂，非常适合本科生、研究生，以及对机器学习感兴趣或者想要使用 Python 语言进行数据分析的广大读者使用。

本书面向应用导向，加入编程元素和模拟仿真练习，读者在学习的过程中可以提高动手编程能力和分析数据能力。同时，本书的每一章均有实际案例数据分析来支持方法的学习，加深对方法的理解和掌握。本书使用 Python 语言作为示例和分析数据的工具，并对很多方法配有相应的 Python 实现程序，包括模拟仿真和真实案例。本书所有的数据集和相关代码可以在相关网页中下载，适合作为配套学习资料和参考资料，辅助加深读者对所学方法的理解。对于机器学习的理论，本书也有全面介绍，并在重要之处均给出相关参考资料，供有能力的读者自行查阅学习。

与同类教材相比，本书加入了新的统计学习、深度学习和深度强化学习等内容，更加侧重程序实现和数据分析应用。本书的许多实际例子涉及与经济金融和投资相关的数据分析，更适合经管类相关专业学生学习数据挖掘和机器学习，特别是面向经济、金融科技和量化投资方向的学生，既可以作为相关专业高年级本科生的教材，也可以作为研究生的教材或参考资料。

机器学习涵盖的内容十分广泛，作者也不可能对每个分支方向都有深入见解，有不少机器学习相关的内容（如概率图模型、关联规则和文本挖掘等）没有放到本书中。此外，书中必定会有很多不足之处，一些错误在所难免。如读者能批评指正则不胜感激，我将虚心接受并加以改进。

黄　勉

2020 年 6 月 1 日

微课视频列表说明

下表为《机器学习与 Python 实践》（ISBN 978-7-115-53846-8）的配套微课视频，详细说明如下。

章节		时长	内容简介
第1章　机器学习概述		27 分钟	本章介绍机器学习及相关概念，包括数据科学、数据挖掘、人工智能、统计学习。通过本章学习，应理解机器学习方法分类（有监督学习、无监督学习和强化学习），从解决实际问题的框架中理解机器学习相关概念之间的联系和区别
第 2 章	Python 科学计算简介（1）	22 分钟	本章介绍 Python 与机器学习相关的科学计算方法和基础编程知识，包括基础变量类型、控制语句和函数、科学计算和数据处理、作图和可视化、输入和输出、面向对象编程和常用工具库简介等。这些 Python 的基础功能和函数将用于之后章节中的程序和数据分析
	Python 科学计算简介（2）	18 分钟	
第3章　无监督学习		22 分钟	本章介绍无监督学习的概念及常见的无监督学习方法，包括描述性统计、核密度估计、k 均值算法、主成分分析、混合模型和隐马尔可夫模型。无监督学习对监督学习方法的理解有帮助
第4章　线性回归和正则化方法		25 分钟	本章重点介绍线性回归和正则化方法。首先回顾回归分析的流程；针对流程中的变量选择，介绍了常用的变量选择方法和正则化方法；最后介绍回归估计和矩阵分解之间的联系

(续表)

章节	时长	内容简介
第5章 分类	21 分钟	本章介绍基础分类方法包括线性判别、二次判别、朴素贝叶斯、逻辑回归、支持向量机 SVM 等分类方法，以及分类的评判如混淆矩阵、F1 Score、ROC 和 AUC。此外，对数据不平衡的处理方法进行了介绍
第6章 局部建模	20 分钟	本章介绍局部建模方法，包括样条方法、K 邻近方法、核技巧和局部回归方法。应理解局部建模方法并明确它们之间的区别、联系、使用场景及其局限性
第7章 模型选择和模型评估	19 分钟	本章介绍模型选择和模型评估方法。重点介绍了模型评估方法中泛化误差的定义、估计泛化误差的方法（如交叉验证和 Bootstrap），模型选择方法（如 AIC 和 BIC 方法）；此外，对估计的自由度概念进行介绍
第8章 统计推断基础	21 分钟	本章介绍统计学中频率学派的基础方法，包括传统的极大似然估计、置信区间和假设检验概念以及 Bootstrap 方法。此外还介绍 KL 距离及信息论相关概念，包括熵、交叉熵、互信息、条件熵。对极大似然估计，介绍了 EM 算法，并给出 EM 算法和变分推断、MM 算法的关系，以及混合模型和隐马尔可夫模型的 EM 算法
第9章 贝叶斯方法	19 分钟	本章介绍贝叶斯统计方法及其与频率学方法的区别和联系。重点介绍贝叶斯统计方法在机器学习的应用：包括 Metropolis-Hastings 抽样、拒绝抽样、重要性抽样等抽样方法以及变分贝叶斯方法
第10章 树和树的集成	18 分钟	本章介绍决策树（包括回归树和分类树）以及树的集成方法即 Bagging、随机森林和 Boosting Tree（包括 AdaBoost、GBDT、XGBoost）。应重点掌握树的集成方法及其运用的多种有效的方法，例如 L1、L2 正则、Bootstrap、Column Sampling 等

(续表)

<table>
<tr><th colspan="2">章节</th><th>时长</th><th>内容简介</th></tr>
<tr><td colspan="2">第11章 深度学习</td><td>25 分钟</td><td>本章介绍深度学习方向发展过程中沉淀下来有效的方法，包括神经元、反向传播算法、各种网络结构（如 CNN 和 RNN）以及深度无监督学习的两个著名方法 VAE 和 GAN。此外还简要介绍了深度学习的信息瓶颈理论。应重点掌握深度神经网络的不同网络结构及其特征提取、非线性建模和降维的能力，以及一些常用技巧如 Dropout 和批标准化等</td></tr>
<tr><td rowspan="2">第 12 章</td><td>强化学习（1）</td><td>19 分钟</td><td rowspan="2">本章介绍强化学习的基础概念和方法，包括基于值函数的强化学习方法（策略迭代和值迭代、蒙特卡洛方法、SARSA、Q 学习）；值函数近似和深度 Q 网络（LSTD-SARSA、LSTD-Q 和 DQN 及其拓展）；基于策略梯度的强化学习方法（REINFORCE、Actor-Critic 算法、A3C、D4PG ），以及树搜索 MCTS 等前沿方法。应重点掌握深度学习、强化学习、深度强化学习的方法及其同有监督学习的区别与联系</td></tr>
<tr><td>强化学习（2）</td><td>15 分钟</td></tr>
</table>

目录

第1章 机器学习概述

随着大数据时代的来临，与分析和处理数据有关的交叉学科正在蓬勃发展，很多概念变得耳熟能详，如数据科学、机器学习、数据挖掘、人工智能、统计学习等。本章从面向实际应用的角度出发，简要介绍这些概念的内涵和外延，并通过对比说明它们的区别。

1.1 引言

数据科学指的是使用科学方法分析数据，从数据中提取有效信息，帮助人们理解观测到的现象，并由数据驱动进行预测或决策的理论和方法体系。常用的科学方法包括处理分析数据相关的数学、统计学和计算机科学方法。与数据科学相关的重要概念是机器学习和数据挖掘，它们与当前热门的大数据和人工智能有十分密切的关系。为了进一步说明这些概念，结合实际需求，我们把这些概念放在一个大的问题导向框架下来看。在这个框架下，我们的目标是通过分析数据，解决实际业务中与数据相关的问题。因此，我们需要一个应用场景或一个实际业务中待解决的问题，应用科学方法找到该问题的最优解决方案。

1.1.1 问题导向框架

在问题导向框架下，我们提出一个简化业务流程图，如图 1.1 所示。该流程图将解决问题的整个流程分为三部分：第一部分是明确问题，例如，我们的目的是要做什么，有什么样的数据，希望从中得到什么等。第二部分是一个大的模型集和方法集，里面有成熟的、模块化的各种数据分析方法和模型。我们一般将这些模型集和方法集划分为三大类，分别是无监督学习、有监督学习和强化学习，每一大类还会根据具体情况和需求有进一步的细分，如有监督学习类根据响应变量的属性又分为分类方法和回归方法等，这些方法在本书后面章节中会具体展开。流程图的第三部分是解决方案，它是能够解决或部分解决前述问题的实现方法和能够达到预期需求的工具，可以是一份完整的分析报告、某个分析处理数据的软件等。

流程图的第一部分到第二部分是一个数学建模或统计建模过程。建模过程将实际问题和需求转化为能用数学和统计语言描述的问题，从模型集和方法集中找到合适求解该问题的方法，这是我们常说的，很多参与过建模竞赛的学生对此是熟悉的。建模过程也包括模型的选择评估、分析结果的解释和推理等。流程图的第二部分到第三部分是一个非常关键的步骤，称为“实现过程”。它包括第二部分的方法论的计算机程序实现，还包括很多具体到某个实际状况的处理方法、技巧甚至一些权宜之计和经验做法。这些情形和处理方法也就是业界常说的“踩坑、填坑”，对实现整个业务流程是十分重要的。

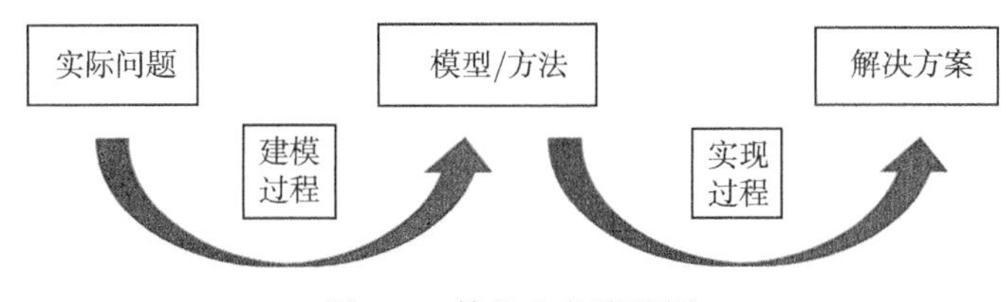

图 1.1 简化业务流程图

下面举两个不同的例子来说明流程图。第一个例子是垃圾邮件识别。我们每天都会收到很多垃圾电子邮件，因此智能过滤是一个很明确的需求，需求的目标就是根据电子邮件的标题、内容、发送者自动识别并过滤掉垃圾电子邮件。这个问题可以转化为一个分类问题。我们可以很容易地从方法集里面的有监督学习中找到合适的分类方法，比如支持向量机（Support Vestor Machine, SVM）、逻辑回归等。它的解决方案是在电子邮件软件中嵌入某段程序，利用分类方法实现识别功能。建模过程包括特征的生成、选取、模型选择和评估等。垃圾邮件识别属于难度不算高的问题，基于一些训练数据，有一定基础的读者可以自行完成。

第二个例子是量化投资交易。量化投资是金融研究和应用中的一个分支方向，它的投资对象包括股市、债市、汇率和各类金融衍生品，投资的方法包括选股、CTA、套利、统计套利、做市等。在现实中量化投资需要完成数据源、行情源、交易接口和交易系统的开发调试、策略的开发实现、资金管理、风险管理和绩效评估、各级监控和监管等一系列环节，是一个十分复杂的问题。以量化选股中的策略研发为例，它的目标是根据历史走势和相关市场行情判断股票未来一段时间的走势，给出交易信号或投资组合策略，从而获得较为稳定的正收益。一般的策略开发可以放到监督学习或强化学习的框架中研究，读者可尝试各种解决方案。

以上两个例子的每个步骤都可以对应到流程图中，但它们有很大的区别。其中一个主要的区别是数据中的信噪比。我们认为垃圾邮件识别问题中数据的信噪比很高、特征明确，这时使用机器学习方法可以得到非常好的效果。这点在电子商务中的购物和营销数据中也体现得较为明显，在一些复杂的机器学习方法（包括深度学习）中得到了很好的应用。对于金融市场数据，它的信噪比很低，里面包含了大量的噪声和随机误差，以至于业界一部分人对机器学习方法能否在信噪比低的环境中应用持怀疑态度，对过度使用机器学习方法抱有戒心。当然，业界也有很多支持机器学习在这个方向探索的基金，如文艺复兴基金。近几年的一个例子是顶尖深度学习科学家加盟的美国城堡基金（Citadel）。

此外，另一个区别是技术的开放程度。机器学习方法在处理垃圾邮件等很多应用领域的技术（包括一些细节）是相对比较开放的。这些领域还包括电子商务、精准营销和用户画像等，它们行业竞争的壁垒主要不在技术而是在数据的积累和业务的其他方面。但是，在量化交易中，一个高效盈利策略的公开意味着该策略很快失效，因此应用技术的交流和发展相对比较封闭。实践中量化投资以数据科学作为切入点既有很大的风险也有很大的机遇。

1.1.2 数据挖掘和机器学习

数据挖掘与机器学习有很多重合之处，但它们关注的侧重点不同。数据挖掘一般指从数据分析中提取特征、模式和有用信息的过程，涉及机器学习、统计和数据库系统的交叉领域。数据挖掘也被认为是数据库知识发现（Knowledge Discovery in Databases，KDD）中的重要步骤。数据挖掘中的几个主要方法包括分类、聚类、关联规则、异常分析和检测。数据挖掘除了关注建模方法之外，还关注从流程图 1.1 第一部分到第二部分的建模过程，包括对数据的预处理、描述性统计分析、探索性数据分析、数据展示等。与普通数据分析相比，数据挖掘更关注使用机器学习和统计模型从大数据中寻找未被发现的信息和模式。

机器学习包括理论和应用两个方面。理论研究内容主要集中在流程图 1.1 第二部分的模型和方法中，它更关心这些模型应该如何求解、方法的理论性质、对应的算法的构造和效率等。机器学习关注一些相对复杂的模型，如 SVM、决策树集成、深度学习等。机器学习方法按学习的目标可以分成有监督学习、无监督学习和强化学习三大类；按是否使用了多个层级的函数映射可以分为浅层学习和深度学习两类。本书将在 1.2 节具体介绍这些细分概念和方法。在机器学习的应用中，我们更关注方法的实际效果，如模型的预测效果。为了达到好的实际效果，机器学习方法侧重特征的构造和选取、模型选择、模型评估、结果的分析和解释，以及方法的效率、稳健性、可扩展性等。这些属于流程图 1.1 中第二部分到第三部分的实现过程。

1.1.3 人工智能和机器学习

智能是一个比较宽的概念，包括认知、理解、推理、逻辑、学习、创造、批判性思考以及解决问题的能力等。人工智能（Artificial Intelligence，AI）泛指通过计算机来模拟和拓展人类智能的理论方法和技术，也被称为机器智能。人工智能的终极目标之一是创造出具有自我意识的超级智能体。这类话题容易引发大众的担忧，如人类的未来会不会被机器人掌控？在现在的阶段，人工智能的发展离大众所担忧的超级智能还有很遥远的距离，与机器学习的概念更为接近。

人工智能的概念起源于 20 世纪 50 年代，发展历程中经历了 20 世纪 70 年代中期和 20 世纪 80 年代末到 90 年代初两次低谷，也经历了统计学习方法（如支持向量机和集成决策树学习）的崛起以及神经网络和强化学习方法的复兴。从 2006 年深度神经网络和系统化的训练方法被引入后，基于深度学习的人工智能得到了学术界和产业界的大量智力和资金的投入，不断蓬勃发展，对现代社会产生了广泛而深刻的影响。

目前人工智能的研究主要集中在一些具体的场景，如游戏 AI、医疗 AI、无人驾驶、自然语言处理、图像识别和生成等。人工智能所使用的基本方法是机器学习中的深度学习和强化学习，这两个方法在本书第 11、12 章会进行具体介绍。AlphaGo 的创造者之一大卫 · 西沃（David Silver）博士曾提出 AI = RL + DL，即人工智能等于强化学习加深度学习。从 2013 年起，强化学习在引入深度神经网络后得到了长足飞速发展，两者的结合形成了一个新的研究方向，即深度强化学习，解决了之前看似遥不可及的很多问题，如游戏 AI、围棋、自动驾驶等。

1.2 机器学习的分类

1.2.1 无监督学习、有监督学习和强化学习

机器学习按学习目标的不同可分为无监督学习、有监督学习和强化学习。我们首先介绍无监督学习和有监督学习这两类学习方法。通俗地说，有监督学习处理的是有响应变量或有标签的数据，无监督学习处理的是无响应变量或无标签的数据。有监督学习包括所有的分类方法和回归方法，如线性回归、线性判别、决策树、逻辑回归、SVM、随机森林等。无监督学习包括聚类方法（如 k-means）、特征提取方法（如主成分分析）。还有一些模型和方法可以归入无监督学习，如 A-priori 关联学习、高斯混合模型、隐马尔可夫模型等。

学习是一个建模过程。这个过程所分析的数据可以用 $D=(X,Y)$ 表示。在有监督学习中，我们将数据分为响应变量 Y（又称因变量，离散的 Y 又叫标签）和预测变量 X（又称自变量或解释变量），研究 $\text{Prob}(Y|X)$，即给定 X 后 Y 的条件分布。对于预测问题，很多时候我们对条件分布的均值感兴趣，建立模型 $Y=f(X,\theta)+\epsilon$。这里 θ 表示模型的未知参数或未知函数，ϵ 表示误差项。模型中 f 的形式可以是线性的，也可以是非线性的。在线性模型中，$f(X,\theta)=X\theta$ 是一个线性关系。在神经网络模型中，f 表示特定的非线性神经网络，θ 是和神经网络相关的参数（如权重等）。本书中模型一般指数据的产生机制。有了模型之后，一般会有一个需要优化的目标函数。通常为了估计 θ，可以有很多不同的估计方法或算法，选择使用其中较好的一个估计，代入 f 则可以得到预测模型。

在无监督学习中，数据不区分响应变量 Y 和预测变量 X，此时我们可以将数据用 X 表示。我们研究与 X 的分布 $\text{Prob}(X)$ 相关的量或特征。从这个定义出发，无监督学习包括除了前面提到的 k-means、主成分分析、A-priori 关联学习、高斯混合模型之外，也包括一些简单的描述性统计方法，如均值、方差、协方差、高阶矩、简单分位数、箱线图、直方图、核密度估计等。

有一大类涉及决策和环境交互影响的问题，它们不容易放到有监督学习或无监督学习的

框架内研究，但可以使用强化学习解决。在强化学习中，依据环境状态做出决策的主体（决策函数）称为代理（Agent）。在时刻 t，代理观察到环境状态 s_t，并执行动作 a_t。接着在时刻 $t+1$，代理收到执行该动作的回报（或反馈）r_{t+1}，并观测到环境状态 s_{t+1}，然后执行动作 $a_{t+1}\cdots$ 如此下去，直到这个过程以某种方式结束。

以上过程可以用马尔可夫决策过程（Markov Decision Process，MDP）描述。马尔可夫决策过程是一个五元组 $(S, A, \boldsymbol{P}, R, \gamma)$，其中：

(1) S 是状态集，$s_t \in S$；

(2) A 是动作集，$a_t \in A$；

(3) $\boldsymbol{P}$ 是转移概率函数矩阵，$\boldsymbol{P}_{ss'}^a = P(s_{t+1} = s' | s_t = s, a_t = a)$ 为三元函数，表示在状态 $s_t = s$ 执行动作 $a_t = a$ 后下一个状态为 $s_{t+1} = s'$ 的概率；

(4) R 是回报函数，$R_s^a = E(r_{t+1} | s_t = s, a_t = a)$；

(5) $\gamma \in [0, 1]$ 是折现因子，代表未来下一时刻单位回报在当前的价值。

学习的目标是寻求决策函数 $a = \pi(s)$，使得执行该策略的期望累计回报最大，即：

$$\max \sum_{t=0}^{\infty} \gamma^t R_{s_t}^{a_t}$$

强化学习是近似求解马尔可夫决策过程的算法集。在马尔可夫决策过程的转移概率函数矩阵 $\boldsymbol{P}$ 和回报函数 R 已知或者存在估计的情形下，可以使用基于 bellman 方程的值迭代、策略迭代等算法。如果模型未知，即转移概率函数矩阵 $\boldsymbol{P}$ 和 R 只能在经验数据中获得，强化学习发展出不基于模型的多种算法，包括蒙特卡洛方法、TD 方法（如 Q 学习、SARSA 学习）以及直接优化求解策略函数 $\pi(\cdot)$ 的 REINFORCE 方法、Actor-Critic 方法等。有一些方法综合了基于模型的方法和不基于模型的方法，如 Dyna-Q。

需要注意的一点是，“学习”是偏模型和建模层面的概念，在建模过程中需要用到的一些通用的处理优化问题算法和估计方法以及模型结构等不需要被归到无监督学习或有监督学习中，如极大似然估计、正则化方法、EM 算法、Bootstrap、神经网络结构（如 CNN、RNN）等。这些方法和结构既可以用于有监督学习，也可以用于无监督学习和强化学习。

1.2.2 深度学习和浅层学习

深度学习指的是在机器学习方法中引入多个层级的非线性处理单元，每层使用前一层的输出作为输入，实现特征提取和特征转换。这些方法大部分是基于神经网络，使用不同的网络结构对应不同的学习方法，可以用于有监督学习、无监督学习和强化学习。在无监督学习中引入深度神经网络的方法称为深度无监督学习。在强化学习中引入深度神经网络的方法称为深度强化学习。读者如需要系统深入地了解深度学习，可以从古德费洛（Goodfellow）等人所著的教程《深度学习》入手，结合最新论文、开源代码和一些好的网络资料（如吴恩达在 Coursera 的教程）进一步学习。

与深度学习对应的概念是浅层学习，其对原始数据进行了一层函数映射。我们熟悉的很多模型和算法都属于浅层学习，如无监督学习的 k 均值（k-means）算法、主成分分析技术（Principal Components Analysis, PCA），有监督学习的 SVM、决策树以及树的集成方法等。表 1.1 把各种常用的学习方法和模型按浅层学习和深度学习的概念做了简要分类。

表 1.1　常用的学习方法和模型分类

	无监督学习	有监督学习	强化学习
浅层学习	聚类、k-means 算法、 混合模型、PCA、 关联规则法、ICA	线性回归、逻辑回归、判别分析、 K 邻近法、支持向量机、 决策树、GBDT、随机森林	策略迭代、值迭代、 Q-Learning、SARSA、 蒙特卡洛法、TD 方法
深度学习	DBN、DBM、 GAN、VAE	使用了 DNN、CNN、RNN 的回归 使用了 DNN、CNN、RNN 的分类	DQN 及拓展、TRPO、 A3C、D4PG

1.2.3　统计学习

统计学习也是我们经常碰到的一个概念，有时会和机器学习混淆。这两个概念各有侧重：机器学习侧重模型的预测性能、泛化能力以及算法的性质和效率。有关机器学习的国外优秀书籍有很多，如《ML》和《PRML》等。而统计学习从数据出发，研究变量的分布和变量之间的关系。统计学习会在建模前对数据的分布或变量的关系做一些假设，并在建模过程中采用统计学的方法来检验这些假设，并进一步做统计推断。统计学习方向上国外也有一些非常优秀的书籍，如《ESL》《ISL》等。

为了进一步说明统计学习，我们明确一下两个术语的界定：模型和估计方法。对统计学来说，模型是指观测数据的产生机制，如建立线性回归模型 $Y = X\boldsymbol{\beta} + \epsilon$，指的是假定观测到的样本 (X, Y) 是由这个机制生成的。对于模型参数的估计方法，尽管有些书中也称其为模型，但实质是某种估计方法。例如，对 β 的估计方法包括最小二乘、岭回归等。有时我们会看到“岭回归模型”这种说法，但在本书的术语体系中，岭回归是一种估计方法，它和最小二乘估计对应同一个模型，即观测数据的产生机制是一样的。同样的道理，对于 $Y = f(X) + \epsilon$ 这一类模型，我们对 $f(X)$ 有不同的近似表示，得到了不同的估计方法，其中著名的有 Kernel SVM、随机森林以及各种神经网络。

在《统计学习方法》一书中提到过统计学习的三要素，即模型、策略（目标函数）和算法。这 3 个要素更适合作为对机器学习的阐述。在统计学习中，我们需要根据数据特点提出一个合理的、可被证伪的模型假设，然后尽可能给出最优的估计方法，把算法作为估计方法的实现工具。统计学研究中有时候更关注的是模型中未知参数或未知函数的估计的性质，如估计的相合性、渐近正态性、有效性、稀疏性等。这些性质与使用哪种算法求解是没有关系的。例如，极大似然估计具有渐近正态和渐近有效的优良性质，这些性质与极大似然估计如何求解是相互独立的。另外，在本书第 4 章中我们会看到，回归模型的 Lasso（L1 正则）估计天然具有稀疏性，这个性质不依赖于具体的算法，使用 LARS-Lasso 算法或坐标下降算法都可以得到稀疏的估计。对应“机器学习”三要素，统计学习的要素可以概括为：(1) 合理的模型假设（模型特指数据生成机制）；(2) 具有优良性质的估计方法；(3) 有效的求解算法。其中，尽管估计方法一般会对应一个目标函数，如均值估计或最小二乘估计对应一个平方损失函数。但是，一个估计方法对应的目标函数不一定是唯一的。例如，本书第 3 章介绍的核密度估计中，同一个估计方法可以对应两个不同的目标函数。

在统计学的研究中，对一个方法的评价更侧重于这些与求解算法无关的性质，这与机器学习的侧重点是不同的。深入了解估计方法的性质能指导我们正确选择估计方法（或目标函数），有助于提高模型的各种性能（如预测精度和泛化能力），这也是统计学对于机器学习的重要价值之一。一个著名的例子就是本书第 10 章中介绍的 AdaBoost 算法。统计学家通过深入研究找到了 AdaBoost 算法对应的目标函数和性质，并改进了 AdaBoost 算法，得到 GBDT 等更出色的算法。

1.3 机器学习的发展历程及应用

机器学习一词最早由美国 IBM 专家、人工智能领域的先驱亚瑟·萨缪尔（Arthur Samuel）于 20 世纪 50 年代末提出，这个时期的代表性工作是罗森布拉特（Rosenblatt）的感知器。在 20 世纪 60 年代到 20 世纪 70 年代间，机器学习主要关注与模式识别相关的方法和应用，主要代表性工作是邻近法的发明和强化学习方法的简单应用。到了 20 世纪 80 年代以神经网络为代表的机器学习方法得到的较大发展，反向传播算法重新发现和应用，一些神经网络结构如循环神经网络也被提出和使用。20 世纪 90 年代机器学习的主要成就是统计学习方法，主要包括支持向量机和树的集成方法如随机森林和提升树。进入 21 世纪后树的集成方法得到了很大的改进和广泛的应用，例如 XGBoost。2010 年后，以深度神经网络为主的深度学习方法不断兴起并成为主流的机器学习方法。深度学习在模式识别、语言处理、人工智能等多个方面获得巨大成功，成为业界应用中必不可少的元素之一，相关研究十分活跃。

机器学习方法在多个行业都有十分广泛的应用，前景广阔。常见应用包括图像识别、语音识别、文本挖掘、游戏竞技等。在医疗领域，机器学习方法被用来识别医疗图像特征并判断疾病；在金融领域，机器学习方法也有众多用途，例如金融投资方面的市场涨跌预测和智能投顾；消费金融方面的信用风险评估、反欺诈、用户画像和精准营销等。

本章习题

1. 查阅维基百科中相关概念，如数据科学、机器学习、数据挖掘、人工智能、统计学习的定义，并进行对比。

2. 查阅最近流行的 3~5 个机器学习方法，并填入表 1.1 中。
3. 什么原因导致了深度学习的盛行？
4. 谷歌翻译使用了哪种机器学习方法？
5. 除了棋类游戏，目前人工智能还在哪些领域超过了人类的表现？
6. 统计学的极大似然估计可以应用到表 1.1 中的哪些方法里？

第 2 章 Python 科学计算简介

Python 是由荷兰人吉多 · 范罗苏姆（Guido van Rossum）在 1989 年创造的一种面向对象的编程语言。它是一种交互式解释型的高级通用脚本语言，具有非常简明清晰的语法，既可以用于快速研发小型程序应用，也可以用于大规模软件开发。对于科学计算，Python 也有强大的库支持，如 NumPy、SciPy 等，它的基础计算功能可以媲美其他科学计算软件（如 Matlab）。由于免费开源性，Python 有更多的库函数支持和更广泛的应用。

Python 是支持数据挖掘和机器学习研究和应用的重要软件工具，也是本书使用的软件。尽管其他软件（如 R、Matlab 等）也能方便地进行科学计算，但从整体考虑，包括开源性、支持包和相关项目的数量及质量、标准化程度、业界的认可度等方面来看，Python 是更好的选择。目前的 Python 有两个版本：Python 2 和 Python 3，它们之间的区别不是很大，但少数语法不兼容。建议读者根据需求来确定使用哪个版本。但是一般的研究和数据分析建议使用 Python 3，前沿的深度学习计算也需要使用 Python 3。而且 2020 年后 Python 2 将停止更新维护，未来将以 Python 3 为主。本章将介绍 Python 与数据挖掘和机器学习相关的科学计算方法和基础编程知识，包括基本数据类型、函数、作图、数组运算、面向对象编程和常用工具库等。这些 Python 的基础功能和函数将应用于后面章节中的程序和数据分析。

2.1 基础变量类型

在计算机程序中，变量是用来存储已知或未知信息的字符，并分配有对应的存储地址。Python 常用的基础变量类型有 5 种，分别是 Number、String、List、Tuple 和 Dictionary。我们可以使用 type() 函数查询变量类型。

2.1.1 数字（Number）

Number 包括整数型 int 和浮点型 float。Python 支持常见的算术运算符，如加（+）、减（−）、乘（*）、除（/）、求余（%）；指数运算符（**）。简单算术运算的示例如下：

```
In [1]: a = (7.7 + 1 - 3.3)*2 / 8
   ...: print(a) #print()是输出函数
Out[1]: 1.35
In [2]: print(5 % 4)
Out[2]: 1
# x = x + a可以简化为x += a;  y = y * b可以简化为y *= b
In [3]: x = 1
   ...: x += 2
   ...: print(x)
Out[3]: 3
In [4]: print(16**0.5)
Out[4]: 4.0
```

Python 的比较运算符为相等（==）和不相等（!=），返回值为 True/False；逻辑运算使用关键字 and /or/not 表示，返回值为 True/False；同时，True/False 本身也可以进行逻辑运算，逻辑运算规则如下：

and 与运算	仅当所有的元素都为 True，and 的返回值才为 True，否则，and 的返回值为 False
or 或运算	只要有一个元素为 True，or 的返回值就为 True，否则，or 的返回值为 False
not 非运算	把 True 变为 False，False 变为 True

```
## 比较运算与逻辑运算示例
In [5]: x = 1
   ...: y = 'hello'
   ...: z = 3
## 检验等式
In [6]: x == 1
Out[6]: True
## 检验不等式
In [7]: y != 'hello'
Out[7]: False
## 逻辑运算
In [8]: x == 1 or y == 'hi'
Out[8]: True
In [9]: not y == 'hi'
Out[9]: True
```

2.1.2 字符串（String）

字符串是 Python 中常用的数据类型，以一个序列的方式存储字符，通常使用一对单引号（''）或双引号（''''）来创建。相关示例如下：

```
In [10]: str = 'Hello, World!'
```

在 Python 中，有许多内置的字符串命令可以简化字符串操作。字符串可以使用算术运算符号将两个字符串用加号连接，如 'aaa/' + 'bbb' 返回值为 'aaa/bbb'，这个功能在批量读取文件夹数据时十分有用；字符串还可以用乘号表示对其重复输出。

字符串的运算示例如下：

```
In [11]: 'hello, ' + 'world!'
Out[11]: 'hello, world!'
In [12]: str += '!!!1!'
    ...: print(str)
Out[12]: 'Hello, World!!!!1!'
In [13]: 'hi' * 10
Out[13]: 'hihihihihihihihihihi'
```

字符串支持指标索引和切片（截取），可以用中括号 [ ] 索引某个或截取一部分字符。索引单个字符方式为 str[num]，返回值为单个字符。索引指标从 0 开始，如长度为 10 的字符串第一个元素为 str[0]，最后一个元素为 str[9]。字符串长度可以由内置函数 len() 获取。当索引超出范围时，Python 就会报错。截取一部分字符可以通过 [start: end] 方式获取，规则为左包含右不包含，返回字符串的长度等于 (end−start)。例如，str[1:3] 表示截取了字符串第 2 个元素 str[1] 和第 3 个元素 str[2]，但不包含第 4 个元素 str[3]。我们也可以利用负指标从右端开始索引或截取，如最后一个元素为 str[-1]，倒数第 3 个元素为 str[-3:]。字符串的索引和切片示例如下：

```
In [14]: print(str[1])
Out[14]: e
In [15]: print(str[-1])
Out[15]: !
In [16]: print(str[7:12])
Out[16]: World
In [17]: len(str)
Out[17]: 18
```

字符串自带很多函数，用于处理字符串内的数据，如字符串的拆分、合并等。函数调用规则是 str.funcion()。一些常用的函数如下。

str.lstrip()	用于去掉字符串头的指定字符
str.rstrip()	用于去掉字符尾处的指定字符
str.split()	通过指定分隔符对字符串进行切片，返回一个切片后的列表
join()	将字符串的元素以指定的字符连接，生成一个新的字符串
str.lower()	将字符串中的所有大写字母转为小写字母
str.upper()	将字符串中的所有小写字母转为大写字母

字符串部分自带函数示例如下：

```
##字符串部分自带函数示例
In [18]: vec = '[1, 2, 3, 4.5]'
    ...: vec = vec.lstrip('[')
    ...: vec = vec.rstrip(']')
    ...: print(vec)
Out[18]: 1, 2, 3, 4.5
In [19]: nums = vec.split(',') #字符串切片，返回列表
    ...: print(nums)
Out[19]: ['1', ' 2', ' 3', ' 4.5']
In [20]: [float(n) for n in vec.split(',')] #列表 comprehension 操作
Out[20]: [1.0, 2.0, 3.0, 4.5]
In [21]: ' '.join(['Hello', 'World', '!'])
Out[21]: 'Hello World !'
```

2.1.3 列表（List）

列表也是 Python 中常用的数据类型之一，以一个序列的方式存储数据。列表可以使用中括号 [ ] 来创建，列表中的元素可以是不同的数据类型。与字符串类似，列表支持指标索引和切片，索引从 0 开始，也可以从 -1 开始反向索引。同样地，截取规则为左包含右不包含。当索引超出范围时，就会报错。我们可以通过函数 len() 来获取列表中的元素个数。列表中的元素可以修改，list[index] = value 表示将原 list 指定位置上的元素替换为给定的 value。

列表自带很多用于处理数据的函数，调用规则是 list.funcion()。我们可以对列表进行算术运算，使用加号表示连接，乘号表示重复，还可以随时添加、删除和替换其中的元素。一些常见操作如下：

list.append(value)	将 value 添加到 list 的末尾
list.extend(list2)	将 list2 中的元素添加到原 list 的末尾
list.insert(index, value)	将 value 添加到指定的原 list 中的 index 处
list.pop(index)	删除原 list 中 index 位置上的元素
list.count(value)	计算 list 中 value 出现的个数

```
## 列表的创建和索引运算示例
In [22]: l = [2, 4, 6, 8]
    ...: l[3]
Out[22]: 8
In [23]: l[-1]
Out[23]: 8
In [24]: l[4]
```

```
IndexError: list index out of range
In [25]: l.append(10) #在列表末端增加元素
    ...: l[4]
Out[25]: 10
In [26]: l[0:2]
Out[26]: [2, 4]
In [27]: l[1:3] = [7, 7]
In [28]: len(l)
```

```
## 列表运算示例
In [29]: l1 = [2, 4, 6, 8, 10]
    ...: l2 = [3, 5]
    ...: l3 = l1 + l2
    ...: l3
Out[29]: [2, 4, 6, 8, 10, 3, 5]
In [30]: l3.pop()
Out[30]: 5
In [31]: l *= 2
    ...: l[3:6]
Out[31]: [8, 10, 2]
```

除此之外，Python 中还有许多用于列表的内置函数。例如，list(str) 表示将字符串变成列表类型，len(list) 返回列表的长度，max(list) 返回列表中的最大值，min(list) 返回列表中的最小值等。列表还可用于存储不同的数据类型，并且一个列表可作为某一元素存储于另一个列表中。相关示例如下：

```
In [32]: lst = [2, [3, 4, 5], 'red', 6, 'green']
    ...: print(lst[2])
Out[32]: 'red'
```

2.1.4 元组（Tuple）

元组以一个序列的方式存储数据，一般使用括号 () 来创建。元组中的元素可以是不同类型，使用方法与列表类似，如索引和切片等。与列表不同的是，元组内的单个或部分元素是不可变的，即不能对元组进行添加、删减和替换操作。我们可以利用 tuple() 函数将列表转换为元组，或利用 list() 函数将元组转换为列表。元组的创建和使用示例如下：

```
## 元组的创建和使用示例
In [33]: p1 = ('start', 1.2, -3.0, 17.222)
    ...: p2 = ('end', -7.3, 0.0, -0.0001)
    ...: p1[3] = 17.2
TypeError: 'tuple' object does not support item assignment
```

```
In [34]: p2[2]
Out[34]: 0.0
In [35]: p1[0][0]
Out[35]: 's'
In [36]: type1, x1, y1, z1 = p1
    ...: type2, x2, y2, z2 = p2
    ...: x1 - x2
Out[36]: 8.5
```

尽管单个元组元素不能修改，但元组作为一个整体是可以改动的。使用元组可以方便地交换两个变量的值，而不需要通过中间变量。相关示例如下：

```
In [37]: a = 1; b = 2
In [38]: a,b = b,a
```

其中，a,b 可以看成元组 (a,b) 的拆卸（unpacking）。

2.1.5 字典（Dictionary）

字典以键值对（key value）的形式存储数据，一般使用大括号 {} 来创建。在字典中，数据存储在值（value）里，通过键（key）进行索引。与列表类似，字典的值元素可以是不同类型，可以进行添加、删减和替换操作。键的作用类似列表的指标，不允许有重复值。字典通过键来访问数据，当键不存在时，索引就会报错。一般地，通过 dict = key1 : value1, key2 : value2, ⋯ 形式创建字典；也可以构建空的字典，然后逐一添加键值对。

字典的索引速度很快，不会随着键的增加而变慢。由于字典需要同时存储键值对，所以字典所用的存储空间比列表大。

常见的字典操作如下：

dict.keys()	返回一个包含字典中所有键的列表
dict.values()	返回一个包含字典中所有值的列表
dict.clear()	删除字典中所有元素
dict.pop(key)	通过 pop() 函数删除原字典中指定的键值对，若键不存在，则返回默认值或报错
del dict[key]	通过操作命令 del 删除原字典中指定的键值对
dict.get(key)	返回字典中键对应的值，若键不存在，则返回默认值

```
## 字典构建和使用示例
In [39]: import math
    ...: p = (1, 2, 3)
    ...: dict1 = {'x': p[0], 'y': p[1], 'z': p[2]}
    ...: dict1['pi'] = math.pi
In [40]: dict1.values()
    ...: dict1.pop('y')
```

2.2 控制语句和函数

2.2.1 控制语句

Python 中常用的控制语句包括以下 4 种：

（1）if 条件语句。当条件成立时运行语句块，经常与 else、elif(相当于 else if) 配合使用；

（2）while 循环语句。当条件为真时，循环运行语句块；

（3）for 循环语句。遍历列表、字符串、字典、集合等迭代器，依次处理迭代器中的每个元素；

（4）try 语句。与 except、finally 配合使用，处理在程序运行中出现的异常情况。

本节将详细介绍其中的条件语句、while 循环语句和 for 循环语句。

1. 条件语句

条件语句是通过判断一条或多条给定条件来决定执行哪个分支的语句块。最为简单的是单路分支，即只有当 if 语句判断为 True 时，才会执行相应的语句块。其中，条件表达式必须是计算结果为布尔值的表达式。布尔值除了 True 和 False 外，还可以用数值表示。数值 0 相当于 False，除了 0 之外的所有数值 (如 1、4.33、−12⋯) 均相当于 True。

常用的条件语句有 if⋯else 语句。当 if 语句判断为 True 时，就会执行 if 后面的语句块，否则执行 else 后面的语句块。if 和 else 是一个层级，不需要缩进。if⋯else 语句的基本语法格式如下：

```
if condition:
    expression1
    ...
else:
    expression2
    ...
```

if⋯else 语句可以处理两种情形。当有多种情形时，可以结合 elif 语句实现。其中，elif 可以有多个，并且只会选择一个执行。相关示例如下：

```
In [41]: score = 82
    ...: if score >= 90:
    ...:     print('优秀')
    ...: elif score >= 80:
    ...:     print('良好')
    ...: elif score >= 60:
    ...:     print('合格')
    ...: else:
    ...:     print('不合格')
```

```
Out[41]:'良好'
```

2. 循环语句

循环语句用于重复执行某一语句块，主要分为 while 循环和 for 循环。while 循环表示当某条件成立时，就循环运行语句。以下程序是使用 while 循环求解整数序列和的一个简单示例：

```
## 数字(1～100)求和
In [42]: i = 1
    ...: s = 0
    ...: while i <= 100:
    ...:     s += i
    ...:     i = i + 1
    ...: print(s)
Out[42]: 5050
```

在执行 while 循环语句之前，编程人员不一定知道具体的循环次数，可能会出现死循环。当程序出现死循环时，需要强制结束 Python，退出程序。

Python 的 for 循环语句会依次遍历迭代器中的每个元素，并重复执行某一语句块。迭代器是 Python 中任意可以用于计数或遍历的数据类型，如列表、元组、字典和字符串等。for 循环语句的语法格式如下：

```
for variable in iterable:
    expression1
    expression2
     ...
```

相比于 while 循环，for 循环在执行之前，明确知道具体的循环次数上限。相关示例如下：

```
## for循环的使用示例
In [43]: arr = [1, 2, 3, 4, 5, 6, 7, 8, 9]
    ...: for number in arr:
    ...:     print(number ** 2, end = ' ')
Out[43]: 1 4 9 16 25 36 49 64 81
```

循环语句经常与 break、continue、pass 语句结合使用。break 表示无条件结束整个循环，通常用于 if 语句后面，当满足条件时，就会终止循环；continue 表示无条件结束本次循环，重新进入下一轮循环；pass 表示略过。

break 语句的一个示例如下：

```
In [44]: for i in range(10):
    ...:     if i**(0.5) > 2.5:
```

```
    ...:         break
    ...:     print(i, end = ' ')
Out[44]: 0 1 2 3 4 5 6
```

enumerate() 函数可用于遍历序列（如列表、元组或字符串）中的元素以及它们的指标，一般结合 for 循环使用。相关示例如下：

```
In [45]: squares = [0, 1, 4, 9, 16, 25]
    ...: for i, val in enumerate(squares):
    ...:     print(i, val)
%Out[51]: 0 0
%         1 1
%         2 4
%         3 9
%         4 16
%         5 25
```

列表推导（list comprehension）操作是 Python 中一个强大的常用功能。列表推导利用 for 循环遍历某一列表中满足条件的所有元素，并根据要求生成一个新的列表。列表推导操作的示例如下：

```
In [46]: vals = [1, 2, 3, 5, 7, 9, 10]
    ...: double_vals = [2 * v for v in vals]
    ...: print(double_vals)
Out[46]: [2, 4, 6, 10, 14, 18, 20] In
[47]: vals2 = [2 * v for v in vals if v!=3]
    ...: print(vals2)
Out[47]: [2, 4, 10, 14, 18, 20]
```

2.2.2 函数

函数是代码的一种组织形式。一般情况下，一个函数可完成一项特定的功能。Python 内置了许多有用的函数，这些内置函数可以被直接调用，如 len() 函数、print() 函数、type() 函数等。除了内置函数，我们也可以自定义函数。自定义函数的语法格式如下：

```
def function(v1,v2,…):
    expression1
    expression2
     ...
    return expression/value
```

其中，def 是定义函数的关键字，function 是定义的函数名，function 后的括号里面包含的是需要输入的参数。当定义好一个函数后，只要向该函数传递相应的参数，就可以调用该函数。return 语句通常出现在函数的末尾处。程序一旦执行到 return 语句，就会结束函数的调用并返回一个结果。如果定义函数时，没有给出 return 的返回值或没有 return 语句，函数执行后会返回 None。

函数的输入参数可以是确定个数的简单变量（如数字），也可以是某种复杂的数据类型（如列表）。使用列表或其他迭代器作为输入可以实现不指定输入的参数个数这一功能。根据变量的作用范围限制，可以将变量分为局部变量和全局变量。全局变量在整个全局范围内都有效，且在局部也可以使用。局部变量可以在局部范围内使用，如在一个函数内部定义的变量，在该函数内部可以使用，但在该函数之外的范围无法使用。

此外，函数名本身也可以作为输入参数。相关示例如下：

```
In [48]:def cube(x):
    ...:    return x ** 3
    ...:def operate(f, y):
    ...:    return f(y)
    ...:operate(cube,6)
Out[48]: 216
```

Python 有许多内置模块（Module），如和系统的交互模块 os、和解释器的交互模块 sys 等。Python 还有许多第三方模块，常用的第三方科学计算和数据处理模块有 NumPy、SciPy、Pandas 等。这些模块中也包含了许多函数。如果需要使用这些模块中的函数，先要把模块导入。导入模块的语句如下：

```
import module
import module as xx
```

或者直接导入模块中的函数或子库：

```
form module import statement
form module import statement as xx
```

我们经常用到的模块如下：

```
import matplotlib.pyplot as plt   #画图模块
import numpy as np                #科学计算模块
import pandas as pd               #数据处理模块
import numpy.linalg as la         #线性代数模块
from numpy import linalg as la    #同上，另一种写法
import tensorflow as tf           #深度学习模块
```

2.3 用于科学计算和数据处理的库

Python 中有一些库能够高效地解决各种科学计算和数据处理的问题。其中，NumPy 和 SciPy 是最重要的科学计算库，Pandas 是最常用的快速处理结构化数据的库。以下将对这 3 个库分别进行介绍。

2.3.1 NumPy

NumPy（Numerical Python 的简称）是 Python 语言在数值计算的扩展。它添加了对多维数组和矩阵数据类型的支持，并包含对这些数组和矩阵进行操作的数学函数库。NumPy 能够高效地进行数据处理和分析，包含一些常用的数学函数和统计函数。NumPy 还可以用于数组文件的输入/输出、线性代数运算和随机数生成等。引入 NumPy 的语句如下：

```
import numpy as np
```

1. 数组的创建

n 维数组（ndarray）是 NumPy 支持的一种数据结构，它是一种高效的数据存储器，支持对数据进行批量运算。Python 要求数组中每个元素的类型都是相同的，否则会报错。创建数组时，一般用 array() 函数或 asarray() 函数。除了这两个函数外，还有一些其他的函数也可以用于创建新的数组。np.arange() 函数和 np.linspace() 函数可用于创建指定范围的等间距数组。np.zeros() 函数和 np.ones() 函数分别用于创建所有元素为 0 和 1 的数组。np.eye() 函数可用于创建单位数组。np.random 子库中的函数可用于生成多种分布的随机数，如均匀分布、正态分布等。数组的创建和使用示例如下：

```
## 数组的创建和使用示例
In [49]: arr = np. array ([[1, 2, 3], [4, 5, 6]])
In [50]: np.arange(0, 10, 2)
Out[50]: array([0, 2, 4, 6, 8])
In [51]: np. linspace (0, 3, 10)
Out[51]: array([ 0.00000000,  0.33333333,  0.66666667,  1.00000000,
     1.33333333,
         1.66666667,  2.00000000,  2.33333333,  2.66666667,  3.00000000])
In [52]: np. ones ((5, 5))
Out[52]: array([[ 1.,  1.,  1.,  1.,  1.],
                [ 1.,  1.,  1.,  1.,  1.],
                [ 1.,  1.,  1.,  1.,  1.],
                [ 1.,  1.,  1.,  1.,  1.],
                [ 1.,  1.,  1.,  1.,  1.]])
In [53]: np.eye(5)
Out[53]: array([[ 1.,  0.,  0.,  0.,  0.],
```

```
                [ 0.,  1.,  0.,  0.,  0.],
                [ 0.,  0.,  1.,  0.,  0.],
                [ 0.,  0.,  0.,  1.,  0.],
                [ 0.,  0.,  0.,  0.,  1.]])
In [54]: np.random.random(size=(3, 4))
Out[54]: array([[ 0.30292389,  0.58534091,  0.04948454,  0.35757351],
                [ 0.48804958,  0.15771685,  0.28180149,  0.1123939 ],
                [ 0.35564761,  0.46557912,  0.46479183,  0.91284513]])
In [55]: np.random.normal( loc=10., scale=3., size=(2, 3, 4))
Out[55]: array([[[  7.17172965,  11.58135067,   8.38348887,   6.80036127],
                 [  8.27196733,  13.22592552,   7.31916442,  12.42901222],
                 [ 16.54092195,   7.48763056,  18.09157684,  13.55785616]],



                [[ 12.88490518,  12.49824691,   9.97550386,   6.10652722],
                 [  7.18933302,   7.50474622,   8.7395869 ,  11.04862287],
                 [ 13.00310188,  10.85913781,   9.7003944 ,   6.53270367]
                 ]])
```

2. 数组的属性

对于每一个数组，都有相应的形状（shape）和类型（dtype）。其中，形状表示数组各维度上的长度，类型指的是数组中元素的数据类型。值得强调的是，数组中元素的类型必须是一致的。

数组的一些常用属性和操作如下：

arr.ndim	返回数组的维数
arr.shape	返回数组的形状，即各维度上的长度
arr.size	返回数组中总元素个数
arr.T	对数组转置
arr.dtype	返回数组中的元素类型

数组的使用示例如下：

```
## 数组自带函数和使用示例
In [56]: arr = np.arange(10).reshape((2, 5))
In [57]: arr.ndim
Out[57]: 2
In [58]: arr.shape
Out[58]: (2, 5)
In [59]: arr.size
Out[59]: 10
```

```
%In [103]: arr.T
%Out[103]: array([[0, 5],
%                 [1, 6],
%                 [2, 7],
%                 [3, 8],
%                 [4, 9]])
%In [104]: arr.dtype
%Out[104]: dtype('int32')
```

需要注意的是，(10,) 和 (10,1) 的数组维数是不同的，前者表示长度为 10 的一维数组，后者表示一个 10 行 1 列的二维数组。一些排序函数，如 argsort()，或极值相关函数 max()、min()、argmax()、argmin() 等，在一维数组和二维数组的返回值是完全不同的，使用时需要严加区分。arr.ravel() 函数可以将多维数组变为一维数组；在索引中使用 np.newaxis 可以增加数组的维数。

3. 数组的运算和广播

数组的矢量运算（+，−，*，/，**，np.log，>，<，=，==）以及 NumPy 库中的很多函数，在调用时会对数组中的每一个元素执行相应的操作。大小相同的数组进行算术运算时，会对每个数组对应位置上的元素执行运算。相关示例如下：

```
In [60]: arr * 2
Out[60]:array([[ 2,  4,  6], [ 8, 10, 12]])
In [61]: arr + np. random.random(size=(2, 3))
Out[61]: array([[1.9591821 ,  2.18228997,  3.29785952],
                [ 4.88215511,  5.47433912,  6.53883117]])
```

NumPy 中有许多关于矩阵运算的函数，常见的函数如下：

dot()	返回矩阵运算结果
diag()	返回以给定的一维数组为对角元素的对角矩阵
trace()	返回对角元素的和
reshape()	改变数组形状

NumPy 中的线性代数子包 linalg 中也有许多常用的线性代数运算，常见函数如下：

inv()	返回矩阵的逆
eig()	返回矩阵的特征值和特征向量
qr()	返回矩阵的 QR 分解
det()	矩阵求行列式
svd()	矩阵的奇异值分解

矩阵运算示例如下：

```
##矩阵运算示例
In [62]: arr1 = np. arange(10). reshape ((2 , 5))
    ...: arr2 = np. random. random((2 , 5))
    ...: np.dot(arr1,arr2.T) ## arr1.dot(arr2.T)
Out[62]: array([[ 4.14842592,  5.03245317],
                 [16.09460949, 20.17166015]])
In [63]: arr1 * arr2
Out[63]: array([[0.        , 0.45053496, 1.76090913, 0.38338453, 2.09139554],
                [1.7618026 , 5.47000173, 0.1779393 , 2.43347793, 8.34985684]])

In [64]: import numpy.linalg as la
    ...: arr3 = np.random.random((3, 3))
    ...: la.inv(arr3)
Out[64]: array([[ 0.34756519, -1.57326378,  1.40909958],
                [ 1.32736769,  0.15838965, -0.44734467],
                [-1.31870374,  1.37082926,  0.34806947]])
```

对不同形状的数组间的算术运算，称为广播（broadcasting）。广播运算可以省去一些循环语句，使数组运算更方便。一个数组和一个数字的四则运算，等同于数组中每个元素均与该数字进行四则运算。一个 p 行 q 列 shape=(p,q) 的二维数组可以和一个 p 行 1 列 shape=(p,1) 的二维数组，或者一个 1 行 q 列 shape=(1,q) 的二维数组进行四则运算，即按每行或每列对应运算。相关示例如下：

```
In [65]: np.random.rand(5,2)+np.random.rand(5,1)
In [66]: np.random.rand(5,2)+np.random.rand(1,2)
```

4. 数组的索引和切片

数组的索引和切片与列表的语法类似。当数组维数大于等于 2 时，不同维数间需要用逗号隔开，从而确定不同维度上的截取部分。此外，我们还可以利用布尔值索引。相关示例如下：

```
In [67]: arr4 = np.arange(25).reshape((5, 5))
    ...: arr4[[1,3], -3:]
Out[67]: array([[ 7,  8,  9],
                [17, 18, 19]])
In [68]: arr4[[ False, True, True, False, False], : ]
Out[68]: array([[ 5,  6,  7,  8,  9],
                [10, 11, 12, 13, 14]])
```

2.3.2 SciPy

SciPy 是一个基于 NumPy 扩展构建的与数学算法相关的函数库，主要面向科学计算和工程设计。

SciPy 主要子库和功能如下：

scipy.stats	常用统计分布和函数
scipy.optimize	优化方法
scipy.sparse	稀疏矩阵处理
scipy.signal	信号处理
scipy.ffpack	快速傅里叶变换
scipy.integrate	积分和常微分方程求解器
scipy.ndimage	n 维图像处理
scipy.spatial	空间数据结构和算法
scipy.interpolate	插值和平滑样条
scipy.cluster	聚类算法

加载 SciPy 的某个子库（如 stats 子库）的语句如下：

```
import scipy.stats as stats
```

2.3.3 Pandas

Pandas 是当前 Python 最为常用的数据处理模块之一，由 AQR 资本管理公司开发并于 2009 年开源。Pandas 基于 NumPy 构建了非常强大的库和函数，能够高效、灵活地处理各种数据。引入 Pandas 模块的语句如下：

```
import pandas as pd
```

以下我们将分别介绍 Pandas 中的两个基本数据类型：Series 和 DataFrame。

1. Series

Series 是 Pandas 中常用的数据结构，由一组数据（value）和指标（index）对构成。Series 的数据和指标可以分别通过 Series.values 和 Series.index 获得。当构建的 Series 没有给定指标时，程序将默认设置指标为从 0 开始的整数。这里的指标相当于之前各种数据类型中的指标，可以用于索引和切片。

Series 和字典都可以看作是索引到数据值的映射，但 Series 有序而字典无序；Series 针对指标能进行切片，字典却不支持。Series 和字典可以通过 dict() 函数和 pd.Series() 函数相互转换。相关示例如下：

```
In [69]: s = pd.Series(np.random.randn(4),index=['a','d','c','e'])
    ...: d = dict(s)
    ...: print(d)
Out[69]: {'a': 0.20858706797412074, 'd': 1.3706416418085487, 'c':
          -0.5983809338512113, 'e': -1.4418091738212}
In [70]: pd.Series(d)
```

Series 支持 NumPy，它的算术运算也是向量化的。Series 中的函数可以对索引进行修改，并且可以对指标索引重新排序或插值。由于 Pandas 的另一个数据结构 DataFrame 也具有同样功能，我们将在数据输入的具体例子中介绍这些函数，特别是 reindex() 函数的使用方法。

2. DataFrame

除了 Series 外，Pandas 的另一个基本数据结构是 DataFrame。和 R 语言中的 data.frame 类似，Pandas 的 DataFrame 是包括行和列的二维表格型数据结构。每一行表示一个数据对象，有相应的指标索引；每一列表示对象的一个属性，属性可以有一个名字。DataFrame 同一列中的元素必须具有相同的数据类型，不同列中的元素数据类型可以不同。DataFrame 可以通过等长的列表、数组或字典来创建。通过列表和数组创建的 DataFrame 会自动为每行加上索引从 0 开始的指标。我们也可以在创建 DataFrame 的时候指定列名和指标。相关示例如下：

```
In [71]: s.index = ['a','b','f','e'] # s来自 Series 程序
    ...: d = {'one': s * s, 'two': s + s}
    ...: df = pd.DataFrame(d)
    ...: df
Out[71]:
        one       two
a  0.043509  0.417174
b  1.878659  2.741283
f  0.358060 -1.196762
e  2.078814 -2.883618
```

通过 columns 和 index 可以对 DataFrame 的列名和行指标进行操作。相关示例如下：

```
In [72]: df.index = [1,2,3,4]
In [73]: df.columns = ['s * s','s + s']
Out[73]:
      s * s     s + s
1  0.043509  0.417174
2  1.878659  2.741283
3  0.358060 -1.196762
4  2.078814 -2.883618
In [74]: df2 = pd.DataFrame(d,columns = ['three','two','one'])
```

```
   ...: df2
Out[74]:
  three       two       one
a   NaN  0.417174  0.043509
b   NaN  2.741283  1.878659
f   NaN -1.196762  0.358060
e   NaN -2.883618  2.078814
In [75]: df2['three'] = np.random.random(4)
   ...: df2
Out[75]:
      three       two       one
a  0.883393  0.417174  0.043509
b  0.644266  2.741283  1.878659
f  0.347875 -1.196762  0.358060
e  0.328186 -2.883618  2.078814
```

使用列名可以对列进行索引，如 df2['three']。对行进行索引时，需要添加.ix[ ] 或.xs()。相关示例如下：

```
In [76]: df.ix[1]
Out[76]:
s * s     0.043509
s + s     0.417174
Name: 1, dtype: float64
In [77]: df.xs(1)
Out[77]:
s * s     0.043509
s + s     0.417174
Name: 1, dtype: float64
```

我们还可以通过.iloc[ ] 和.loc[ ] 来索引。其中，.iloc[ ] 基于行号和列号进行索引，.loc[ ] 基于行标签和列标签进行索引。DataFrame 的数据和指标还可以分别通过 df.values 和 df.index 获得。通过 dtypes 可以获取每列的数据类型。DataFrame 自带多种描述性统计函数，如 sum()、median()、min()、max()、abs()、prod()、std()、var()、skew()、kurt()、quantile()、cumsum()、cumprod() 等。

2.4 作图和可视化

Matplotlib 是标准的 Python 绘图库，其中常用的是 pyplot 子库。导入 pyplot 的语句如下：

```
import matplotlib.pyplot as plt
```

2.4.1 绘图函数

我们可以使用 plt.plot() 函数来绘制线图，并且还可以指定线条的颜色（color）、线型（linestyle）和标记（marker）。例如，绘制一个线图，linestyle 为 “-”，color 为 “b”，marker 为 “.” 的代码示例如下：

```
x = np. linspace (-10, 10, 50)
y = np.power(x, 2)
plt.show()
plt.plot(x, y, linestyle = '-', color = 'b', marker = '.')
```

我们也可以将关于颜色、线型和标记的指定放入一个字符串中，语句如下：

```
plt.plot(x, y, 'r-')
```

plt.savefig() 函数可以将图像保存到指定的文件中，并且通过扩展名指定保存文件的类型。以下示例将命名为 curve 的图形以 PGN 格式保存到文件夹中：

```
plt.savefig(r'D:\Python data mining master\curve.png')
plt.plot(x, y, 'r-')
```

2.4.2 标题、图例和坐标

在绘制图像时，为了更容易理解，我们可以增添相应的标题、图例和轴标签等。相关函数如下：

plt.title()	添加标题
plt.legend()	添加图例
plt.xlabel()	给 x 轴添加标签
plt.ylabel()	给 y 轴添加标签
plt.xlim()	给定图表 x 轴的范围
plt.ylim()	给定图表 y 轴的范围

绘图示例如下：

```
## 绘图示例
x = np.linspace (-10, 10, 1000)
y1 = np.power(x, 2)
y2 = np.power(x, 3)
plt.plot (x, y1, 'b-', x, y2, 'go')
plt.xlabel('my x label')
```

```
plt.ylabel('my y label')
plt.title('plot title, including $\Omega$')
plt.legend(('$x^2$', '$x^3$'))
```

2.4.3 散点图与直方图

很多时候为了能更直观有效地展示出数据的特征，需要绘制其他类型的图形，例如直方图（histogram）、饼图（bar plot）、箱线图（box plot）、散点图（scatter plot）等。本节仅以散点图和直方图为例进行介绍，第 3 章中将介绍箱线图。

1. 散点图

散点图是一种用于展示两组数据关联程度的可视化方法。在一元回归分析中，散点图将数据 $\{(x_i, y_i), i = 1, \cdots, N\}$ 显示为平面上的一组点。散点图的横轴表示解释变量 X 的数值，纵轴表示响应变量 Y 的数值，可以大致显示响应变量 Y 随解释变量 X 的变化趋势，据此可以选择合适的模型对数据进行拟合建模。

例 2.1 一元回归分析和最小二乘估计

本例中我们实现一个一元回归分析的散点图，并将最小二乘估计得到的回归方程和散点图画在一起。

```
n = 100
x = np.random.randn(n,1)
error = np.random.randn(n,1)*0.4
y = 1 + 2*x + error
X = np.hstack((np.ones((n,1)),x))
beta = la.inv(X.T.dot(X)).dot(X.T).dot(y)
yhat = X.dot(beta)
u = np.linspace(-3,3,100)
fu = beta[0] + beta[1]*u
plt.plot(x,y,'o')  #散点图
plt.plot(u,fu,'r-')
```

2. 直方图

直方图用于展示连续变量的分布形态，一般用横轴表示数据取值范围，在横轴上将值域分割为一定数量的组，同时在纵轴上显示相应区间的频数或频率，即直方图中矩形的高度。在 Python 中，用 plt.hist() 函数可绘制直方图。直方图常用的参数如下：

bins	指定直方图中矩形的个数
color	指定直方图的颜色
normed	指定是否标准化 y 轴的值
cumulative	指定是否绘制累积经验分布图
alpha	指定填充颜色的透明度，取值在 0~1

一组标准正态分布数据的直方图语句示例如下:

```
arr = np.random.randn(1000)
plt.hist(arr, 40, alpha = 0.5)
```

2.4.4 Image Plot

plt.imshow() 函数可以将二维数组的值通过颜色表示出来; plt.colorbar() 函数表示绘制出色彩条; plt.colormap() 函数用于指定绘图的颜色色系; plt.hot() 函数用于指定色系为暖色系。相关示例如下:

```
A = np.random.random((100, 100))
plt.imshow(A)
plt.colorbar()
plt.show()
```

2.5 输入和输出

2.5.1 标准输入和输出函数

Python 使用 print() 函数实现普通输出。相关示例如下:

```
print('hello, ' + 'kitty!')
print('hello, ' + 'kitty!')
name = input('')
print('姓名是: ',name)
```

Python 用 input() 函数读取键盘的输入，这里不做具体介绍。对于存储在计算机中的文件数据，Python 可以通过 open() 函数打开文件，创建一个 file 对象。该对象自带一些可以读取和处理文件的函数。例如，file.read() 函数读取所有内容，file.readline() 函数读取一行内容。我们也可以使用 for 循环迭代访问所有行。以下我们通过一个简单例子来说明如何实现文件数据的读取。

例 2.2 行情数据读取

SZ399300.TXT 文件中存储了沪深 300 指数日行情数据，包含日期、开盘价、最高价、最低价、收盘价、成交量、成交额共 7 列的信息。其中，收盘价是第 5 列。以下程序可按行读取文件的指数日收盘行情，并对收盘价绘图。

```
index_path = r'D:\SZ399300.TXT'  #或者 'D:/SZ399300.TXT'
f = open(index_path, 'r')  #指向文件
close0 = []
```

```
for line in f:
    split_line = line.split('\t')
    if len(split_line)>4:    #省略最后一行中文
        tmp = float(split_line[4])
        close0.append(tmp)
f.close()
plt.plot(close0)
```

2.5.2 第三方库的输入输出函数

在 NumPy 中，savetxt() 函数可用于将数组存储到文本文件中；loadtxt() 函数可用于将文本中的数据加载到数组中。除此之外，save() 函数和 load() 函数可以用于存取二进制数据。

Pandas 中有将表格型数据读取为 DataFrame 的函数，常见的函数如下：

read_csv()	读取文本文件带分隔符的数据，默认分隔符为逗号
read_table()	读取文本文件带分隔符的数据，默认分隔符为 Tab
read_excel()	读取 Excel 表格中的数据

分隔符可以通过 sep 参数自行指定。

Python 中数据的输入输出操作不仅限于文本数据，图像类型数据（如 jpg、png 等）也可以进行输入和输出操作。matplotlib.pyplot 包中的 imread() 函数可以将图像读入并转化为数组型数据。另外，图像输入不局限于 Matplotlib 模块内，其他如 cv2、skimage 等模块中都有 imread() 函数。savefig() 函数可将图片输出到指定位置保存。

2.5.3 案例分析：读取并处理股票行情数据

[目标和背景]

在本例中，我们需要读取沪深 300 成份股的收盘价并计算收益率矩阵。原始数据是从通达信软件下载的个股日行情，每个股票数据单独存在一个 txt 文件中，按列包含日期、开盘价、最高价、最低价、收盘价成交量、成交额信息，日期从 2010 年 6 月 2 日到 2015 年 12 月 9 日，共 1 340 天。300 个股票中的某些股票由于可能停牌、退市或尚未上市，存在缺失数据需要补全。原始数据中仅包含有成交记录的日期，因此每个 txt 文件的长度可能是不同的。

[解决方案和程序]

使用 Pandas 中的 reindex() 函数可以方便地帮助我们补全数据。如果我们找到全部交易日作为指标，reindex() 函数可以将单个 DataFrame 的指标映射到完整的指标上，并自带填充数据的功能。完整的交易日可以从沪深 300 指数数据的原始文件中获取。我们认为，停牌期间的股价可由停牌前最后一次股价来补全，而未上市前的股价可由上市第一天的股价来补全。这个补全思路可以通过对 DataFrame 首先使用一次向前填补，然后加一次向后填补来实现。具体代码如下：

```
index_path =  'D:/data/SZ399300.TXT' #沪深300指数数据
index0 = pd.read_table(index_path,encoding = 'cp936',header = None)
index0.columns=['date','o','h','l','c','v','to']
index1 = index0[:-1] #处理最后一行的中文
index1.index = index1['date'] #把第一列日期设为指标，作为完整指标

stock_path = 'D:/data/hs300'
import os #操作系统交互模块
names = os.listdir(stock_path) #获得文件夹中300个文件名

close = []
for name in names:
    spath = stock_path + '/' + name #个股数据位置
    tmp = pd.read_table(spath,\
    encoding = 'cp936',header = None) #读入个股数据
    df = tmp[:-1] #处理最后一行的中文
    df.columns = ['date','o','h','l','c','v','to']
    df.index = df['date'] #设置指标
    df1 = df.reindex(index1.index, method = 'ffill')  #一次向前填补
    df2 = df1.fillna(method = 'bfill')  #一次向后填补
    close.append(df2['c'].values)       #取出收盘价

close = np.asarray(close).T
retx = (close[1:,:] - close[0:-1,:])/close[:-1,:] #获得收益率矩阵
```

2.6 面向对象编程

面向对象编程是一种基于事物或事件抽象的编程方法。在面向对象编程中，对象被赋予属性、数据和函数，通过执行对象自己的函数，以及和其他对象的交互过程来完成任务或解决问题。面向对象编程的主要概念包括类（class）、对象（object）和实例（instance）。类是一个模板，包含数据和函数，类函数主要用于处理属于类中的数据。对象是类的一个实例，我们可以将对象看成是一个集成了变量、数据和函数的一个由类定义的结构体。我们可以通过关键字 class 来自定义类对象，并根据类对象创建实例。

Python 是一种纯粹的面向对象语言，它的所有变量类型都是对象。假设 obj 为某个对象，obj 附带的变量 var 和附带的函数 function 可以通过 obj.var 和 obj.function() 的方式调用。例如 str = 'Hello World'，表示创建了一个列表对象的实例 str，它的数据就是 'Hello World'。str.upper().lower() 表示将列表对象自带的函数作用到实例 str 的数据中，按从左到右的方式调用。它首先调用了 upper 函数，返回 'HELLO WORLD'（这步没有输出），然后

再对对象实例 'HELLO WORLD' 调用 lower 函数，随后返回 'hello world'。

使用面向对象编程的目的是提供一种标准化的编程模式，使我们可以在该模式下能有效管理复杂的、海量的代码。接下来我们通过一个例子来说明面向对象编程和面向过程编程的区别。

2.6.1 面向过程编程

面向过程编程是一种基于任务分解的编程思路。在面向过程编程中，我们把任务流程分解为多个步骤，并对每个步骤编写对应的函数。假设我们要完成一项任务，可以将该任务分解成为 3 个先后相对独立的子任务。如我们的任务是读取存在于某个文本中的股票行情数据，然后计算日收益率，最后画出该股票日收益率的直方图。在过程式的编程中，我们需要使用 3 个函数来完成这个任务。函数 A 读取文本数据并输出日收盘价；函数 B 输入日收盘价并输出日收益率；函数 C 负责绘制直方图。具体代码如下：

```
## Function A: input data
def read_close(path,name):
    f = open(path +  name, 'r')
    close_price = []
    for line in f:
        st = line.split('\t')
        if len(st)>4:
            close_price.append(float(st[4]))
    f.close()
    return close_price

## Function B: process data
def process_data(close):
    c = np.asarray(close)
    ret = (c[1:] - c[:-1])/c[:-1]
    return ret

## Function C: plot histogram
def out_put(ret,k=30):
    plt.hist(ret,k)
```

2.6.2 案例分析：面向对象编程示例

[目标和背景]

在本例中，我们给出一个面向对象的编程的示例，完成读取某股票行情数据，计算日收益率，画出日收益率的直方图的任务。

[解决方案和程序]

我们先要设计一个包含特征、数据和函数的类（结构体）。本例中，特征包含股票的名称、代码、日期和存储位置信息，数据包含收盘价和收益率。编写 3 个函数分别进行数据读取、数据处理和绘图。由此思路，得到一个简单的类定义如下：

```
class process_stock():
    ##-- data and variable --
    stock_name = ''
    stock_path = ''
    stock_code = ''
    stock_quote = {}
    stock_return = []

    ##-- functions and methods --
    def read_close(self):
        path = self.stock_path + self.stock_code
        f = open(path, 'r')
        close_price = []
        for line in f:
            st = line.split('\t')
            if len(st)>4:
                close_price.append(float(st[4]))
        f.close()
        self.stock_quote['close'] = close_price

    def cal_return(self):
        c = np.asarray(self.stock_quote['close'])
        ret = (c[1:] - c[:-1])/c[:-1]
        self.stock_return = ret
    def hist_return(self,k):
        plt.hist(self.stock_return,k)


p1 = process_stock()
p1.stock_path = 'D:\\hs300'
p1.stock_code = '600000.txt'
p1.read_close()
p1.cal_return()
p1.hist_return(15)
```

2.7 Python 常用工具库

1. 机器学习：Scikit-Learn/XGBoost

Python 中机器学习的代表性工具库有 Scikit-Learn 和 XGBoost，简介如下。

- Scikit-Learn 是 Python 环境下的机器学习开源工具包，是目前最受欢迎的机器学习库之一，可以处理分类、回归、聚类、降维、模型选择和数据预处理等问题。Scikit-Learn 建立在 NumPy、SciPy 和 Matplotlib 之上，能够有效地进行数据挖掘和数据分析。
- XGBoost 是一个大规模、分布式的梯度提升决策树（Gradient Boosting Decision Tree，GBDT）库，在 Gradient Boosting 框架下并行实现了 GBDT，改进了集成决策树算法。XGBoost 在 GBDT 的基础上对梯度提升算法进行了改进，对目标函数展开到二阶，并显式地引入正则化惩罚项，增加了预剪枝处理，适用于处理分类和回归问题。XGBoost 的优点是速度快、性能好、能处理超大规模数据、支持自定义损失函数等。

2. 深度学习：Tensorflow/Keras/PyTorch

Python 中深度学习的代表性工具库有 Tensorflow、Keras 和 PyTorch，简介如下。

- Tensorflow 是谷歌公司研发的第二代人工智能的端对端开源平台，拥有强大的工具、库和社区资源生态系统，可让研究人员使用机器学习和神经网络的最新技术，轻松构建和部署深度学习应用程序。Tensorflow 还拥有符号数学库，可以在一系列任务中处理数据流、进行可微分编程。Tensorflow 具备良好的灵活性和可延展性，支持异构设备分布式计算，能够在各个平台上运行，如手机、单个 CPU/GPU、成百上千 GPU 集成的分布式系统等。
- Keras 是一个高级的深度神经网络 API，底层库可以使用 Tensorflow，是 Tensorflow 的前端。Keras 的优点在于用户友好性、模块化和可扩展性，允许简单快速的原型设计，支持快速实验。Keras + Tensorflow 支持 CPU 和 GPU 运算，运行平台包括 Ubuntu、Linux、Mac OS X 和 Windows。对于 GPU 运算，主要基于 Nvida 显卡，安装需要 CUDA 和 cuDNN 支持。
- PyTorch 是 Torch 团队开发的一个深度学习框架，能够实现高效的 GPU 加速，拥有自动微分功能，支持动态神经网络，已经被 Facebook、Twitter 和 Nvidia 等大公司采用。PyTorch 代码直观简洁，具备良好的可扩展性。

3. 统计：Statsmodels

Python 中常用的统计工具库是 Statsmodels。

- Statsmodels 是一个统计分析库，它提供了描述性统计方法的各种函数以及多种常用统计方法，如回归分析、时间序列分析、假设检验等。Statsmodels 可以与其他的相关库

（如 NumPy、Pandas）结合使用，以提高效率。

4. 量化金融：QuantLib/Ta-lib

量化金融方向上的 Python 模块资源是十分丰富的，很难全部列举，我们在这里仅介绍 QuantLib 和 Ta-lib 这 2 个代表性的开源项目。

- QuantLib 是一个开源的量化金融分析库，主要包括各类期权的定价和固定收益产品的定价功能。QuantLib 为各种复杂的金融产品和模型提供了一个统一的计算框架，运行速度快，支持各种语言，如 C++、Python、Java 和 R 等。
- Ta-lib 是一个金融行情数据的开源技术分析库，包含一百多个技术指标的计算函数和多种 K 线模式识别，同时提供了包括 C、C++、Java、Python 等语言的接口。Ta-lib 被业界广泛应用，可基于现成的指标函数开发新策略或快速验证交易思路。

5. 其他常用模块和编译器

Python 有大量的第三方模块和函数库可以实现各类功能。一些值得关注的模块如下。

- 自然语言处理的 NLTK 模块—用于分类、标记、解析和语义推理等文本分析，可高效处理人类自然语言数据。
- 计算视觉的 OpenCV 模块—用于各种图像和视频处理操作，可实现图像处理和计算机视觉方面的很多通用算法。
- 结合 C 语言加速的 Cython 模块—能将 Python 代码翻译为 C 代码，提高开发效率和执行效率。
- 交互式编程的 PyQt 模块—融合 Python 编程语言和 Qt 库，实现 GUI 编程。

Python 的集成安装工具 Anaconda 里面有很多常用的第三方函数库，网上也有大量编译好的第三方模块，读者需要时可以下载安装。Python 的编译开发环境有 Visual Studio + PTVS、VS Code、Eclipse + PyDev、Eric、PyCharm 等，读者可以按照个人喜好和相应需求选择使用。

本章习题

1. 使用列表推导（list comprehension），生成 20 以内的乘法表。
2. 仅使用乘法，写一个求幂函数 power(x,n)，n 为正整数。
3. 写一个函数，输入为一个列表，输出为该列表中所有正数之和。
4. 产生二元均匀分布随机数，通过计算落入单位圆内的点的比例，估计圆周率。
5. 分别产生 100 个服从正态分布、t 分布、卡方分布的随机数，并画出直方图。
6. 使用不同的颜色和线条，在同一张图的区间 $[-4\pi, 4\pi]$ 中画出 sin() 函数和 cos() 函数。使用 subplot() 函数将 sin() 函数和 cos() 函数分别画在两张子图中。

7. 产生一个大小为 3×5 正态分布的随机数矩阵 $\boldsymbol{A}$，计算 $\boldsymbol{A}^{\mathrm{T}}\boldsymbol{A}$ 和 $\boldsymbol{A}\boldsymbol{A}^{\mathrm{T}}$，并分别求行列式、逆矩阵、特征值、特征向量。

8. 在例 2.2 的 process_stock 类中，

① 增加一个函数实现如下功能：输入单个日期，输出该日的高–开–低–收价格；

② 增加一个函数实现如下功能：输入日期列表，输出日期列表中每一天的高–开–低–收价格。

9. 设计一个用于回归分析的类，说明类中数据、变量和各个函数的功能。

10. 摄氏度和华氏度的转换关系为 $C = (F - 32) \times \dfrac{5}{9}$。（绝对零度为 -273.15℃。）

（1）编写一个函数，将摄氏度转为华氏度。

（2）编写一个函数，将华氏度转为摄氏度。

（3）编写一个函数，输入为一种度数和类型（华氏、摄氏），输出为转换后的另一种度数和类型。

（4）使用面向对象的编程来实现以上功能。

第 3 章 无监督学习

无监督学习是数据挖掘和机器学习的重要组成部分，主要研究没有标签的数据或不区分响应变量和解释变量的数据，即研究与 X 的分布 $p(X)$ 相关的量或特征。本章首先介绍描述性统计方法，然后重点介绍最有代表性的几种无监督学习方法，即核密度估计、k 均值算法、主成分分析、混合模型和隐马尔可夫模型。其中，对主成份分析我们进行了深入的分析并研究了特征分解和奇异值分解的关系和应用，然后给出了 3 个数据分析的案例，这有助于我们进一步理解主成分分析。

3.1 描述性统计

我们假定读者已经学习过微积分和线性代数，并对概率论和数理统计的概念有基本了解。因此一些相关术语，如总体（population）、样本（sample）、随机变量（random variable）、分布（distribution）、密度（density）、累积分布（cumulated distribution）、期望（expectation）、统计量（statistics）等将会在本章中直接使用，不事先给出具体定义或含义。如有不明，请读者自行查阅概率论和数理统计相关书籍。

3.1.1 描述性统计分析工具

1. 均值和方差

描述一组样本的最基础的两个统计量是均值（mean）和方差（variance）。其中，均值反映的是数据样本的中心位置，方差反映的是数据样本距离中心的平均离散程度。假设 $\{x_1, x_2, \cdots, x_N\}$ 是来自总体 $\boldsymbol{X}$ 的一组一维观测样本，那么这组样本的均值为：

$$\hat{\mu}_x = \bar{x} = \frac{1}{N}\sum_{i=1}^{N} x_i \tag{3.1.1}$$

方差为：

$$\hat{\sigma}_x^2 = \frac{1}{N-1}\sum_{i=1}^{N}(x_i - \hat{\mu}_x)^2 \tag{3.1.2}$$

$\hat{\mu}_x$ 是总体均值 $E(\boldsymbol{X})$ 的无偏估计，有时也记为 $\bar{x}$；$\hat{\sigma}_x^2$ 是总体方差 $E(\boldsymbol{X}-E(\boldsymbol{X}))^2$ 的无偏估计，$\hat{\sigma}_x$ 是样本标准差。

如果 $\boldsymbol{X}$ 是 p 维的，观测样本为 $\{\boldsymbol{x}_1,\boldsymbol{x}_2,\cdots,\boldsymbol{x}_N\}$，$\boldsymbol{x}_i=(x_{i1},\cdots,x_{ip})^{\mathrm{T}}$，则样本均值向量为：

$$\hat{\boldsymbol{\mu}}_x=\bar{\boldsymbol{x}}=\frac{1}{N}\sum_{i=1}^{N}\boldsymbol{x}_i \tag{3.1.3}$$

样本协方差矩阵为：

$$\hat{\boldsymbol{\Sigma}}_{\boldsymbol{x}}=\frac{1}{N-1}\sum_{i=1}^{N}(\boldsymbol{x}_i-\hat{\boldsymbol{\mu}}_x)(\boldsymbol{x}_i-\hat{\boldsymbol{\mu}}_x)^{\mathrm{T}} \tag{3.1.4}$$

方差和协方差矩阵有时也可以通过下式计算：

$$\hat{\sigma}_x^2=\frac{1}{N}\sum_{i=1}^{N}(\boldsymbol{x}_i-\hat{\boldsymbol{\mu}}_x)^2 \tag{3.1.5}$$

$$\hat{\boldsymbol{\Sigma}}_x=\frac{1}{N}\sum\nolimits_{i=1}^{N}(\boldsymbol{x}_i-\hat{\boldsymbol{\mu}}_x)(\boldsymbol{x}_i-\hat{\boldsymbol{\mu}}_x)^{\mathrm{T}} \tag{3.1.6}$$

2. 偏度和峰度

偏度（skewness）和峰度（kurtosis）是对数据样本分布形态的描述。其中，偏度反映了数据分布偏离对称性的状况，峰度反映了数据分布的中心附近的平坦程度。

偏度是描述数据取值分布偏离中心对称性的统计量。对于样本 $\{x_1,x_2,\cdots,x_N\}$，偏度的一种基于矩估计的计算公式为：

$$\text{skewness}=\frac{\frac{1}{N}\sum_{i=1}^{N}(x_i-\bar{x})^3}{\left[\frac{1}{N-1}\sum_{i=1}^{N}(x_i-\bar{x})^2\right]^{3/2}} \tag{3.1.7}$$

偏度的另一种常用计算公式为：

$$\text{skewness}=\frac{\sqrt{N(N-1)}}{N-2}\frac{\frac{1}{N}\sum_{i=1}^{N}(x_i-\bar{x})^3}{\left[\frac{1}{N}\sum_{i=1}^{N}(x_i-\bar{x})^2\right]^{3/2}} \tag{3.1.8}$$

一般对称分布的偏度为 0，如正态分布和 Laplace 分布。偏度大于 0 表示其数据分布形态与正态分布相比为正偏或右偏，即数据分布右边长尾，右侧有较多极端值；偏度小于 0 表示其数据分布形态与正态分布相比为负偏或左偏，即数据分布左边长尾，左侧有较多极端值。偏度的绝对值越大表示其分布形态的偏斜程度越大。

峰度是描述数据中心附近取值分布形态陡缓程度的统计量。峰度的具体计算公式为：

$$\text{kurtosis} = \frac{\sum_{i=1}^{N}(x_i - \bar{x})^4}{(N-1)\hat{\sigma}_x^4} - 3 \tag{3.1.9}$$

峰度等于 0 表示该分布与正态分布的中心的陡缓程度相同；峰度大于 0 表示该总体数据分布与正态分布相比较为陡峭，为尖顶峰；峰度小于 0 表示该数据分布与正态分布相比较为平坦，为平顶峰。峰度的绝对值越大表示其分布形态与正态分布的陡缓程度的差异程度越大。正态分布的峰度为 0，而 Laplace 分布的峰度为 3。

3. 中位数、分位数和众数

中位数（median）代表一个数值，可以将样本划分为比该数值大和比该数值小的两部分，且两部分的样本数量相等。对于一个有限、有序的数集，位于中间位置的那个数值就是中位数。例如，对于一组样本 $x_1, x_2, \cdots, x_N$，先将样本数值从小到大排列，当 N 为奇数时，取第 $\frac{N+1}{2}$ 个元素作为这组样本的中位数；当 N 为偶数时，取第 $\frac{N}{2}$ 和 $\frac{N+1}{2}$ 个元素的平均值作为这组样本的中位数。

分位数（quantile），也称分位点，是指将观测数据的取值范围分为几个等份的数值点。中位数即是 1/2 分位数。常用的分位数有四分位数、八分位数等。获取分位数的具体方法是将样本的全部数据按大小顺序排列后，获取处于各等分位置的数值。例如，将全部数据排序后分成四等分，得到 1/4，1/2，3/4 3 个分位数。

众数（mode）指的是数据中出现频率最高的观测值。如果数据分布是离散的，则众数可以通过找到频率最大的观测值来获得；如果数据分布是连续的，众数指密度函数 $f(x)$ 的最大值对应的 x。

4. 箱线图和直方图

箱线图是利用数据中的 5 个统计量：最小值、1/4 分位数、中位数、3/4 分位数与最大值来描述数据的一种方法，它也可以粗略地看出数据是否具有对称性及分布的分散程度，可以用来比较多个样本的分布、判断数据分布是否有偏斜或者重尾。也有一些箱线图使用四分位距（InterQuartile Range，IQR）来确定头部和尾部。四分位距是 1/4 分位数 $Q1$ 到 3/4 分位数 $Q3$ 的距离，在这类箱线图中，落在 $(Q1 - 1.5\text{IQR})$ 和 $(Q3 + 1.5\text{IQR})$ 之外的数据被判断为异常值。

直方图是一种统计频数或频率图，一般用横轴表示数据取值范围，纵轴表示分布频数或频率。直方图是数据分布的图形表示，可以用来大致估计一个变量的概率密度。为了构建直方图，首先要将数据的范围分段，然后计算每个间隔中的频数。间隔必须相邻且大小相等。直方图在本书 2.4.3 节中有详细介绍。

描述性统计量还包括最小值、最大值和取值区间长度。描述性统计作图还包括在 2.4 节中已经介绍的数据散点图。此外，饼图也是一种比较常用的数据展示方法。

3.1.2 案例分析：指数收益率的描述性统计

[目标和背景]

在本例中，我们以沪深 300 指数的收益率序列为例，截取 2010 年 6 月 2 日至 2015 年 12 月 9 日的数据，进行描述性统计分析。

[解决方案和程序]

我们读取数据并调用 Pandas 自带的描述性统计分析函数。结果显示指数收益率的均值接近 0，标准差为 1.6%，偏度为 −0.454，峰度为 3.85，这是一个尖峰且具有负偏度的分布。如图 3.1 所示，直方图显示该分布与一般的正态分布有较大区别，箱线图显示数据中存在较多异常值。

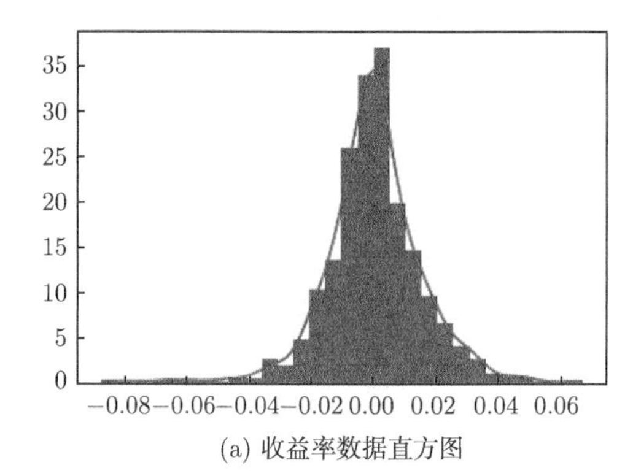

(a) 收益率数据直方图

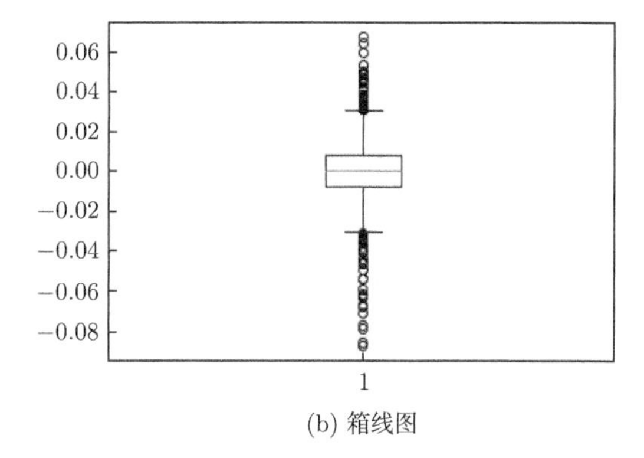

(b) 箱线图

图 3.1 收益率数据分析

```
index_path = 'D:/data/SZ399300.TXT'
data = pd.read_table(index_path,\
    encoding = 'cp936',header = None)
hs300 = data[:-1]       #删除最后一行
hs300.columns = ['date','o','h','l','c','v','to']
hs300.index = hs300['date']
hs300['ret'] = hs300['c'].pct_change().fillna(0) #计算收益率
hs300_ret = hs300['ret']

hs300_ret.describe()  #描述性统计分析
hs300_ret.kurtosis()  #计算峰度
hs300_ret.skew()      #计算偏度
plt.hist(hs300_ret)   #直方图
plt.boxplot(hs300_ret)#箱线图
```

3.2 核密度估计

3.2.1 核密度估计方法

尽管直方图也可以用于密度估计，但缺乏光滑性质。核密度估计是一种用于估计数据概率密度函数的非参数平滑方法，对于维数较低的数据具有比较好的可视化效果。假设 $\{x_1, x_2, \cdots, x_N\}$ 是独立同分布的一维数据样本，服从概率密度函数 $f(x)$，则 $f(x)$ 的核密度估计为：

$$\hat{f}_h(x) = \frac{1}{N}\sum_{i=1}^{N} K_h(x_i - x) = \frac{1}{Nh}\sum_{i=1}^{N} K\left(\frac{x_i - x}{h}\right) \tag{3.2.1}$$

其中，$K_h(\cdot) = h^{-1}K(\cdot/h)$，是一个均值为 0 的密度函数，称为核函数；$h > 0$ 是一个平滑参数，也称为窗宽（bandwidth）。由于 $K_h(\cdot)$ 是密度函数，满足非负、积分为 1 及连续性（对应累积分布是右连续的），由此推论得到核密度估计 $\hat{f}_h(x)$ 也满足非负、积分为 1 及连续性，因此自然是一个密度函数。

在进行核密度估计之前，需要确定核函数的类型及窗宽。常用的 3 个核函数如下：

均匀分布核函数	$K(u) = \frac{1}{2},\ \lvert u\rvert \leqslant 1$
高斯核函数	$K(u) = \frac{1}{\sqrt{2\pi}}\mathrm{e}^{-\frac{1}{2}u^2}$
Epanechnikov 核函数	$K(u) = \frac{3}{4}(1-u)^2,\ \lvert u\rvert \leqslant 1$

相比核函数类型，窗宽 h 是影响核密度估计更为重要的参数。窗宽反映了核密度估计对各个数据点使用的比重。窗宽小说明估计 $f_h(x)$ 用了 x 附近少量的数据，因此估计曲线相对不够平滑，属于偏差较小而方差较大的估计；窗宽大说明估计 $f_h(x)$ 用了 x 附近较多的数据，因此估计曲线更平滑，属于偏差较大而方差较小的估计。在高斯核函数中，h 恰好表示正态分布核函数的标准差。

窗宽一般依据 $f_h(x)$ 的泰勒展开式，通过平衡估计的偏差和方差来选取。依据核密度理论分析结果，使用以下公式来选取窗宽：

$$h_{\mathrm{opt}} = C \cdot \hat{\sigma} N^{-1/5} \tag{3.2.2}$$

其中，$\hat{\sigma}$ 为样本标准差，C 为调节系数。对于高斯核函数，C 设为 1.06。

例 3.1　核密度估计模拟仿真

本例中，我们将编写一个核密度估计的函数，并作图分析沪深 300 指数的收益率数据。

```
## 核密度估计
def ourkde(x,h,u):
    # u是一个输出向量
    fu = []
    for u0 in u:
        t = (x - u0)/h
        K = h**(-1)*np.exp(-0.5*t**2)/np.sqrt(2*np.pi)
        fu.append(np.mean(K))
    fu = np.asarray(fu)
    return fu

x = hs300_ret.values # hs300_ret来自 3.1.2 节案例分析
u = np.linspace(-0.087,0.067,100) #估计输出点
h = 1.06*np.std(x)*1340**(-0.2) #最优窗宽
fu = ourkde(x,h,u)
plt.hist(x,30,normed = True)
plt.plot(u,fu,'-') #对比标准化后的直方图
```

例 3.2　satter_matrix() 函数复现

对于一个 $N \times p$ 的数据矩阵 $\boldsymbol{X}$，Pandas 库中的 satter_matrix() 函数可以画出每两列的散点图及每列数据的核密度估计。以下示例中我们调用该函数作图，然后自主编写一段函数实现同样功能。

```
## satter_matrix()函数
data = np.random.randn(1000, 5)
df = pd.DataFrame(data, columns=['a', 'b', 'c', 'd', 'e'])
pd.plotting.scatter_matrix(df, alpha=0.4, diagonal='kde')

## 复现satter_matrix()函数
u = np.linspace(-2.5,2.5,100)
for j in range(5):
    for i in range(5):
        if i !=j:
            plt.subplot(5,5,i+5*j+1)
            plt.plot(data[:,i],data[:,j],'.')
        if i ==j:
            plt.subplot(5,5,i+5*j+1)
            x = data[:,i]
            h = 1.06*np.std(x)*1000**(-0.2)
            fu = ourkde(x,h,u)
            plt.plot(u,fu,'-')
```

3.2.2 核密度估计的目标函数

为进一步说明 1.3 节提到的估计方法和目标函数的关系，我们找到核密度估计对应的两个不同的目标函数。其中的一种目标函数称为局部似然密度函数，如下所示：

$$L(x,\theta)=\frac{1}{N}\sum_{i=1}^{N}K_h(x_i-x)\log\rho(x_i,\theta)-\int K_h(x-u)\rho(u,\theta)\mathrm{d}u \tag{3.2.3}$$

如果令 $\rho(u,\theta)=\exp(\theta)$，则极大化 $L(x,\theta)$ 可以得到核密度估计式 (3.2.1)。另外，我们也可以定义一个非线性平滑算子 $\mathcal{N}_h$，满足：

$$\mathcal{N}_h f(x)=\exp\int K_h(x-t)\log f(t)\mathrm{d}t \tag{3.2.4}$$

以及平滑对数似然函数 $L(f)=\dfrac{1}{N}\sum_{i=1}^{N}\log\mathcal{N}_h f(x_i)$。不难证明，核密度估计是平滑对数似然函数的极值。根据：

$$L(f)=\frac{1}{N}\sum_{i=1}^{N}\int K_h(x_i-t)\log f(t)\mathrm{d}t \tag{3.2.5}$$

$$=\int\left[\frac{1}{N}\sum_{i=1}^{N}K_h(x_i-t)\right]\log f(t)\mathrm{d}t \tag{3.2.6}$$

在 f 是一个密度函数的条件下，由 8.4 节可知 $-L(f)$ 是 $f(x)$ 和核密度估计 $\hat{f}_h(x)$ 的交叉熵，因此 $L(f)$ 的最大值在 $f(x)=\hat{f}_h(x)$ 时取得。

3.3 k 均值算法

k 均值算法是最常见的聚类分析方法之一，是一种著名数据挖掘算法，可以作为比较基准或其他方法的初值。聚类分析的目标是在一定准则下将观测数据划分为几类，每个数据只能属于其中一类，因此各类之间的数据没有交集。设 $C_1,\cdots,C_K$ 是表示数据指标的 K 个集合，对应数据的 K 个类别。假设 $C_j\cap C_k=\varnothing$，$C_1\cup C_2\cup\cdots\cup C_K=\{1,2,\cdots,N\}$。k 均值算法对应的目标函数是：

$$L(C_1,\cdots,C_K)=\sum_{k=1}^{K}\sum_{i\in C_k}||x_i-\bar{x}_k||^2 \tag{3.3.1}$$

其中，$\bar{x}_k=\sum_{i\in C_k}x_i/|C_k|$，$|C_k|$ 表示类别 k 中的样本点个数。直接求解 $C_1,\cdots,C_K$ 是十分困难的。这时我们注意到：

$$\bar{x}_k=\arg\min_{\mu_k}\sum_{i\in C_k}||x_i-\mu_k||^2 \tag{3.3.2}$$

可以转而求解一个更多参数的等价问题：

$$L(C_1,\cdots,C_K,\mu_1,\cdots,\mu_K)=\sum_{k=1}^{K}\sum_{i\in C_k}||x_i-\mu_k||^2 \tag{3.3.3}$$

k 均值算法给出等价问题式 (3.3.3) 的迭代求解方法。k 均值算法在随机初始化 K 个中心点后，分以下两步进行迭代：

（1）计算所有数据点到各个中心点的距离，然后将每个数据点分配到距其最近的那个中心点所属的类别；

（2）计算各类中数据点的均值，并作为该类新的中心点。

不断对这两步进行迭代，直至收敛（即所有的中心点不再变化），这时就得到了式 (3.3.3) 的一个局部最优解。

k 均值算法描述如下：

（1）初始化 K，$\mu_1^{(0)},\cdots,\mu_K^{(0)}$；

（2）迭代 $t=0,1,2,\cdots$，直到目标函数收敛；

① 对 $k=1,\cdots,K;i=1,2,\cdots,N$，计算 $d(i,k)=||x_i-\mu_k^{(t)}||^2$。然后对 $i=1,2,\cdots,N$，更新类别 $z_i=\arg\min\{\mathrm{d}(i,1),\cdots,\mathrm{d}(i,K)\}$；

② 更新每类均值，$k=1,\cdots,K$

$$\mu_k^{(t+1)}=\frac{\sum_{i=1}^{N}x_iI(z_i=k)}{\sum_{i=1}^{N}I(z_i=k)} \tag{3.3.4}$$

（3）输出 $\{z_1,\cdots,z_N\}$ 和每类均值。

例 3.3 k 均值算法模拟仿真

本例中，我们将编写一个 k 均值算法的程序，并产生数据进行模拟仿真。

```
## k均值算法示例
def ourkmean(x,k,mu,tol):
    # x: n*p数组 ;  mu: k*p数组
    n,p = x.shape
    dist_matx = np.zeros((n,k))
    id = []
    iter = 0
    max_it = 100
    diff = 100
    VAL2 = 10000
    while diff>tol and iter<max_it:
        # step 1
        for i in range(k):
```

```
            dist_matx[:,i] = np.sum((x - mu[i,:])**2,axis = 1)
        id = np.argmin(dist_matx,axis = 1)
        # step 2
        VAL = 0
        for i in range(k):
            mu[i,:] = np.mean(x[id==i,:],axis = 0)
            VAL = VAL + np.sum((x[id==i,:] - mu[i,:])**2)
        diff = np.abs(VAL - VAL2)
        VAL2 = VAL
        iter = iter +1
    return id, mu

n = 100
x1 = np.random.randn(n,2)
x2 = np.random.randn(n,2) + np.array([2,2])
x = np.vstack((x1,x2))
tol = 0.001
k = 2

mu = np.array([[-0.1,-0.1],[1.0,1.0]]) # mu赋初值不可以是整数型
id, mu = ourkmean(x,k,mu,tol)

plt.figure()
plt.plot(x[id==0,0],x[id==0,1],'ro')
plt.plot(x[id==1,0],x[id==1,1],'bo')
```

k 均值算法和混合模型有关，它可以看成是高斯混合模型的 EM 算法的一个特殊情形。k 均值算法的优点在于计算简单高效、容易实现，每步迭代都会使目标函数式 (3.3.3) 取值下降或不上升。主要缺点在于估计结果容易受到异常值的影响，算法不能保证找到全局最优解，聚类个数 K 需要提前给定。数据的异常值可以在运行算法前使用其他检验方法剔除。局部最优问题可以初始化许多组不同的中心点，分别运行 k 均值算法，取目标函数最小的结果作为最终的聚类结果。聚类个数 K 的选取属于模型选择的范畴，可以使用交叉验证法来确定，或对比 K 值增加后目标函数是否明显下降来判断。

常用的聚类分析方法除了 k 均值算法之外，还包括谱聚类（Spectral Clustering）、基于密度的方法（如 DBSCAN 和 OPTICS）、层次聚类（Hierarchical Clustering，代表性算法如 SLINK、BIRCH）等。

3.4 主成分分析

主成分分析是一种重要的数据降维方法，在多元数据分析中有重要意义。从投影角度来

看，主成分分析找到能使投影后的数据方差最大的投影方向，尽量保持原始数据的差异性。数据分析可以在投影后的低维数据中进行。从数据重构的角度看，主成分分析将高维向量集压缩到低维向量集，并根据低维向量重构原始数据，使得重构误差最小。

3.4.1 最大投影方差和最小重构误差

假设观测数据为 $\boldsymbol{x}_1,\cdots,\boldsymbol{x}_N$，$\boldsymbol{x}_i$ 是一个 p 维向量。数据矩阵 $\boldsymbol{X}=(\boldsymbol{x}_1,\cdots,\boldsymbol{x}_N)$ 是一个 $N\times p$ 维矩阵。数据矩阵 $\boldsymbol{X}$ 也可以按列记为 $\boldsymbol{X}=(\boldsymbol{X}_1,\cdots,\boldsymbol{X}_p)$，其中 $\boldsymbol{X}_j=(x_{j1},\cdots,x_{jN})^{\mathrm{T}}$。记:

$$\Sigma=\mathrm{Cov}(\boldsymbol{X})=\frac{1}{N}\sum_{i=1}^{N}(\boldsymbol{x}_i-\bar{\boldsymbol{x}})(\boldsymbol{x}_i-\bar{\boldsymbol{x}})^{\mathrm{T}} \tag{3.4.1}$$

主成分分析的一种解释是使投影数据的方差最大化。这里投影指的是向量内积。我们希望找到投影向量 $\boldsymbol{v}_1$（单位向量，$\boldsymbol{v}_1^{\mathrm{T}}\boldsymbol{v}_1=1$），使得投影后的数据 $(\xi_{11},\cdots,\xi_{1N})$ 的方差最大。其中，$\xi_{1i}=(\boldsymbol{x}_i-\bar{\boldsymbol{x}})^{\mathrm{T}}\boldsymbol{v}_1$。投影向量 $\boldsymbol{v}_1$ 就是第一主成分方向。显然，投影后的数据均值为 0，即 $\bar{\xi}_1=0$，方差为:

$$\frac{1}{N-1}\sum_{i=1}^{N}\xi_{1i}^2=\frac{1}{N-1}\sum_{i=1}^{N}\boldsymbol{v}_1^{\mathrm{T}}(\boldsymbol{x}_i-\bar{\boldsymbol{x}})(\boldsymbol{x}_i-\bar{\boldsymbol{x}})^{\mathrm{T}}\boldsymbol{v}_1=\boldsymbol{v}_1^{\mathrm{T}}\hat{\boldsymbol{\Sigma}}\boldsymbol{v}_1 \tag{3.4.2}$$

令 $\lambda_1=\dfrac{1}{N-1}\sum_{i=1}^{N}\xi_{1i}^2$，得到 $\lambda_1=\boldsymbol{v}_1^{\mathrm{T}}\hat{\boldsymbol{\Sigma}}\boldsymbol{v}_1$。由于 $\boldsymbol{v}$ 是单位向量，进一步可得:

$$\hat{\boldsymbol{\Sigma}}\boldsymbol{v}_1=\lambda_1\boldsymbol{v}_1 \tag{3.4.3}$$

因此，可以发现 λ_1 即为 $\hat{\boldsymbol{\Sigma}}$ 的最大特征值，$\boldsymbol{v}_1$ 是对应的特征向量，最佳的投影方向即为 λ_1 最大时对应的特征向量，即第一主成分方向。投影后的数据 $(\xi_{11},\cdots,\xi_{1N})$ 称为第一主成分得分。然后我们可以找到与 $\boldsymbol{v}_1$ 正交的单位向量 $\boldsymbol{v}_2$（$\boldsymbol{v}_2^{\mathrm{T}}\boldsymbol{v}_1=0$, $\boldsymbol{v}_2^{\mathrm{T}}\boldsymbol{v}_2=1$），使投影后的数据方差最大。这时 $\boldsymbol{v}_2$ 是 $\hat{\boldsymbol{\Sigma}}$ 的第二大特征值对应的特征向量，即第二主成分方向。以此类推下去，我们得到 p 个特征值 $(\lambda_1,\cdots,\lambda_p)$ 对应的主成分方向 $(\hat{\boldsymbol{v}}_1,\cdots,\hat{\boldsymbol{v}}_p)$，$\lambda_1\geqslant\lambda_2\geqslant\cdots\geqslant\lambda_p$，以及数据在各个主成分方向上的得分 $(\xi_{j1},\cdots,\xi_{jN}),j=1,\cdots,p$。

我们从最小重构误差的角度来看待主成分分析。主成分分析将一个高维数据集投影到低维数据集，然后可以使用低维数据集和主成分方向来重构原始数据，使得重构误差最小。考虑 $\boldsymbol{x}_i$ 的一个 q 阶（$q<p$）线性表示:

$$\boldsymbol{x}_i\approx\boldsymbol{\mu}+\boldsymbol{V}\boldsymbol{\xi}_i \tag{3.4.4}$$

$$=\boldsymbol{\mu}+\sum_{j=1}^{q}\xi_{ij}\boldsymbol{v}_j \tag{3.4.5}$$

其中，$\boldsymbol{\mu}$ 是一个 $p\times 1$ 维均值向量；$\boldsymbol{\xi}_i=(\xi_{i1},\cdots,\xi_{iq})^{\mathrm{T}}$ 是一个 $q\times 1$ 维向量；$\boldsymbol{V}$ 是一个 $p\times q$ 维矩阵，其列向量是 q 个 $p\times 1$ 维正交的单位向量 $(\boldsymbol{v}_1,\cdots,\boldsymbol{v}_q)$。为了求解 $\boldsymbol{V}$、$\boldsymbol{\xi}_i$ 和 $\boldsymbol{\mu}$，需要最小化重构误差：

$$\sum_{i=1}^{N}||\boldsymbol{x}_i-\boldsymbol{\mu}-\boldsymbol{V}\boldsymbol{\xi}_i||^2 \tag{3.4.6}$$

假定 $\boldsymbol{V}$ 已知，得到 $\boldsymbol{\xi}_i$ 和 $\boldsymbol{\mu}$ 的估计为：

$$\hat{\boldsymbol{\mu}}=\bar{\boldsymbol{x}} \tag{3.4.7}$$

$$\hat{\boldsymbol{\xi}}_i=\boldsymbol{V}^{\mathrm{T}}(\boldsymbol{x}_i-\bar{\boldsymbol{x}}) \tag{3.4.8}$$

为了求解 $\boldsymbol{V}$，不妨假设 $\bar{x}=0$。令 $\boldsymbol{v}_j$ 为 $\boldsymbol{V}$ 的第 j 个列向量，根据 Eckart 和 Young 定理，在给定 $\boldsymbol{v}_j^{\mathrm{T}}\boldsymbol{v}_j=1$，$\boldsymbol{v}_j^{\mathrm{T}}\boldsymbol{v}_l=0(j\neq l)$，$\xi_{ij}=\boldsymbol{v}_j^{\mathrm{T}}\boldsymbol{x}_i$ 的条件下，最小化重构误差：

$$\sum_{i=1}^{n}||\boldsymbol{x}_i-\sum_{j=1}^{q}\xi_{ij}\boldsymbol{v}_j||^2 \tag{3.4.9}$$

的解 $(\hat{\boldsymbol{v}}_1,\cdots,\hat{\boldsymbol{v}}_q)$ 就是协方差矩阵 $\hat{\boldsymbol{\Sigma}}=\mathrm{Cov}(\boldsymbol{X})$ 的前 q 个最大的特征向量。我们称 $\boldsymbol{v}_j$ 为第 j 个主成分方向，$\boldsymbol{\xi}_i$ 为主成分得分，即 $\boldsymbol{x}_i$ 在由 $\boldsymbol{V}$ 定义的 q 个主成分方向的投影值。

由此，我们从最大投影方差和最小重构误差两个不同的思路出发，最后得到的都是协方差矩阵的特征向量，即主成分方向。在等式 (3.4.3) 两边乘 -1，得到 $\hat{\boldsymbol{\Sigma}}(-\boldsymbol{v}_1)=\lambda(-\boldsymbol{v}_1)$。这说明同一个特征值对应的主成分方向可以有两个（方向相反）。如果我们把 $\boldsymbol{v}_j$ 和 $-\boldsymbol{v}_j$ 视为等同，则特征分解得到的对应每一个特征值的主成分方向是唯一的。这一点读者在实际应用的时候需要特别注意。有时候即使同一个软件下，不同的特征分解算法也可能会得到方向相反的（可视为等同的）解。

主成分分析对单个特征的量纲没有不变性。如果对数据矩阵的某一列乘一个常数，则主成分方向可以发生很大变化。因此，在应用的时候常常先把所有列标准化，即让列标准差为 1。此外，在分析中使用多少个主成分没有公认的标准方案，读者一般可以根据实际情况和分析结果来主观地选取。

3.4.2 特征分解和奇异值分解

在介绍主成分分析的时候，我们使用的主成分方向就是数据矩阵的协方差矩阵的特征向量。特征分解是使用最广的矩阵分解方法之一，它可以将行数和列数相等的矩阵分解为由其特征值和特征向量表示的矩阵乘积。假设 $\boldsymbol{\Sigma}$ 是一个可以被特征分解的 $p\times p$ 矩阵，则：

$$\boldsymbol{\Sigma}=\boldsymbol{V}\boldsymbol{D}\boldsymbol{V}^{\mathrm{T}}=\sum_{j=1}^{p}d_j\boldsymbol{v}_j\boldsymbol{v}_j^{\mathrm{T}} \tag{3.4.10}$$

其中，$\boldsymbol{V} = (\boldsymbol{v}_1, \cdots, \boldsymbol{v}_p)$ 是一个 $p \times p$ 正交矩阵。对 $j = 1, \cdots, p$，$\boldsymbol{v}_j$ 是 $\boldsymbol{\Sigma}$ 的第 j 个特征向量，$\boldsymbol{v}_j^{\mathrm{T}} \boldsymbol{v}_j = 1$；$d_j$ 是 $\boldsymbol{v}_j$ 对应的特征值，满足 $\boldsymbol{\Sigma} \boldsymbol{v}_j = d_j \boldsymbol{v}_j$；$d_1 \geqslant d_2 \geqslant \cdots \geqslant d_p \geqslant 0$。一般的实对称矩阵（包括协方差矩阵）是可以进行特征分解的。

奇异值分解可以用于行数和列数不等的矩阵，而不仅仅是方阵。在奇异值分解中，设 $\boldsymbol{X}$ 为 $n \times p$ 的数据矩阵，则：

$$\boldsymbol{X} = \boldsymbol{U}\boldsymbol{D}\boldsymbol{V}^{\mathrm{T}} = \sum_{j=1}^{p} d_j \boldsymbol{u}_j \boldsymbol{v}_j^{\mathrm{T}}, \tag{3.4.11}$$

其中，$\boldsymbol{U}$ 是一个 $n \times n$ 的矩阵，$\boldsymbol{V}$ 是一个 $p \times p$ 的矩阵，且两个矩阵均是酉矩阵（unitary matrix），即 $\boldsymbol{U}\boldsymbol{U}^{\mathrm{T}} = \boldsymbol{U}^{\mathrm{T}}\boldsymbol{U} = I_n$，$\boldsymbol{V}\boldsymbol{V}^{\mathrm{T}} = \boldsymbol{V}^{\mathrm{T}}\boldsymbol{V} = I_p$。$\boldsymbol{D}$ 是一个 $n \times p$ 的矩阵，主对角线上的元素 d_j 称为奇异值，且满足 $d_1 \geqslant d_2 \geqslant \cdots \geqslant d_p \geqslant 0$。$\boldsymbol{D}$ 矩阵中除了主对角线上的元素以外，其他元素都为 0。$\boldsymbol{u}_j$ 和 $\boldsymbol{v}_j$ 分别为 $\boldsymbol{U}$ 和 $\boldsymbol{V}$ 中第 j 列向量。令 u_{ij} 为矩阵 $\boldsymbol{U}$ 的第 i 行第 j 列元素，$\xi_{ij} = d_j u_{ij}$，那么：

$$\boldsymbol{x}_i = \sum_{j=1}^{p} d_j u_{ij} \boldsymbol{v}_j = \sum_{j=1}^{p} \xi_{ij} \boldsymbol{v}_j \tag{3.4.12}$$

由于 $\boldsymbol{v}_j^{\mathrm{T}} \boldsymbol{v}_j = 1$ 且当 $j \neq k$ 时 $\boldsymbol{v}_j^{\mathrm{T}} \boldsymbol{v}_k = 0$，则由式 (3.4.12) 可以得到 $\xi_{ij} = \boldsymbol{x}_i^{\mathrm{T}} \boldsymbol{v}_j$。

数据矩阵的奇异值分解可以导出协方差矩阵的特征分解：

$$\boldsymbol{X}^{\mathrm{T}}\boldsymbol{X} = \boldsymbol{V}\boldsymbol{D}^{\mathrm{T}}\boldsymbol{U}^{\mathrm{T}}\boldsymbol{U}\boldsymbol{D}\boldsymbol{V}^{\mathrm{T}} = \boldsymbol{V}\boldsymbol{D}^{\mathrm{T}}\boldsymbol{D}\boldsymbol{V}^{\mathrm{T}} \tag{3.4.13}$$

这正是对 $\boldsymbol{X}^{\mathrm{T}}\boldsymbol{X}$ 的特征分解，即 $\boldsymbol{V} = (\boldsymbol{v}_1, \cdots, \boldsymbol{v}_p)$ 为特征向量构成的矩阵，$\boldsymbol{v}_j$ 即为 $\boldsymbol{X}^{\mathrm{T}}\boldsymbol{X}$ 的第 j 个特征向量；而 $\boldsymbol{D}^{\mathrm{T}}\boldsymbol{D} = \mathrm{diag}(d_1^2, \cdots, d_p^2)$，其中，$d_j^2$ 就是与 $\boldsymbol{v}_j$ 对应的特征值。因此，如果我们已知如何求解数据矩阵的奇异值分解，则协方差矩阵的特征向量可以对按列减去均值后的数据矩阵进行奇异值分解来获得。特征分解也可以导出数据矩阵的奇异值分解。矩阵 $\boldsymbol{X}\boldsymbol{X}^{\mathrm{T}}$ 的特征分解可以写作 $\boldsymbol{X}\boldsymbol{X}^{\mathrm{T}} = \boldsymbol{U}\boldsymbol{D}^{\mathrm{T}}\boldsymbol{D}\boldsymbol{U}^{\mathrm{T}}$。分别对 $\boldsymbol{X}\boldsymbol{X}^{\mathrm{T}}$ 和 $\boldsymbol{X}^{\mathrm{T}}\boldsymbol{X}$ 进行特征分解可以得到数据矩阵 $\boldsymbol{X}$ 的奇异值分解。

3.4.3　案例分析：手写数字 3 特征分析

[目标和背景]

在本例中，我们使用主成分分析和奇异值分解来获得手写数据集“zip.train”中数字 3 的特征。数据读取后得到一个 7 291 × 257 的数据矩阵，包含 7 291 条数据，每条数据共 257 列。其中，第一列表示数据属于哪个数字。第 i 行数据的第一列取值为 k，表示该行随后 256 个数据是对数字 k 的一个手写记录。数据记录是大小为 256 × 1 的向量，由 16 × 16 的像素图像所对应的 16 × 16 数据矩阵按行拼接得到。

[解决方案和程序]

首先读取数据，从 7 291 条数据中选出所有对应数字 3 的数据，得到一个 658×256 的数据矩阵。利用 imshow() 函数可以图形化显示每个数据记录。然后画出其中一个数据记录及数据的均值。运行程序后可以看到，与具体某一个手写体 3 相比，均值 3 是一个比较中规中矩的图像。

```
## 读取数据并作图
import numpy as np
import matplotlib.pyplot as plt
path = 'D:/data/zip.train'
data = np.loadtxt(path) # 7 291*257 数组, 第一列代表对应的数字

id3 = data[:,0]==3
data3 = data[id3,1:]      # 658*256 矩阵
j = 330 #
plt.imshow(data3[j,:].reshape(16,16))
mean3 = np.mean(data3,axis = 0)
plt.imshow(mean3.reshape(16,16)) #均值 3 作图
```

接下来我们进行主成分分析。首先通过对协方差矩阵的特征分解获得主成分方向，把第一主成分方向作图画出，可以看到一个模糊类似手写 3 的图像（见图 3.2(a)）。然后，将数据减去均值后投影到主成分方向上，得到第一主成分得分。将第一主成分得分排序，画出排序最靠前和最靠后的几个数据的图像，可以看到第一主成分代表的是手写 3 中的宽–窄特征。类

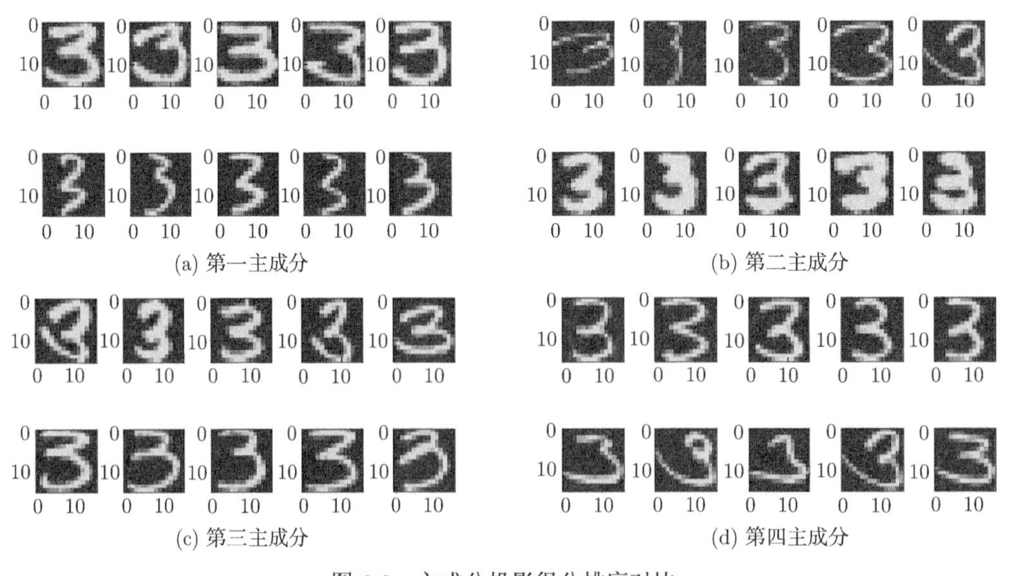

图 3.2　主成分投影得分排序对比

似可以获得第二主成分方向和第二主成分得分。将第二主成分得分排序后作图（见图 3.2(b)）对比可知第二主成分代表的是手写 3 中的粗-细特征。如果一个观测数据在第二主成分方向上的投影得分为正，意味着该数据相对于均值 3 更细，得分越高则会越细；反之，如果一个观测数据在第二主成分方向上的投影得分为负，意味着该数据相对于均值 3 更粗，得分越小则会越粗。我们从图 3.2 可以观察到，直到第四个主成分仍然有比较明显的特征区分。如第三主成分的特征是下弯宽口，第四主成分的特征是长翘尾，等等。

具体代码如下：

```
covx = np.cov(data3.T)
u,v = la.eig(covx) # u - 特征值, v - 特征向量
## 第j个主成分方向作图
j = 1 # 1,2,3...
plt.imshow(v[:,j-1].reshape(16,16))
## 第j个主成份得分
j = 1 # 1,2,3...
xi = (data3 -mean3).dot(v[:,j-1:j])
id = xi.ravel().argsort() #化为一维数组后提取排序索引
for i in range(5):
    plt.subplot(2,5,i+1)
    plt.imshow(data3[id[-i-1]].reshape(16, 16))
for i in range(5):
    plt.subplot(2,5,5+i+1)
    plt.imshow(data3[id[i]].reshape(16, 16))

## 方差解释
np.sum(u[0:50])/np.sum(u)
[np.sum(u[0:a])/np.sum(u) for a in range(50)]

## 数据重构
k = 50
xi = (data3 - mean3).dot(v[:,0:k]) #低维向量集
rec_data3 = mean3 + xi.dot(v[:,0:k].T)

j = 400
plt.subplot(1,2,1)
plt.imshow(data3[j,:].reshape(16,16))
plt.subplot(1,2,2)
plt.imshow(rec_data3[j,:].reshape(16,16))
```

我们可以看到投影数据的方差占总方差的比例。其中，前 50 个主成分解释了数据总方差的 89.7%。从最小重构误差的角度来看，主成分分析将一个高维数据集投影到低维数据集，然

后可以使用低维数据集和主成分方向来重构原始数据。在这里高维数据集指的是 658×256 维向量，如果使用前 50 个主成分重构，则投影得分矩阵是一个 658×50 维的矩阵，构成低维数据集，即 658 个 50 维向量的集合。50 个主成分方向组成的矩阵是 50×658，因此，重构数据是投影得分矩阵和 50 个主成分方向组成的矩阵的乘积，然后加上均值。我们可以作图比较原始数据和重构数据，使用的主成分数量越多，重构越接近原始数据。如果使用所有的主成分，则重构得到的是原始数据。

接下来我们使用奇异值分解来继续分析手写数字 3 特征。我们知道，如果数据矩阵已经按列减去均值，则数据矩阵的奇异值分解可以得到协方差矩阵的特征分解。我们考察如果不减去均值而直接对原始数据使用奇异值分解的情形。对比主成分分析的重构公式 (3.4.4) 和奇异值分解的公式 (3.4.12)，我们猜测在均值特征明显的情形下，奇异值分解得到的 $\boldsymbol{v}_1$ 应该接近标准化后的均值 3，而奇异值分解得到的 $\boldsymbol{v}_2$ 应该接近主成分分析的 $\boldsymbol{v}_1$。数据分析的结果验证了我们的猜测。在实际应用中，有时会直接把奇异值分解后的 $\boldsymbol{v}_1$ 当成标准化加权平均值来使用。我们已经得到了均值特征为 0 和均值特征明显的情形下奇异值分解和特征分解的关系。如果均值特征存在但并不明显，则对原始数据的奇异值分解和协方差矩阵的特征分解将会有差异。具体代码如下：

```
## 中心数据的奇异值分解和特征分解比较
# data3, mean3来自 3.4.3 节案例分析
u2,d2,v2 = la.svd(data3 - mean3)
# v[:,0]  ==  v2[0,:] # 按行存储特征向量v2

## 原始数据的奇异值分解
u3,d3,v3 = la.svd(data3)
plt.imshow(v3[0,:].reshape(16,16))

mean3s = mean3/(np.sum(mean3**2))**(0.5)
plt.subplot(1,2,1)
plt.imshow(mean3.reshape(16,16))
plt.subplot(1,2,2)
plt.imshow(-mean3s.reshape(16,16))
```

3.4.4 案例分析：利率期限结构

[目标和背景]

在本例中，我们使用主成分分析来挖掘美国国债利率期限结构数据的特征。利率期限结构数据集记录了美国国债（T-Bond）自 1990 年 1 月到 2009 年 8 月每月初的利率期限结构。利率期限结构（又称为利率曲线）是指在一个时点不同期限的即期利率与到期期限的关系。例如，数据集的第一条数据记录了在 1990 年 1 月 1 日期限为 3 个月、6 个月、1 年、2 年、3

年、5 年、7 年和 10 年对应的国债利率。一共有 236 条记录，对应 236 个月份，每条记录是一个 8 维向量。使用主成分分析前，我们先对所有利率曲线和利率曲线的均值作图，分别为图 3.3(a) 和图 3.3(b)。可以发现利率均值大致上随着期限的增大而增大，由短期平均利率的约 4% 逐渐增大到 10 年期平均利率 5.5%。

[解决方案和程序]

使用主成分分析来进一步挖掘数据的特征。分别对第一主成分和第二主成分作图（见图 3.3(c)），并观察特征。前两个主成分已经解释了数据总方差的 99.6%。我们发现第一主成分的数值都是负数，绝对值随期限增大而减少，这反映了数据对均值的偏离程度。如果一个观测数据在第一主成分方向上的投影得分为正，意味着该数据在利率均值的下方，得分越高则利率越低；反之，如果一个观测数据在第一主成分方向上的投影得分为负，意味着该数据在利率均值的上方，得分越低则利率越高。此外，短期利率的偏离程度要大于长期利率的偏离程度，这意味着短期利率的方差要大于长期利率的方差。使用第一主成分重构数据并对比原始数据（见图 3.3(d)），我们能比较直观地看出主成分分析作为一种数据平滑方法的平滑效果。

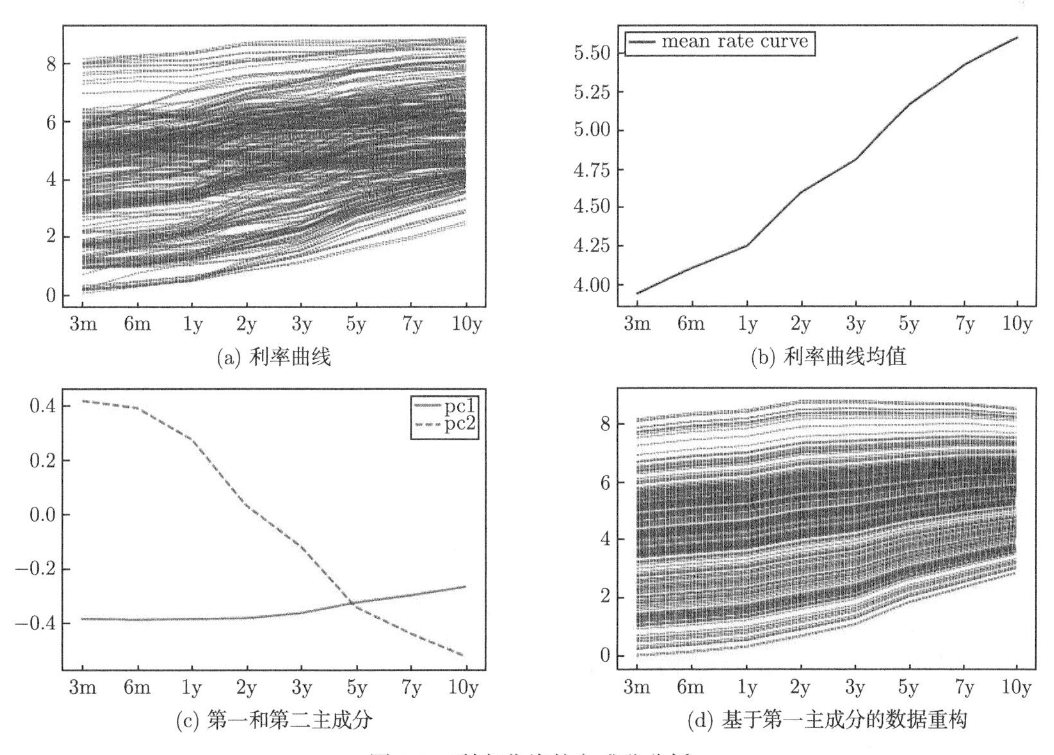

图 3.3　利率曲线的主成分分析

第二主成分是一个随着期限增大由正变负的曲线，反映了利率倒挂现象的严重程度。利率倒挂指的是短期限利率高于长期限利率，一般意味着市场对短期资金的迫切需求。这种情形在经济危机前时常会出现。如果一个观测数据在第二主成分方向上的投影得分为正，说明该数据减去均值后与一个正变负的曲线的相关性高，这意味着可能会出现利率倒挂。我们将第二主成分得分由大到小排序并找出排名前五的数据，发现其中 4 个来自 2007 年次贷危机发生前，1 个来自 2001 年 DotCom 经济泡沫危机发生前。案例分析的代码如下：

```
## 利率曲线分析
path = 'D:/data/t-bond rates.xlsx'
data0 = pd.read_excel(path)
data = data0.iloc[:,1:-2].values
plt.plot(data.T)

mu = np.mean(data,axis = 0)
plt.plot(mu)

## 主成分方向
covx = np.cov(data.T)
import numpy.linalg as la
u,v = la.eig(covx) # u - 特征值, v - 特征向量
plt.plot(v[:,0])
xi  = (data - mu).dot(v[:,0:1])
rec_data = mu + xi.dot(v[:,0:1].T)
plt.plot(rec_data.T)

plt.plot(v[:,1])
xi2  = (data - mu).dot(v[:,1:2])
id = xi2.ravel().argsort()[-5:]
```

3.4.5 案例分析：股票收益率的协方差矩阵分解

[目标和背景]

我们在 2.5.3 节案例分析中得到了沪深 300 成份股的收益率矩阵 retx（1 339 天 300 个股票），本例中我们将使用主成分分析来进一步对收益率矩阵进行分析。首先计算数据矩阵的协方差矩阵 $\boldsymbol{\Sigma}_v$，这是一个大小为 300×300 的矩阵。在这个例子中，每个观测值是 300 个股票一天的截面收益率 $r_i \equiv x_i$，而每个股票看成一个特征。

[解决方案和程序]

通过对协方差矩阵的特征分解，得到各个主成分方向 $\boldsymbol{v}_1,\boldsymbol{v}_2,\cdots$，每一个方向的维度是 300×1。投影得分是收益率减去均值和主成分方向的内积，如 $\xi_{ji}=\boldsymbol{v}_j^{\mathrm{T}}(r_i-\bar{r})$。在金融投资领域中，如果某个向量和截面收益率向量具有内积运算，则向量 $\boldsymbol{v}_j$ 可以解释为一个投资组合，

投影得分 ξ_{ji} 可以解释为该组合在第 i 天的收益。由此，我们发现第一主成分方向 $\boldsymbol{v}_1$ 的各个元素是大小差别不大的正数，可以解释为市场组合。第二主成分方向和市场组合正交，是一个多空组合。我们进一步对 $\boldsymbol{v}_2$ 的元素（不是投影得分）排序，发现排序最靠前和最靠后的几个股票存在明显的行业聚类现象，这实际上是一个空头为高科技和传媒股，多头为金融股的投资组合。前十个股票为宁波银行、光大银行、华泰证券、海通证券、中信证券、浦发银行、招商证券、华夏银行、保利地产、兴业银行；后十个股票为乐视网、网宿科技、科大讯飞、光线传媒、东华软件、华策影视、石基信息、用友网络、机器人、蓝色光标。

注意，这个例子里我们是对特征向量的元素大小排序，而不是像前两个例子中对投影得分排序。如果按投影得分排序的方式来分析，则需要对数据矩阵进行转置并重新解释。我们需要把每个股票看成一个观测值，而每天看成一个特征。这样将得到一个大小为 $1\,339\times1\,339$ 的协方差矩阵 $\boldsymbol{\Sigma}_u$。通过特征分解得到各个主成分方向 $\boldsymbol{u}_1,\boldsymbol{u}_2,\cdots$，每一个方向的维度是 $1\,339\times1$，$\boldsymbol{u}_j$ 可以解释为第 j 个因子的收益率序列。我们把 300 个观测数据投影到 $\boldsymbol{u}_1$ 上，并对投影得分排序，得到的结果和对 300×300 协方差矩阵 $\boldsymbol{\Sigma}_v$ 特征分解得到的 $\boldsymbol{v}_2$ 的排序结果十分类似，但不完全一样。由于计算 $\boldsymbol{\Sigma}_u$ 的时候我们已经减去了市场平均收益（即转置矩阵的列均值），因此第一主成分方向 $\boldsymbol{u}_1$ 的投影得分已经为一个多空组合。具体代码如下：

```
covx = np.cov(retx.T)                    #retx来自 2.5.3 节案例分析
u,v = la.eig(covx)
## 第二主成分分析
id = v[:,1].argsort()[-10:]
sector1 = [names[a] for a in id]        #金融行业

id = v[:,1].argsort()[:10]
sector2 = [names[a] for a in id]        #高科技和传媒行业

cname_path = 'D:/data/A_share_name.xlsx'
namesheet = pd.read_excel(cname_path,'Sheet1',encoding = 'gbk')
cepair  = namesheet.values
cname  = []
for ecode in sector1:                   # or in sector2
    ecodex = ecode[2:-4]
    id = cepair[:,0] == int(ecodex)
    cname.append(cepair[id,1][0])

## 数据矩阵转置后的主成分分析
covx2 = np.cov(retx)
ux,vx = la.eig(covx2)

mux = np.mean(retx.T,axis = 0)          #平均回报
```

```
xi1 = (retx.T - mux).dot(vx[:,0])

id2 = xi1.argsort()[-10:]
sector1v = [names[a] for a in id2]     #金融行业
```

通过奇异值分解，可以更方便地解释本案例中为什么我们可以直接对主成分方向 $\boldsymbol{v}_j$ 的值排序，而不是对投影得分排序。事实上，$\boldsymbol{v}_j$ 的元素也可以看成一种投影得分。由于 $\boldsymbol{X}^{\mathrm{T}}=\boldsymbol{V}\boldsymbol{D}^{\mathrm{T}}\boldsymbol{U}^{\mathrm{T}}$，可以把原始数据 $\boldsymbol{X}$ 的每行看成特征，每列看成一个观测值，于是原来的主成分方向 $\boldsymbol{v}_j$ 其实是在新的方向 $\boldsymbol{u}_j$ 上（标准化后）的投影得分。我们把 $\boldsymbol{u}_j$ 解释为第 j 个因子收益率序列（因子收益），把 $\boldsymbol{v}_j$ 中的元素重新解释为每个股票在第 j 个因子中的因子暴露。

3.5 混合模型和隐马尔可夫模型

3.5.1 混合模型

混合模型是一类用于异质数据建模的概率模型。其中，异质数据可能来自多个子总体（subpopulation），对应混合模型中的各个成分。从概率论和统计的角度看，混合模型由数据分布来定义，对应一种混合分布，即多个分布的加权。假设随机变量 X 服从混合分布 $f(x)$，则一般情形下：

$$f(x)=\sum_{k=1}^{K}\pi_k f_k(x) \tag{3.5.1}$$

其中，π_k 为第 k 个子模型的权重，满足 $\sum_{k=1}^{K}\pi_k=1$，$\pi_k\geqslant 0;i=1,\cdots,K$。$f_k(x)$ 为第 k 个子模型的概率密度，满足密度函数的定义，即非负、积分为 1 及连续性。由此得到 $f(x)$ 是一个满足非负、积分为 1 及连续性的密度函数。

核密度估计是混合模型的一种特殊形式。核密度估计的目标仅是对数据分布的估计；而混合模型除了可以用来估计数据的分布，还可以用于聚类分析、分类（如混合判别分析）及贝叶斯变量选择等。在经济和金融数据分析中，混合模型的成分对应不同的市场环境或市场周期，有时也称为 Regime Switching 模型，如 Switching 回归模型。

混合模型的子模型可以来自不同的分布族，可以是离散分布和连续分布的混合。最常见的混合模型是高斯混合模型，它的第 k 个子模型服从均值为 μ_k、方差为 Σ_k 的多元正态密度函数：

$$f(x|\theta)=\sum_{k=1}^{K}\pi_k\phi(x;\mu_k,\Sigma_k) \tag{3.5.2}$$

其中，$\theta=\{(\pi_k,\mu_k,\Sigma_k),k=1,\cdots,K\}$。极大似然估计是混合模型中未知参数 θ 的常用估计方法。假设样本数据为 $X=\{x_i,i=1,\cdots,N\}$，高斯混合模型的对数似然函数可以写为：

$$\ell(\theta;X)=\sum_{i=1}^{N}\log\left[\sum_{k=1}^{K}\pi_m\phi(x_i;\mu_k,\Sigma_k)\right] \tag{3.5.3}$$

由于混合模型的对数似然函数比较复杂，直接求解 $\ell(\theta;X)$ 存在计算困难。很多时候，我们使用 EM 算法来进行迭代求解，即得到一系列相对容易求解的函数来逼近对数似然函数的极值。高斯混合模型的 EM 算法将在本书第 8 章介绍。

混合模型存在可识别性问题。可识别性指由 $f(x|\theta_1)=f(x|\theta_2)$ 可以推导出 $\theta_1=\theta_2$，或者由 $\ell(\theta_1;X)=\ell(\theta_2;X)$ 可以推导出 $\theta_1=\theta_2$，这是极大似然估计可求解的基础之一。一些混合模型是不具备可识别性的，如两个伯努力分布的混合模型是不可识别的。高斯混合模型中，如果存在两个成分具有相同的均值和方差，那么该模型也是不可识别的，我们需要规避这类不可识别的情形。在一定条件下，一些子模型分布类型相同的混合模型是可识别的，例如，$f_k(x)$ 是一元和多元的高斯分布、伽玛分布、泊松分布、负二项分布及特定条件的二项分布等。

3.5.2 隐马尔可夫模型

隐马尔可夫模型是一类带潜变量的统计模型，它的理论由鲍姆（Baum）博士等人在 20 世纪 60 年代建立并发展。Baum 博士从哈佛大学毕业后到一家对冲基金公司 Monemetrics 工作，并使用数学模型进行外汇交易。Monemetrics 基金公司是后来著名的对冲基金文艺复兴公司的前身。隐马尔可夫模型被广泛应用于语音识别、DNA 序列识别、时间序列分析与预测等诸多领域，其中最著名的应用是在语音识别系统。

隐马尔可夫模型假设观测数据依赖于一个没有观测到的隐藏状态序列（潜变量），并且该隐藏状态序列是一个有限状态空间为 $\{1,2,\cdots,S\}$ 的马尔可夫链。对于一个观测序列 $\{Y_t:t=1,2,\cdots,T\}$ 和隐藏状态序列 $\{S_t:t=1,2,\cdots,T\}$，隐马尔可夫模型可以写为：

$$\boldsymbol{P}(S_t|S^{(t-1)})=\boldsymbol{P}(S_t|S_{t-1}) \tag{3.5.4}$$

$$\boldsymbol{P}(Y_t|Y^{(t-1)},S^{(t)})=\boldsymbol{P}(Y_t|S_t) \tag{3.5.5}$$

其中，$Y^{(t)}=\{Y_1,Y_2,\cdots,Y_t\}$，$S^{(t)}=\{S_1,S_2,\cdots,S_t\}$，表示两个序列到时刻 t 为止的所有历史。隐马尔可夫模型的格状图如图 3.4 所示。公式 (3.5.4) 说明隐藏状态序列满足马尔可夫性，公式 (3.5.5) 说明 Y_t 的分布只依赖于当前时刻的隐藏状态 S_t，而与过去的观测序列和隐藏状态序列无关。

一个隐马尔可夫模型的组成主要包括 3 个部分，分别是转移概率矩阵（transition probability matrix）、初始概率（initial probability）和输出模型（emission model）。具体定义如下：

（1）**转移概率矩阵 $\boldsymbol{\Gamma}$**：对于隐状态序列 $\{S_t,t=1,2,\cdots,T\}$，其转移概率矩阵是一个 $S\times S$ 维的矩阵 $\boldsymbol{\Gamma}$，其中第 j 行第 k 列元素为 $\gamma_{jk}=P(S_{t+1}=k|S_t=j)$，且满足 $\sum_{k=1}^{S}\gamma_{jk}=1$，$\gamma_{jk}\geqslant 0$。

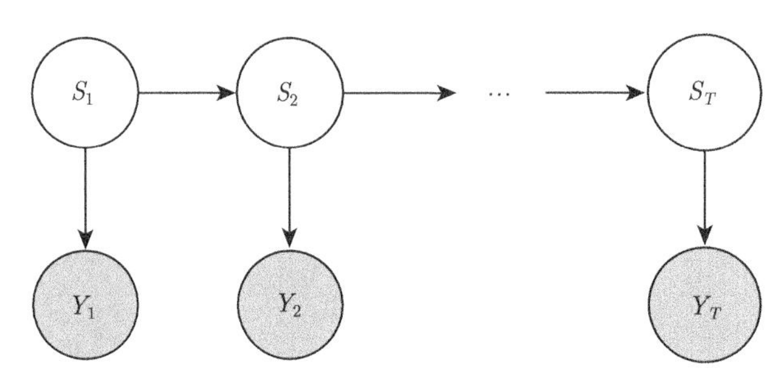

图 3.4 隐马尔可夫模型格状图（Trellis Diagram）

（2）**初始概率 $\boldsymbol{\delta}$**：令 $\delta_j = \boldsymbol{P}(S_1 = j)$，$j = 1, 2, \cdots, S$，则 $\{S_t, t = 1, 2, \cdots, T\}$ 的初始概率为 $\boldsymbol{\delta} = (\delta_1, \cdots, \delta_S)$，且满足 $\sum_{k=1}^{S} \delta_k = 1$，$\delta_k \geqslant 0$。

（3）**输出模型 $\boldsymbol{P}$**：在给定 $S_t = k$ 的条件下，假设 Y_t 服从的是一个参数分布，概率密度函数为 $p_k(y|\theta_k), k = 1, 2, \cdots, S$。注意，当这个分布是正态分布时，$p_k(y|\theta_k) \equiv \phi(\mu_k, \sigma_k^2), k = 1, 2, \cdots, S$。其中，$\theta_k \equiv (\mu_k, \sigma_k^2)$，$\phi$ 代表正态分布的密度函数。令 $\theta = \{\theta_k, k = 1, 2, \cdots, S\}$，$\boldsymbol{P}(y|\theta)$ 为 $S \times S$ 维对角矩阵，对角元素为 $p_k(y|\theta_k), k = 1, 2, \cdots, S$。

根据以上定义，一个隐马尔可夫模型由 3 部分确定，即 $\boldsymbol{\Gamma}$，$\boldsymbol{\delta}$ 和 $P(y|\theta)$。记 $\boldsymbol{P}(\boldsymbol{Y}^{\mathrm{T}}, \boldsymbol{S}^{\mathrm{T}}) = \boldsymbol{P}(\boldsymbol{Y}^{\mathrm{T}}, \boldsymbol{S}^{\mathrm{T}}|\theta)$，$\boldsymbol{P}(\boldsymbol{Y}^{\mathrm{T}}) = \boldsymbol{P}(\boldsymbol{Y}^{\mathrm{T}}|\theta)$，$\boldsymbol{P}(Y_t|S_t) = p_{S_t}(Y_t|\theta_{S_t})$。为得到隐马尔可夫模型的似然函数，首先把观测序列和隐藏状态序列的联合概率密度函数写为：

$$\boldsymbol{P}(Y^{\mathrm{T}}, S^{\mathrm{T}}) = \boldsymbol{P}(S_1)\boldsymbol{P}(Y_1|S_1)\prod_{t=2}^{T}[\boldsymbol{P}(S_t|S_{t-1})\boldsymbol{P}(Y_t|S_t)] \tag{3.5.6}$$

$$= \delta_{S_1} \times p_{S_1}(Y_1|\theta_{S_1})\prod_{t=2}^{T}\gamma_{S_{t-1},S_t} \times \prod_{t=2}^{T} p_{S_t}(Y_t|\theta_{S_t}) \tag{3.5.7}$$

由于隐藏状态序列没有观测，所以观测序列 Y^{T} 的似然函数需要穷举所有可能的隐藏状态序列，然后求和，这个过程又称为对潜变量的边际化（marginalize over the latent variables）。我们得到似然函数为：

$$L(\theta|Y^{\mathrm{T}}) \equiv \boldsymbol{P}(Y^{\mathrm{T}}|\boldsymbol{\theta}) = \sum_{S^{\mathrm{T}}} P(\mathbf{Y}^{\mathrm{T}}, \mathbf{S}^{\mathrm{T}}) \tag{3.5.8}$$

$$= \sum_{\{S_1, S_2, \cdots, S_t\}} \boldsymbol{P}(S_1)\boldsymbol{P}(Y_1|S_1)\prod_{t=2}^{T}[\boldsymbol{P}(S_t|S_{t-1})\boldsymbol{P}(Y_t|S_t)] \tag{3.5.9}$$

$$= \sum_{\{S_1, S_2, \cdots, S_t\}} \delta_{S_1} \times p_{S_1}(Y_1|\theta_{S_1})\prod_{t=2}^{T}\gamma_{S_{t-1},S_t} \times \prod_{t=2}^{T} p_{S_t}(Y_t|\theta_{S_t}) \tag{3.5.10}$$

其中，上式的求和是对所有可能的隐藏状态序列 $\{S_1, S_2, \cdots, S_t\}$ 的求和。我们可以进一步把似然函数写成向量和矩阵的形式：

$$L(\theta|Y^{\mathrm{T}}) = \boldsymbol{\delta P}(Y_1)\boldsymbol{\Gamma P}(Y_2)\cdots\boldsymbol{\Gamma P}(Y_T)\mathbf{1} \tag{3.5.11}$$

其中 $\mathbf{1}$ 是元素都是 1 的 $S\times 1$ 的向量。隐马尔可夫模型的参数估计方法主要是基于 EM 算法的 Baum-Welch 算法，我们将在本书第 8 章中具体介绍算法及应用实例。接下来介绍隐马尔可夫模型求解过程中的两个重要概念——向前概率和向后概率，以及计算下溢问题。

1. 向前概率和向后概率

在求解隐马尔可夫模型参数的过程中，需要使用向前概率和向后概率来减少计算复杂度。定义 $S\times 1$ 维向前概率向量 $\boldsymbol{\alpha}_t=(\alpha_{t1},\cdots,\alpha_{tS})$ 为：

$$\boldsymbol{\alpha}_t = [\boldsymbol{\delta P}(Y_1|\theta)\boldsymbol{\Gamma P}(Y_2|\theta)\cdots\boldsymbol{\Gamma P}(Y_t|\theta)]^{\mathrm{T}} \tag{3.5.12}$$

我们把 $\boldsymbol{\alpha}_t$ 中的元素称为向前概率，其中：

$$\alpha_{tk} = P(Y_1,\cdots,Y_t,S_t=k)$$

当 $t=T$ 时，似然函数就是 $\boldsymbol{\alpha}_T$ 中的元素之和。定义 $S\times 1$ 维向后概率向量 $\boldsymbol{\beta}_t=(\beta_{t1},\cdots,\beta_{tS})$ 为：

$$\boldsymbol{\beta}_t = \boldsymbol{\Gamma P}(Y_{t+1}|\theta)\boldsymbol{\Gamma P}(Y_{t+2}|\theta)\cdots\boldsymbol{\Gamma P}(Y_T|\theta)\mathbf{1} \tag{3.5.13}$$

我们把 $\boldsymbol{\beta}_t$ 中的元素称为向后概率，其中：

$$\beta_{tk} = \boldsymbol{P}(Y_{t+1},\cdots,Y_T,S_t=k)$$

则对任意 t，观测序列的概率和给定 $S_t=k$ 观测序列 Y^{T} 的条件概率计算如下：

$$L(\theta|Y^{\mathrm{T}}) = \boldsymbol{\alpha}_t^{\mathrm{T}}\boldsymbol{\beta}_t \tag{3.5.14}$$

$$\boldsymbol{P}(Y^{\mathrm{T}},S_t=k) = \alpha_{tk}\beta_{tk} \tag{3.5.15}$$

我们可以进一步计算在给定观测序列 Y^{T} 下，$S_t=k$ 的条件概率，以及 $S_{t-1}=j,S_t=k$ 的条件概率：

$$\boldsymbol{P}(S_t=k|Y^{\mathrm{T}}) = \alpha_{tk}\beta_{tk}/L(\theta|Y^{\mathrm{T}}) \tag{3.5.16}$$

$$\boldsymbol{P}(S_{t-1}=j,S_t=k|Y^{\mathrm{T}}) = \alpha_{t-1,j}\gamma_{jk}p_k(y|\theta_k)\beta_{tk}/L(\theta|Y^{\mathrm{T}}) \tag{3.5.17}$$

2. 计算下溢问题

在实际对隐马尔可夫模型估计的过程中，由于向前概率和向后概率都是概率连乘的形式，当序列长度增大时，计算得到的向前概率、向后概率及 $L(\theta|Y^{\mathrm{T}})$ 都会趋向于零，这会导致计算下溢 (underflow) 问题。在这里我们介绍斯塔普（Stamp）(2004) 提出的解决方案。令 $y^{\mathrm{T}}=\{y_t,t=1,2,\cdots,T\}$ 为 $Y^{\mathrm{T}}=\{Y_t,t=1,2,\cdots,T\}$ 的一组样本实现（realization of sample）。首先，考虑向前概率 a_{tj} 的计算，由式 (3.5.12) 可得：

$$\alpha_{tj}=\sum_{k=1}^{S}\alpha_{t-1,k}\gamma_{kj}p_j(y_t|\theta_j) \tag{3.5.18}$$

一种直接的解决方式就是把 α_{tj} 替换为 $\alpha_{tj}/\sum_{j=1}^{S}\alpha_{tj}$，也称为正则化。下面我们说明这种替换的具体过程。对 $t=1$，令 $\tilde{\alpha}_{1j}=\alpha_{1j}$，$j=1,\cdots,S$；令 $c_1=1/\sum_{j=1}^{S}\tilde{\alpha}_{1j}$，则 $\hat{\alpha}_{1j}=c_1\tilde{\alpha}_{1j}$，$j=1,\cdots,S$。接下来，对于 $t=2,\cdots,T$，进行如下计算：

（1）对于 $j=1,\cdots,S$，计算 $\tilde{\alpha}_{tj}=\sum_{k=1}^{S}\hat{\alpha}_{t-1,k}\gamma_{kj}P(y_t|\theta_j)$；

（2）令 $c_t=1/\sum_{j=1}^{S}\tilde{\alpha}_{tj}$；

（3）对于 $j=1,\cdots,S$，计算 $\hat{\alpha}_{tj}=c_t\tilde{\alpha}_{tj}=\tilde{\alpha}_{tj}/\sum_{j=1}^{S}\tilde{\alpha}_{tj}$。

下面我们证明这种替换方法的有效性。显然 $\hat{\alpha}_{1j}=c_1\alpha_{1j}$。通过归纳法可以简单证明（本章习题 15），对于所有 t，下式成立：

$$\hat{\alpha}_{tj}=c_1c_2\cdots c_t\alpha_{tj} \tag{3.5.19}$$

从式 (3.5.19) 及 $\hat{\alpha}_{tj}=c_t\tilde{\alpha}_{tj}$，可得 $\tilde{\alpha}_{tj}=c_1c_2\cdots c_{t-1}\alpha_{tj}$。于是，再次带入计算过程（3），得到：

$$\hat{\alpha}_{tj}=\frac{\tilde{\alpha}_{tj}}{\sum_{j=1}^{S}\tilde{\alpha}_{tj}}=\frac{\alpha_{tj}}{\sum_{j=1}^{S}\alpha_{tj}} \tag{3.5.20}$$

因此，对于所有 t，替换计算过程得到的 $\hat{\alpha}_{tj}$ 确实是预期的 α_{tj} 正则化后的值。从式 (3.5.20) 可知 $\sum_{j=1}^{S}\hat{\alpha}_{Tj}=1$，又基于式 (3.5.19) 及 $L(\theta|y^{\mathrm{T}})=\sum_{j=1}^{S}\alpha_{Tj}$，则有：

$$\mathbf{1}=\sum_{j=1}^{S}\hat{\alpha}_{Tj}=c_1c_2\cdots c_T\sum_{j=1}^{S}\alpha_{Tj}=L(\theta|y^{\mathrm{T}})\prod_{t=1}^{T}c_t$$

因此，可以得到 $L(\theta|y^{\mathrm{T}})=\left(\prod_{t=1}^{\mathrm{T}}c_t\right)^{-1}$。为避免下溢问题发生，在计算对数似然函数时，采用：

$$\log L(\boldsymbol{\theta}|\boldsymbol{y}^{\mathrm{T}})=-\sum_{t=1}^{T}\log c_t \tag{3.5.21}$$

类似地，对于向后概率 β_{tj}，我们也采用这种正则化的替换方式处理下溢问题。

本 章 习 题

1. 证明 $\text{mean}(x) = \arg\min_\mu \sum_{i=1}^N (x_i - \mu)^2$，$\text{median}(x) = \arg\min_\mu \sum_{i=1}^N |x_i - \mu|$。

2. 在核密度估计程序分析中，改变窗宽大小并观察输出结果。

3. 在 3.1.2 节案例分析中，将标准化后的直方图、正态分布近似估计和核密度估计画在一张图中。

4. 已知待估计的（一维）密度函数关于 μ 对称，如何得到对称的核密度估计？

5. 将一维的核密度估计方法推广到二维，并写出二维核密度估计的计算公式和 Python 程序。

6. 证明 k 均值算法迭代中，目标函数取值在每步都减少或不会增大。

7. 修改 k 均值算法程序，记录每步迭代的目标函数取值并作图观察。

8. 使用主成分分析方法，分析手写数据集“zip.train”中其他数字（非数字 3）的特征。

9. 在 3.4.5 节案例分析的程序中，解释为何 sector1 和 sector1v 的结果很接近但却不完全一致。

10. 使用奇异值分解方法分析 3.4.4 节案例分析中利率曲线和期限结构数据（不进行按列去均值），并对比主成分分析结果。

11. 使用奇异值分解方法分析 3.4.5 节案例分析中股票收益率数据，并对比主成分分析结果。

12. 理解并说明主成分分析、特征分解、奇异值分解之间的关系。

13. 计算高斯混合模型中未知参数的个数。

14. 在隐马尔可夫模型中，给出向后概率 β_{tj} 的计算下溢问题的处理方法。

15. 证明公式 (3.5.19)。

第 4 章 线性回归和正则化方法

回归模型是一种研究响应变量和解释变量之间关系的定量分析模型。其中，响应变量 Y 是我们感兴趣但有一定不确定性的连续变量，又称为因变量，如违约风险、未来股价等。解释变量 X 是用来对响应变量建模和预测的连续或离散变量。解释变量相对容易获取且确定性较高，如用来预测违约风险的解释变量可以是性别、年龄、教育程度、工作类型、历史融资记录等。回归分析研究的是解释变量 X 对响应变量 Y 的影响，其中最简单的一种形式是线性回归模型，它假设 X 和 Y 的回归方程 $E(Y|X)$ 是线性的。本章首先回顾线性回归分析的步骤和建模流程，然后针对建模过程中的变量选择，介绍常用的变量选择方法和正则化方法。其中具体介绍了 L1 正则化的几个算法，包括二次规划、局部二次近似、LARS 算法和坐标下降算法，以及 L2 正则和奇异值分解的关系等。

4.1 回归分析流程

假设感兴趣的响应变量为 Y，需要研究 p 维自变量 $\boldsymbol{X}=(X_1,X_2,\cdots,X_p)$ 和 Y 的关系。线性回归模型假设回归方程 $E(Y|\boldsymbol{X})$ 是线性的，或者是可以用线性近似的，形式上有：

$$Y=\beta_0+\beta_1X_1+\cdots+\beta_pX_p+\epsilon \tag{4.1.1}$$

其中，ϵ 是随机误差项，满足 $E(\epsilon)=0$，$\mathrm{Var}(\epsilon)=\sigma^2$。模型假设随机误差项的方差为常数，随机误差项 ϵ 与各个自变量 X_j 相互独立。

假设训练样本为 $(\boldsymbol{x}_1,y_1),\cdots,(\boldsymbol{x}_N,y_N)$。回归系数 $\boldsymbol{\beta}=(\beta_0,\beta_1,\cdots,\beta_p)$ 通常使用最小二乘法来估计，即最小化残差平方和：

$$\min\sum_{i=1}^{N}(y_i-\boldsymbol{x}_i^{\mathrm{T}}\boldsymbol{\beta})^2\equiv\min||\boldsymbol{y}-\boldsymbol{X}\boldsymbol{\beta}||^2 \tag{4.1.2}$$

其中，$\boldsymbol{y}=(y_1,\cdots,y_N)^{\mathrm{T}}$，数据矩阵 $\boldsymbol{X}=(\boldsymbol{x}_1^{\mathrm{T}},\cdots,\boldsymbol{x}_N^{\mathrm{T}})^{\mathrm{T}}$ 是一个 $N\times(p+1)$ 维的矩阵，$\boldsymbol{X}$

第一列的元素都是 1，$\boldsymbol{x}_i = (1, x_{i1}, \cdots, x_{ip})^{\mathrm{T}}$。线性回归的最小二乘估计是一个显式解：

$$\hat{\boldsymbol{\beta}}_{\mathrm{ols}} = (\boldsymbol{X}^{\mathrm{T}}\boldsymbol{X})^{-1}\boldsymbol{X}^{\mathrm{T}}\boldsymbol{y} \tag{4.1.3}$$

在得到参数 $\boldsymbol{\beta}$ 的估计后，可以计算残差：

$$\hat{r}_i = y_i - \boldsymbol{x}_i^{\mathrm{T}}\hat{\boldsymbol{\beta}} \tag{4.1.4}$$

以及残差平方和（Residual Sum of Square，RSS），$\mathrm{RSS} = \sum_{i=1}^{N}\hat{r}_i^2$。

误差项的方差 σ^2 可以使用均方误差来估计：

$$\hat{\sigma}^2 = \frac{\sum_{i=1}^{N}\hat{r}_i^2}{N-p-1} = \frac{\mathrm{RSS}}{N-p-1} \tag{4.1.5}$$

有时也会使用 RSS/N 来估计方差。

我们通过 R^2（R 方）度量模型的准确性和模型的拟合优度。R^2 的定义为：

$$\mathrm{R}^2 = \frac{\mathrm{TSS} - \mathrm{RSS}}{\mathrm{TSS}} \tag{4.1.6}$$

其中，分母 $\mathrm{TSS} = \sum(y_i - \bar{y})^2$ 是总平方和，$\bar{y} = \sum_{i=1}^{N} y_i/N$ 表示 Y 的总变动（total variation）；分子 $(\mathrm{TSS} - \mathrm{RSS})$ 表示模型解释的变动。R^2 度量的是响应变量 Y 的总变动可以在多大比例上由回归模型所解释。例如，$\mathrm{R}^2 = 0.8$ 说明响应变量 Y 的变动的百分之八十可以被回归模型解释。在一元线性回归中，R^2 等于 Y 和 X 相关系数的平方。

不是所有的应用场景都需要相对高的 R^2，在一些金融预测领域，例如，用横截面多因子模型对未来收益率建模时，R^2 一般在 0.4~0.6。

4.1.1　回归分析流程的主要步骤

在实际数据建模过程中建立线性回归模型、分析数据需要完成多个步骤，主要如下：

（1）画散点图，观察 Y 和每个自变量 X_j 之间是否具有线性关系，如果存在明显非线性关系，需要对 Y 或 $\boldsymbol{X}$ 进行转换；

（2）确认各个自变量 X_j 之间不存在强相关关系；

（3）估计模型中的未知参数 $\boldsymbol{\beta}$ 和 σ^2；

（4）画残差图来看残差是否独立和同方差，画 QQ 图来检验误差分布的正态性；

（5）模型诊断，即找出异常值和杠杆点（leverage point）；

（6）模型推断，如推断置信区间和假设检验。

下面我们对每个步骤进行简要评述，更详细的内容如读者有兴趣可以自行查阅线性回归相关教程和书籍。

在第 (1) 步中如果线性关系不成立，通常的做法是根据散点图的特征进行变量的变换，如对响应变量 Y 采用 Box-Cox 变换：

$$y^* = \begin{cases} (y^\lambda - 1)/\lambda, & \lambda \neq 0 \\ \log(y), & \lambda = 0 \end{cases} \tag{4.1.7}$$

其中，参数 λ 可以通过剖面极大似然函数的思路来调优。

第 (2) 步中检验自变量相关性的一个常用指标是方差膨胀因子（Variance Inflation Factor，VIF）。在多元回归分析中，我们依次使用 X_j 对其余自变量建立回归模型，并记录该模型的 R^2，记为 R_j^2。则 $\mathrm{VIF}_j = 1/(1-R_j^2)$。$\mathrm{VIF}_j = 1$ 等价于 $R_j^2 = 0$，表示 X_j 和其余自变量不相关。如果方差膨胀因子大于 5 表示 R^2 大于 0.8，说明自变量间共线性较为严重。

第 (3) 步参数估计通常采用最小二乘法，也可以根据需要采用其他损失函数，例如，绝对值损失函数（L1 损失函数）、Huber 损失函数等。采用 L1 损失函数得到的是中位数回归估计：

$$\hat{\boldsymbol{\beta}}_{\mathrm{L1}} = \arg\min \sum_{i=1}^{N} |y_i - \boldsymbol{x}_i^{\mathrm{T}}\boldsymbol{\beta}| \tag{4.1.8}$$

与平方损失相比，L1 损失函数的估计不受一部分异常值的影响，属于稳健性高的估计方法。L1 损失函数的缺点之一是没有显式的解。此外，在误差项服从正态分布时，$\hat{\boldsymbol{\beta}}_{\mathrm{L1}}$ 的估计方差大于 $\hat{\boldsymbol{\beta}}_{\mathrm{ols}}$。

第 (4) 步的残差图包括残差和每个自变量的散点图、残差和拟合值的散点图及残差序列图。画残差图的目的是检验数据独立性和是否为常数方差。QQ 图（quantile-quantile plot）是残差的分位数与正态分布分位数的散点图，用于检验随机误差项的正态性。如果散点图明显偏离一条直线，说明误差项不太可能服从正态分布。尽管线性模型的假设中并没有要求误差项一定是正态分布的，但 QQ 图是回归分析流程中不可省略的一步。后续步骤中，很多常用的统计推断方法（如假设检验）都依赖于正态性假设。此外，如果正态性假设满足，则最小二乘法是有效估计；否则，说明存在比最小二乘法更好的参数估计方法。

在进行统计推断之前，我们需要做第 (5) 步模型诊断，否则推断会受异常值影响变得不准确。模型诊断主要是计算杠杆值和 Cook 距离。记 $\boldsymbol{H} = \boldsymbol{X}(\boldsymbol{X}^{\mathrm{T}}\boldsymbol{X})^{-1}\boldsymbol{X}$，又称作帽子矩阵（hat matrix）。$\boldsymbol{x}_i$ 的杠杆值是帽子矩阵 $\boldsymbol{H}$ 的对角元素值 h_{ii}，杠杆值过大说明该样本点对回归结果的影响较大。由于 $\boldsymbol{H}^2 = \boldsymbol{H}$，由此可得 $h_{ii} = h_{ii}^2 + \sum_{i\neq j} h_{ij}^2$，或者 $1 = h_{ii} + \sum_{i\neq j} h_{ij}^2/h_{ii}$。如果 h_{ii} 很大，那么 h_{ij}（$i \neq j$）就很小。由于 $\hat{\boldsymbol{y}}_i = h_{ii}\boldsymbol{y}_i + \sum_{i\neq j} h_{ij}\boldsymbol{y}_j$，说明杠杆值高的样本点对回归预测的影响大。一般杠杆值大于 0.1 的数据点需要特别关注。

Cook 距离是识别回归模型中的影响点（influence point）的一种方法。影响点指的是在数据中删除该点的回归结果与不删除该点的回归结果相比有较大差别的点。令 $\hat{\boldsymbol{\beta}}_{-i} = (\boldsymbol{X}_{-i}^{\mathrm{T}}\boldsymbol{X}_{-i})^{-1} \cdot \boldsymbol{X}_{-i}^{\mathrm{T}}\boldsymbol{y}_{-i}$。其中，$\boldsymbol{X}_{-i}$ 表示在 $\boldsymbol{X}$ 中删除 $\boldsymbol{x}_i$，是一个 $(N-1)\times(p+1)$ 的数据矩阵；$\boldsymbol{y}_{-i}$ 表示在 $\boldsymbol{y}$ 中删除 $\boldsymbol{y}_i$ 后的 $(N-1)\times 1$ 数据向量。Cook 距离的定义为：

$$D_i = \frac{(\hat{\boldsymbol{\beta}}_{-i} - \hat{\boldsymbol{\beta}})^{\mathrm{T}} \boldsymbol{X}^{\mathrm{T}} \boldsymbol{X} (\hat{\boldsymbol{\beta}}_{-i} - \hat{\boldsymbol{\beta}})}{(p+1)\hat{\sigma}^2} \tag{4.1.9}$$

其中，$\hat{\sigma}^2$ 是由式 (4.1.5) 定义的均方误差。Cook 距离也可由下式计算：

$$D_i = \frac{\hat{r}_i^2}{(p+1)\hat{\sigma}^2} \times \frac{h_{ii}}{(1-h_{ii})^2} \tag{4.1.10}$$

如果 D_i 较大, 比如 $D_i > 1$，我们认为样本点 $(\boldsymbol{x}_i, \boldsymbol{y}_i)$ 对 $\boldsymbol{\beta}$ 的估计和 $\hat{\boldsymbol{y}}$ 均有较大影响，属于影响点。

完成模型估计和模型诊断之后，可以对总体进行第 (6) 步的统计推断。首先，我们先衡量系数估计 $\hat{\boldsymbol{\beta}}$ 的准确性，系数估计的协方差矩阵可写为：

$$\mathrm{Var}(\hat{\boldsymbol{\beta}}) = (\boldsymbol{X}^{\mathrm{T}}\boldsymbol{X})^{-1}\sigma^2 \tag{4.1.11}$$

代入 σ^2 的估计 $\hat{\sigma}^2$，得到 $\widehat{\mathrm{Var}}(\hat{\boldsymbol{\beta}}) = (\boldsymbol{X}^{\mathrm{T}}\boldsymbol{X})^{-1}\hat{\sigma}^2$。系数估计 $\hat{\beta}_j$ 的方差是 $\widehat{\mathrm{Var}}(\hat{\boldsymbol{\beta}})$ 对角线上第 j 个元素值，$\widehat{Std}(\hat{\beta}_j) = \sqrt{\widehat{\mathrm{Var}}(\hat{\boldsymbol{\beta}})}_{jj}$。由此得到 β_j 的 95% 置信区间为 $[\hat{\beta}_j \pm 1.96 \times \widehat{Std}(\hat{\beta}_j)]$。

对单个自变量 X_j 是否与 Y 有关系进行检验，该假设检验问题为：

$$H_0: \beta_j = 0 \qquad vs \qquad H_1: \beta_j \neq 0 \tag{4.1.12}$$

相应的检验统计量 $t_j^* = \hat{\beta}_j / \widehat{\mathrm{Std}}(\hat{\beta}_j)$。如果原假设 H_0 为真，那么 t 服从自由度为 $(N-p-1)$ 的 t 分布。当检验的 p 值（p-value）很小的时候，我们拒绝原假设，认为自变量 X_j 对因变量 Y 有显著影响。同时检验其中 q 个变量（$1 < q < p$）的系数是否为 0 可以使用 F 统计量和 F 分布。相应的检验统计量为：

$$F^* = \frac{(\mathrm{RSS}_1 - \mathrm{RSS})/(p-p_1)}{\mathrm{RSS}_1/(N-p_1-1)} \tag{4.1.13}$$

其中，RSS_1 是对立假设下的模型残差平方和，$p_1 = p - q$ 是对立假设下模型解释变量的个数。

例 4.1　回归分析流程模拟仿真

本例中我们使用模拟生成的数据，实现回归分析流程的主要步骤。

```
## 生成模拟数据
X = np.random.randn(100,3)
sigma = 0.6
error = np.random.randn(100,1)*sigma
#error = np.random.standard_t(3,size=(100,1))*sigma
beta = np.array([[1,-2,0.5]]).T
y = X.dot(beta) + error
```

```
##1 检查线性关系
plt.plot(X[:,0],y,'o')
#plt.plot(X[:,1],y,'o')

##2 检查自变量的相关性
np.corrcoef(X.T) #相关系数矩阵
from statsmodels.stats.outliers_influence import variance_inflation_factor
[variance_inflation_factor(X,i) for i in range(3)] #方差膨胀因子 VIF

##3 参数估计
beta_ols = la.inv(X.T.dot(X)).dot(X.T).dot(y)

##4 作图
# QQ图
res = y - X.dot(beta_ols)
qt = np.linspace(1,99,100)
res_qt = np.percentile(res,qt)
normdata = np.random.randn(100000,)
normal_qt = np.percentile(normdata,qt)
plt.plot(normal_qt,res_qt)
#残差图
plt.plot(res) # residual in sequence.
yhat = X.dot(beta_ols)
plt.plot(yhat,res,'o') # residual vs fitted value
plt.plot(X[:,1],res,'o') # residual vs each variable

##5 模型诊断
#杠杆点和影响点
H = X.dot(la.inv(X.T.dot(X))).dot(X.T)
lev = np.diag(H)
lev.sort()[-5:]  # lev.argsort()[-5:]
# 影响点 Cook (距离) 作为练习

##6 统计推断
#置信区间
MSE = np.mean(res**2)
var_beta = MSE*la.inv(X.T.dot(X))
beta_ols[0] +1.96*(var_beta[0,0])**0.5
beta_ols[0] -1.96*(var_beta[0,0])**0.5
# t检验
j = 2
```

```
tstat = beta_ols[j]/(var_beta[j,j])**0.5
# p值
trnd = np.random.standard_t(97,size=(1000000,))
np.sum(trnd>tstat)/1000000
# R square 练习
```

4.1.2　案例分析：宏观违约率预测

[目标和背景]

本案例数据取自美国银行（Bank of America）内部整理的美国 1990—2008 年月度宏观经济数据，共 228 个观测值，包括个人消费支出（Personal Consumption Expenditure），记为 PCE 或 pce；未偿还个人消费贷款（Personal Consumption Credit），记为 debt；违约率（Charge-off Rate）。研究的目标是建立一个宏观经济周期和信用卡违约率的领先指标。

[解决方案和程序]

首先分析内在经济逻辑。对 debt 和 log(pce) 做散点图，发现两者有很强的线性关系，于是建立一元线性回归模型并得到残差。美国银行的研究人员认为残差可以作为一个违约率的领先指标。直观地看，如果未偿还个人消费贷款增多而个人消费支出下降（回归模型的残差较大），则说明偿还能力不足，未来一段时间违约率上升的可能性变大；如果未偿还个人消费贷款减少而个人消费支出上升（回归模型的残差较小），则说明偿还能力强，未来一段时间违约率下降的可能性更大。

我们把残差和违约率标准化后的时间序列图画在一起（见图 4.1(a)），发现两者十分相似，而残差有一个直观的领先。通过计算可知，时间序列相关性最高的迟滞是 8 个月，说明残差对违约率有 8 个月的领先。迟滞残差和违约率的散点图也说明两者之间有较强的线性关系（见图 4.1(b)），可以进一步建立违约率对迟滞残差的一元线性模型，或者直接建立违约率对带迟滞的 debt 和 log(pce) 的二元线性模型。具体深入的分析请读者自行练习。

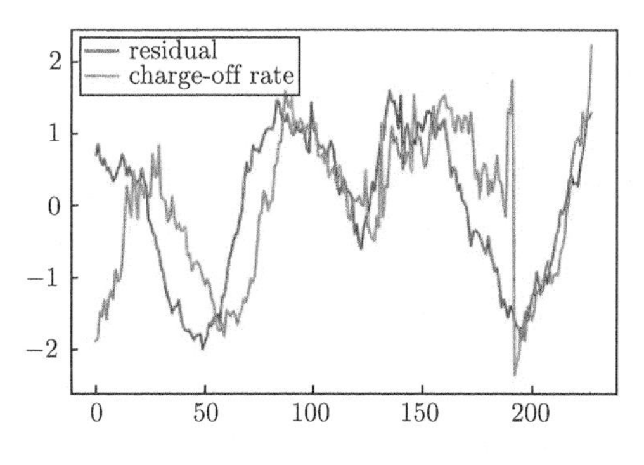

(a) 残差和违约率标准化后的时间序列图

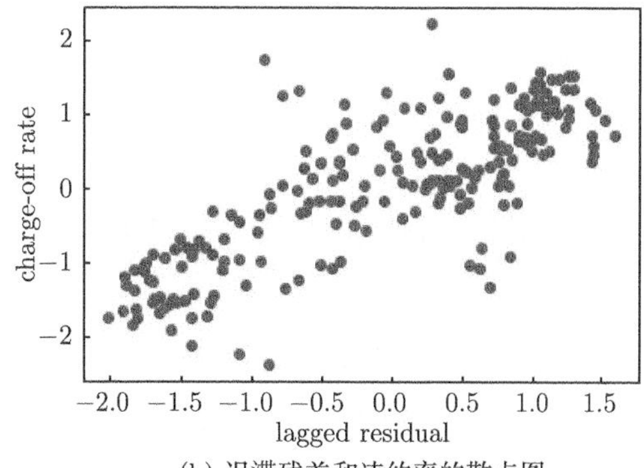

(b) 迟滞残差和违约率的散点图

图 4.1　违约率预测分析

```
import pandas as pd
path = 'D:/data/macro_econ_data.xls'
## 读入数据和变量
data = pd.read_excel(path)
debt = data['Revolving Credit'].values[:,np.newaxis]
pce = data['Nominal PCE'].values[:,np.newaxis]
rate = data['Charge-off Rate'].values[:,np.newaxis]
## 建立回归模型，得到残差
y = debt
x = np.log(pce)
n,p = x.shape
c = np.ones((n,1))
X = np.hstack((c,x))
beta = la.inv(X.T.dot(X)).dot(X.T).dot(y)
res = y - X.dot(beta)
## 残差和违约率时间序列图
res2 = (res - res.mean(axis=0)) / res.std(axis=0)
rate2 = (rate - rate.mean(axis=0)) / rate.std(axis=0)
plt.plot(res2)
plt.plot(rate2)
## 迟滞项和散点图
corr_list = [np.corrcoef(res2[:-k].T,rate2[k:].T)[0,1] \
             for k in np.arange(1,15)]
lag = np.array(corr_list).argmax()
plt.plot(res2[:-lag],rate2[lag:],'o')
```

4.2 变量选择基础

变量选择在回归分析的理论和实践中都是重要的组成部分。一般来说，自变量个数过多的模型的解释性不强。为了能够提高模型的可解释性，我们倾向于挑选出那些解释程度更高的自变量来建模。另外，随着自变量个数的增多，模型的偏差逐渐减小但方差逐渐增大，预测精度和泛化误差也会上升。合适的变量选择方法可以改进这两个问题。本节中我们将介绍多种变量选择方法，包括最优子集选择、向前选择和向后选择法、逐步回归法、前向分段回归法。

4.2.1 变量选择方法简介

最优子集选择通过遍历集合 $\{X_1, \cdots, X_p\}$ 的所有子集，并通过给定的准则来选择变量。有很多准则可以使用，如 C_p、AIC、BIC 等，或者使用验证数据集和交叉验证法等。我们将在本书第 7 章具体介绍这些方法。由于遍历所有可能子集的计算量较大，p 个自变量的模型需

要遍历 (2^p-1) 个子集对应的模型，因此在变量维数较高（如 $p>40$）的情况下，最优子集选择并不适用。

向前选择法和向后选择法能够为我们提供更便捷的搜索路径。向前选择法首先设定模型中只有截距项，然后每次从当前没有入选的集合中添加能使得模型变得最好的一个自变量。向后选择法则是从一个包含所有自变量的集合出发，每次删除对当前模型影响最小的自变量。这里说的模型变得最好或模型影响最小一般使用残差平方和或 R^2 来度量。向后选择法需要假设 $N>p$，而向前选择法在 $N<p$ 的情形下也可以使用。两种方法都会产生一个模型序列 $M_1\subset M_2\subset\cdots\subset M_p$，我们需要使用信息准则或验证法来选择其中一个模型。最多需要遍历 p 个模型。

逐步回归法采用双向选择的方式，是向前选择法和向后选择法的混合体。向前选择法和向后选择法单向加入或删减变量，方法过于激进，有时会陷入局部最优的状况。逐步回归法在每一步中同时考虑加入一个和删除一个变量的情形，直到无法新增或剔除自变量。逐步回归法也不能保证全局最优，但可以比向前选择法和向后选择法探索更多的子集。

例 4.2　向前选择法模拟仿真

本例中，我们编写一个向前选择法的函数，并产生数据进行模拟仿真。示例代码如下。

```
def forward0(X,y):
    n,p = X.shape
    seq = []
    inv_seq = list(range(p))
    for j in range(p):
        #beta = la.inv(X[:,seq].T.dot(X[:,seq])).dot(X[:,seq].T).dot(y)
        #使用广义逆
        beta = la.pinv(X[:,seq].T.dot(X[:,seq])).dot(X[:,seq].T).dot(y)
        Z = y - X[:,seq].dot(beta)
        tmp = np.hstack((Z,X[:,inv_seq]))
        corr0 = np.corrcoef(tmp.T)
        id = np.abs(corr0[0,1:]).argmax()
        seq.append(inv_seq[id])
        del inv_seq[id]
    return seq

n = 200
p = 10
x = np.random.rand(n,p)
beta_true = np.array(range(p))
error = np.random.randn(n,1)*0.3
y = x.dot(beta_true.reshape(p,1)) + error
seq0 = forward0(x,y)
```

4.2.2 案例分析：指数跟踪

[目标和背景]

在本例中，我们研究被动投资管理中的指数跟踪问题。一般指数跟踪可以是全复制，也可以是部分复制，需要控制跟踪误差。我们使用向前选择法选择一部分股票来跟踪沪深 300 大盘指数收益。自变量 X 是 300 个股票的日收益率，在 2.5.3 节案例分析中可以得到 ($X = retx$)；响应变量是大盘指数的日收益率，考虑到指数每隔半年会有一次调整，选入一些表现较好的股票，移除一些表现较差的股票，而我们的数据中没有这样的调整，因此使用 300 个股票的平均日收益率作为响应变量。

[解决方案和程序]

在训练样本中使用向前法选出 50 个股票，并估计模型参数，然后在验证样本中比较复制组合的累积收益和实际累积收益。在本例中，如图 4.2(a) 所示，使用向前选择法选择 50 个股票已经可以达到较好的复制效果。使用股票越多，跟踪效果越好，图 4.2(b) 显示了使用向前选择法选择 150 个股票的复制效果。

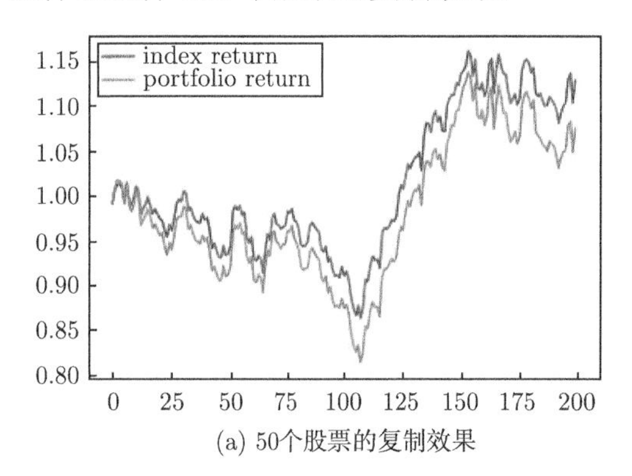

(a) 50个股票的复制效果

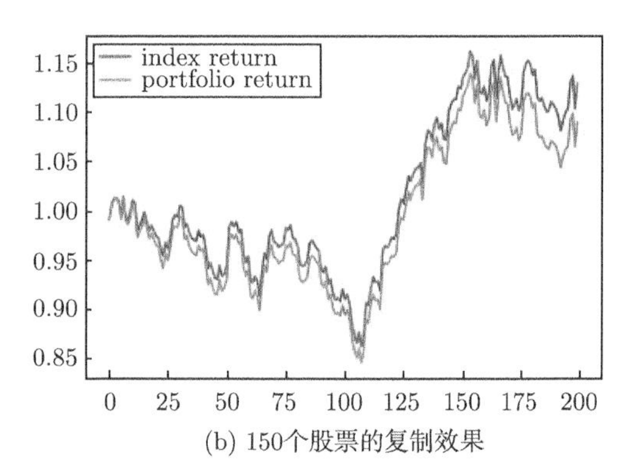

(b) 150个股票的复制效果

图 4.2　指数跟踪效果图

```
## 指数跟踪案例分析
X = retx #来自 2.5.3 节案例分析
y = np.mean(X,axis = 1).reshape(1339,1)
# 模型训练
seq =  forward0(X[0:500,:],y[0:500,:])
X2 = X[0:500,:]
y2 = y[0:500,:]
id = seq[:50]
beta = la.pinv(X2[:,id].T.dot(X2[:,id])).dot(X2[:,id].T).dot(y2)
beta = beta/np.sum(beta)
# 验证跟踪效果
```

```
X3 = X[500:600,:]
y3 = y[500:600,:]
ret_test = X3[:,id].dot(beta)
plt.plot(np.cumprod(1+y3))
plt.plot(np.cumprod(1+ret_test))
```

4.2.3 Forward Stagewise 回归

Forward Stagewise（FS）回归是一种渐进式的回归估计方法，步长为 ϵ 的 Forward Stagewise 回归也记为 FS_ϵ 算法。在这个方法里我们实时记录一个残差向量 $\boldsymbol{Z} = y - \beta_0 - \beta_1 X_1 - \cdots - \beta_p X_p$。首先将 β_0 设为 $\bar{y}$，其他自变量的系数 β_j 均设为零。在每一步迭代中，挑选和当前残差 $\boldsymbol{Z}$ 相关系数绝对值最大的自变量，假设是 X_k，然后更新 $\beta_k \leftarrow \beta_k + \epsilon\text{sign}[\text{corr}(\boldsymbol{Z}, X_k)]$，其中，sign() 是示性函数。$\text{FS}_\epsilon$ 算法持续执行直到没有自变量与残差相关（或相关系数很小），算法可能要经过远大于 p 的迭代次数才能得到最终的拟合值，因此一般计算效率不高。FS_ϵ 是回归模型的一种 Boosting 算法，与 L1 正则化的关系将在 4.3.2 节介绍。FS_ϵ 回归与 L1 回归的求解路径相似（见图 4.3），在高维回归估计中表现十分出色。

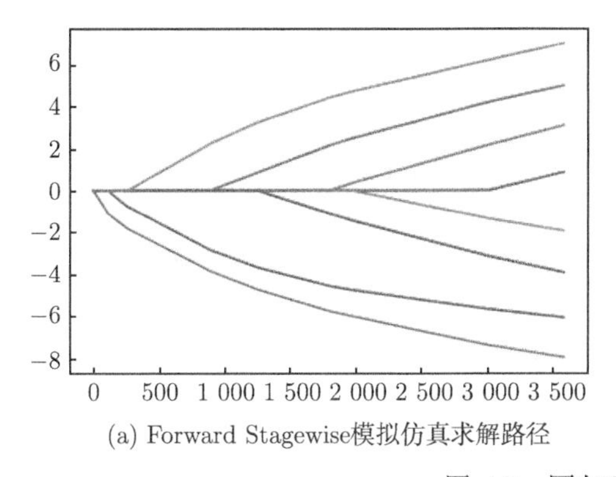

(a) Forward Stagewise模拟仿真求解路径

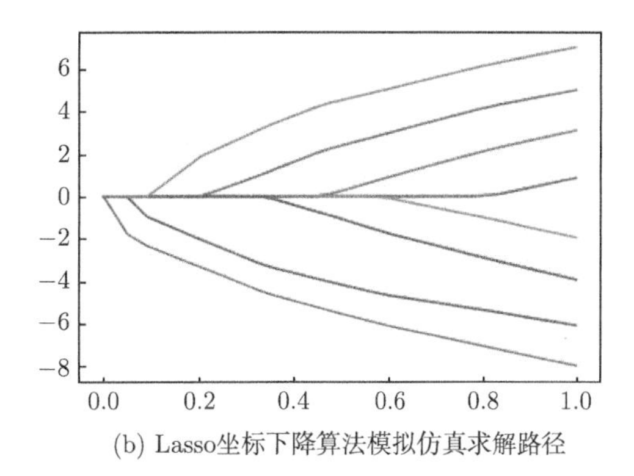

(b) Lasso坐标下降算法模拟仿真求解路径

图 4.3 回归系数求解路径示意图

FS_ϵ 算法描述如下：

（1）初始化 $\beta_0 = \bar{y}; \beta_j = 0, j = 1, \cdots, p$;

（2）迭代 $t = 0, 1, 2, \cdots$，直到收敛

① 记算一个残差向量 $\boldsymbol{Z} = y - \beta_0 - \beta_1 X_1 - \cdots - \beta_p X_p$;

② 挑选和当前残差 $\boldsymbol{Z}$ 相关系数绝对值最大的自变量 X_k, $k = \arg\max_j |\text{corr}(\boldsymbol{Z}, X_j)|$;

③ 更新 β_k：

$$\beta_k \leftarrow \beta_k + \epsilon \times \text{sign}[\text{corr}(Z, X_k)]$$

（3）输出 $\boldsymbol{\beta}$ 最终的估计及每步记录。

例 4.3　Forward Stagewise 模拟仿真

本例中，我们编写一个 Forward Stagewise 回归的函数，并产生数据进行模拟仿真。

```
def fs(X,y,eps):
    n,p = X.shape
    beta = np.zeros((p,1))
    max_corr = 1
    iter = 0
    beta_matx = []
    while max_corr>0.01 and iter<10000:
        Z = y - X.dot(beta)
        tmp = np.hstack((Z,X))
        corr0 = np.corrcoef(tmp.T)
        id = np.abs(corr0[0,1:]).argmax()
        max_corr = np.abs(corr0[0,1:][id])
        beta[id] = beta[id] + eps*np.sign(corr0[0,1:][id])
        iter = iter +1
        beta_matx.append(beta.copy())
    return beta, beta_matx

n = 200
beta_true = np.array([1,-2,3,-4,5,-6,7,-8])
p = len(beta_true)
X = np.random.rand(n,p)
error = np.random.randn(n,1)*0.3
y = X.dot(beta_true.reshape(p,1)) + error

beta, beta_matx = fs(X,y,0.01)
beta_matx2 = np.squeeze(np.asarray(beta_matx))
plt.plot(beta_matx2)
```

4.3　正则化方法

回归估计中的正则化方法指的是对参数空间进行一定的约束后得到的参数估计。对参数空间的约束可以等价地转化为在目标函数中加入一个参数惩罚项。由于约束空间的中心一般在原点，约束估计的绝对值一般小于无约束估计，因此正则化估计也称为压缩估计。正则化方法被广泛用于机器学习中，如支持向量机、梯度提升树和深度神经网络等。在金融投资领域，正则化方法被广泛用在协方差矩阵的压缩估计、投资组合权重的压缩等方面。本节将分别介绍 L2 正则（岭回归估计）、L1 正则（LASSO）及相关的正则化方法。其中，L1 正则及相关的方法具有稀疏性，可以用来进行变量选择。

4.3.1 L2 正则

L2 正则估计又称为岭回归估计，是一种约束最小二乘估计，目标函数为：

$$\begin{aligned}&\min_{\beta}\sum_{i=1}^{N}\left(y_i-\beta_0-\sum_{j=1}^{p}x_{ij}\beta_j\right)^2\\&\text{s.t.}\quad\sum_{j=1}^{p}\beta_j^2\leqslant t\end{aligned}\tag{4.3.1}$$

L2 正则对回归系数的平方和进行了约束，约束空间是一个中心为原点的多维球体。二维情形下约束空间是 $\{(\beta_1,\beta_2):\beta_1^2+\beta_2^2\leqslant t\}$，如图 4.4(a) 中以原点为中心的圆形所示。使用拉格朗日法和 KKT 条件，可以等价地求解一个惩罚最小二乘：

$$\sum_{i=1}^{n}\left(y_i-\beta_0-\sum_{j=1}^{p}x_{ij}\beta_j\right)^2+\lambda\sum_{j=1}^{p}\beta_j^2\tag{4.3.2}$$

其中，$\lambda\geqslant 0$ 是一个用于控制压缩程度的参数。当 λ 越大或 t 越小时，压缩程度越高，系数的估计就越趋向于零。式 (4.3.2) 中的 λ 和式 (4.3.1) 中的 t 存在对应关系。值得注意的是，截距项 β_0 是不需要被压缩的，如果对其进行压缩惩罚，将会对 Y 造成预测误差。

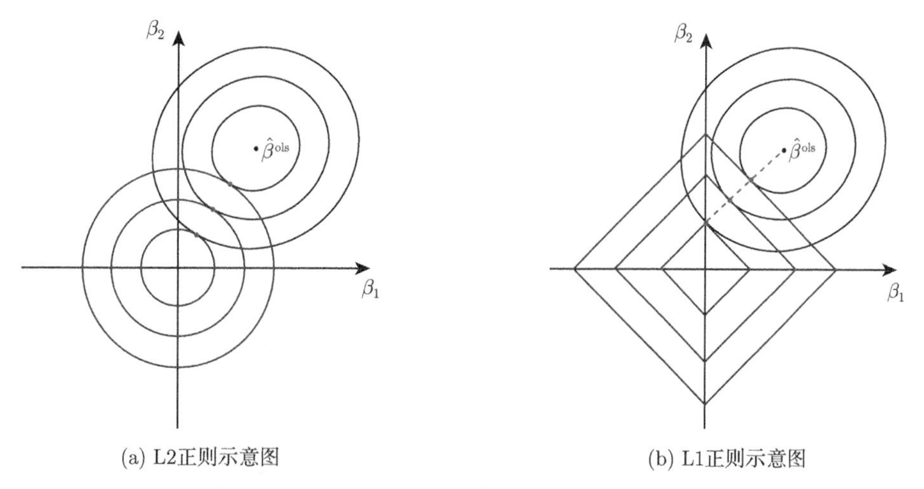

(a) L2正则示意图　　(b) L1正则示意图

图 4.4　正则化示意图

求解式 (4.3.2) 可以分为以下两个步骤：

（1）$\hat{\beta}_0=\bar{y}=\dfrac{1}{n}\sum_{i=1}^{N}y_i$，$y\leftarrow y-\hat{\beta}_0$；

（2）数据矩阵按列减均值，即 $\boldsymbol{X}_j \leftarrow \boldsymbol{X}_j - \bar{\boldsymbol{X}}_j$。令 $\boldsymbol{\beta} = (\beta_1, \cdots, \beta_p)$，

$$\hat{\boldsymbol{\beta}}^{\text{ridge}} = \arg\min_{\boldsymbol{\beta}} ||y - \boldsymbol{X\beta}||^2 + \lambda||\boldsymbol{\beta}||^2 \tag{4.3.3}$$

使用矩阵形式，式 (4.3.3) 的岭回归估计值可以写为：

$$\hat{\boldsymbol{\beta}}^{\text{ridge}} = (\boldsymbol{X}^{\text{T}}\boldsymbol{X} + \lambda\boldsymbol{I})^{-1}\boldsymbol{X}^{\text{T}}y \tag{4.3.4}$$

其中，$\boldsymbol{I}$ 是一个 $p \times p$ 维的单位矩阵。在自变量两两正交的情况下，岭回归估计值与最小二乘估计值成比例，即 $\hat{\boldsymbol{\beta}}^{\text{ridge}} = \hat{\boldsymbol{\beta}}^{\text{ols}}/(1+\lambda)$。

由于矩阵 $\boldsymbol{X}^{\text{T}}\boldsymbol{X} + \lambda\boldsymbol{I}$ 的逆总是存在，所以岭回归在自变量相关性很高的时候也可以得到稳定的估计。如果 $n \times p$ 数据矩阵 $\boldsymbol{X}$ 中有两列数据完全一样，即有 $\boldsymbol{X}_j = \boldsymbol{X}_l$，则 $\hat{\beta}_j^{\text{ridge}} = \hat{\beta}_l^{\text{ridge}}$，这就是岭回归估计的 grouping effect 的现象。我们将在 4.4 节中，结合 $\boldsymbol{X}$ 的奇异值分解给出 grouping effect 的一个详细解释。

4.3.2 L1 正则

回归中 L1 正则方法也称作 Lasso（Least absolute shrinkage and selection operator）方法，对应目标函数为：

$$\begin{aligned} &\min_{\boldsymbol{\beta}} \sum_{i=1}^{N} \left(y_i - \beta_0 - \sum_{j=1}^{p} x_{ij}\beta_j \right)^2 \\ &\text{s.t.} \quad \sum_{j=1}^{p} |\beta_j| \leqslant t \end{aligned} \tag{4.3.5}$$

类似岭回归中的处理方式，我们可以用 $\bar{y}$ 来估计截距项 β_0，并设 $y \leftarrow y - \bar{y}$。然后对数据矩阵按列减去均值，即 $\boldsymbol{X}_j \leftarrow \boldsymbol{X}_j - \bar{\boldsymbol{X}}_j$。再求解 $\boldsymbol{\beta} = (\beta_1, \cdots, \beta_p)$ 的 Lasso 估计，即约束目标函数为：

$$\begin{aligned} &\min_{\boldsymbol{\beta}} \frac{1}{2}||y - \boldsymbol{X\beta}||^2 \\ &\text{s.t.} \quad \sum_{j=1}^{p} |\beta_j| \leqslant t \end{aligned} \tag{4.3.6}$$

在二维情形下，约束空间是 $\{(\beta_1, \beta_2) : |\beta_1| + |\beta_2| \leqslant t\}$，如图 4.4(b) 中以原点为中心的方形所示。根据 KKT 条件，Lasso 估计目标函数的等价拉格朗日形式为：

$$\min_{\boldsymbol{\beta}} \frac{1}{2}||y - \boldsymbol{X\beta}||^2 + \lambda \sum_{j=1}^{p} |\beta_j| \tag{4.3.7}$$

有时我们也会考虑如下等价形式的 Lasso 目标函数：

$$\min_{\boldsymbol{\beta}} \frac{1}{2N}||y-\boldsymbol{X}\boldsymbol{\beta}||^2+\lambda\sum_{j=1}^{p}|\beta_j| \tag{4.3.8}$$

相比于岭回归估计式 (4.3.2) 和式 (4.3.1)，L2 的惩罚项 $\sum \beta_j^2$ 被 L1 的惩罚项 $\sum|\beta_j|$ 所替代，这个情形下没有显式表达解，需要通过一些算法来实现求解。求解 Lasso 可以通过多种方法，如二次规划法、局部二次近似法、坐标下降（coordinate decent）算法和最小角回归（Least Angle Regression，LARS）中的 LARS-Lasso 算法。

1. 二次规划

二次规划可以用来解决 (4.3.6) 形式的 Lasso 问题的求解。在二次规划中，引入新的变量 $\boldsymbol{c}=(c_1,\cdots,c_p)$，将约束 $\sum_{j=1}^{p}|\beta_j|\leqslant t$ 等价地写为：

$$c_j\geqslant 0, j=1\cdots,p \quad -c_j\leqslant\beta_j\leqslant c_j, j=1\cdots,p \tag{4.3.9}$$

$$\textstyle\sum_{j=1}^{p}c_j\leqslant t \tag{4.3.10}$$

同时，把目标函数 (4.3.6) 等价地修改为 $\frac{1}{2}||y-\boldsymbol{X}^{\boldsymbol{c}}\boldsymbol{\beta}^{\boldsymbol{c}}||^2$，其中，$\boldsymbol{\beta}^{\boldsymbol{c}}=(\boldsymbol{\beta},\boldsymbol{c})$ 是一个 $2p\times 1$ 向量，$\boldsymbol{X}^c=(\boldsymbol{X},\boldsymbol{0}_{n\times p})$ 是一个 $n\times 2p$ 矩阵。

相对其他算法，二次规划在计算速度和效率上没有优势。但是，求解速度和效率不是选择算法的唯一考量。在实际问题中，如果需要考虑更多约束，二次规划是一个很好的选择。例如，在构建投资组合的时候，一般不会把投资组合优化问题转化为回归问题（尽管可行），然后使用更快的算法求解。这些更快的算法（如坐标下降算法等）不适合多约束问题，而投资组合的构建需要考虑资产权重上限约束、行业中性约束等。二次规划在处理这些问题的时候几乎是不可替代的。Python 中的 CVXPY 模块和 CVXOPT 模块可以很容易地实现二次规划。CVXPY 模块可以更方便地加入各种约束，可以直接加入 L1 约束或者 L1 惩罚项。CVXPY 主页上有大量的例子和说明，包括 Lasso 问题的求解例子，请读者自行阅读。

2. 局部二次近似

局部二次近似（Local Quadratic Approximation）方法可以用来求解普通形式的带惩罚项的目标函数问题。这个方法在统计学的理论研究中应用相对较多，而在实际数据分析中用的较少。对于 $P(|\beta|)$ 形式的惩罚项，如果 $\boldsymbol{\beta}\approx\boldsymbol{\beta}_0$，

$$P(|\boldsymbol{\beta}|)=P(|\boldsymbol{\beta}_0|)+\frac{1}{2}(\boldsymbol{\beta}^2-\boldsymbol{\beta}_0^2)P'(|\boldsymbol{\beta}_0|)/|\boldsymbol{\beta}_0| \tag{4.3.11}$$

在 Lasso 问题中，$P'(|\beta_0|)=\lambda$。于是，给定初值 $\boldsymbol{\beta}_0=(\beta_{10},\cdots,\beta_{p0})$，式 (4.3.8) 的局部二次近似为：

$$||y-\boldsymbol{X}\boldsymbol{\beta}||^2+N\boldsymbol{\beta}^{\mathrm{T}}\boldsymbol{\Sigma}_{\lambda}(\boldsymbol{\beta}_0)\boldsymbol{\beta} \tag{4.3.12}$$

其中，$\boldsymbol{\Sigma}_\lambda(\boldsymbol{\beta}_0)=\mathrm{diag}\{\lambda/|\beta_{10}|,\cdots,\lambda/|\beta_{p0}|\}$。局部二次近似法迭代更新：

$$\boldsymbol{\beta}^{(l+1)}=[\boldsymbol{X}^{\mathrm{T}}\boldsymbol{X}+N\boldsymbol{\Sigma}_\lambda(\boldsymbol{\beta}^l)]^{-1}\boldsymbol{X}^{\mathrm{T}}y \tag{4.3.13}$$

直到目标函数收敛。

3. LARS-Lasso 算法

在介绍 LARS-Lasso 算法之前，我们先介绍 LARS 算法，即最小角回归算法。LARS 算法在理论分析上有重要价值，能帮助我们理解 L1 正则和 Boosting 算法的关系。

下面我们具体描述 LARS 算法。首先对自变量进行标准化处理，使得 $\boldsymbol{X}$ 每列 $\boldsymbol{X}_j$ 均值为 0 且 $\boldsymbol{X}_j^{\mathrm{T}}\boldsymbol{X}_j=1$。初始化系数 $\beta_1=\beta_2=\cdots=\beta_p=0$。令残差 $r=y-\bar{y}-\boldsymbol{X}\boldsymbol{\beta}$，由于 $\boldsymbol{\beta}$ 初值为 0，初始残差 $\hat{r}_0=y-\bar{y}$。从所有自变量中找到与 $\hat{r}_0$ 最相关的变量，即：

$$k_1=\arg\max_j|\boldsymbol{X}_j^{\mathrm{T}}\hat{r}_0| \tag{4.3.14}$$

记 $s_{k_1}=\mathrm{sign}(\boldsymbol{X}_{k_1}^{\mathrm{T}}\hat{r}_0)$。将 β_{k_1} 从 0 逐步向 $\boldsymbol{x}_{k_1}^{\mathrm{T}}\hat{r}_0$ 变动，记 $\beta_{k_1}(\alpha_1)=\beta_{k_1}+\alpha_1\times s_{k_1}$，直到存在其他自变量与当前残差 r 的相关性（绝对值）等于 $\boldsymbol{X}_{k_1}$ 与残差的相关性（绝对值）。在 β_{k_1} 变化的过程中残差也会变化：

$$r_1=\hat{r}_0-\beta_{k_1}(\alpha_1)\boldsymbol{X}_{k_1}=\hat{r}_0-\alpha_1 s_{k_1}\boldsymbol{X}_{k_1} \tag{4.3.15}$$

我们接下来求解 α_1。设 $c_j^+=\boldsymbol{X}_j^{\mathrm{T}}r_1=\boldsymbol{X}_j^{\mathrm{T}}(\hat{r}_0-\alpha_1 s_{k_1}\boldsymbol{X}_{k_1})$。通过 $c_j^+=c_{k_1}^+$，$j\neq k_1$ 可以解出：

$$\alpha_j^+=s_{k_1}\frac{\boldsymbol{X}_{k_1}^{\mathrm{T}}\hat{r}_0-\boldsymbol{X}_j^{\mathrm{T}}\hat{r}_0}{\boldsymbol{X}_{k_1}^{\mathrm{T}}\boldsymbol{X}_{k_1}-\boldsymbol{X}_j^{\mathrm{T}}\boldsymbol{X}_{k_1}} \tag{4.3.16}$$

考虑到相关性可以是正数或负数，设 $c_j^-=-\boldsymbol{X}_j^{\mathrm{T}}r_1=-\boldsymbol{X}_j^{\mathrm{T}}(\hat{r}_0-\alpha_1 s_{k_1}\boldsymbol{X}_{k_1})$，可以求解出 α_j^-。我们在集合 $\{\alpha_j^+,\alpha_j^-;j\neq k_1\}$ 中找到最小的一个正数，记为 $\hat{\alpha}_1$；令 $k_2=\arg\min_j\{\alpha_j^+,\alpha_j^-;j\neq k_1,\alpha_j^+>0,\alpha_j^->0\}$ 为对应的最小正数的指标。设：

$$\hat{r}_1=\hat{r}_0-\hat{\alpha}_1 s_{k_1}\boldsymbol{X}_{k_1} \tag{4.3.17}$$

显然，$|\boldsymbol{X}_{k_1}^{\mathrm{T}}\hat{r}_1|=|\boldsymbol{X}_{k_2}^{\mathrm{T}}\hat{r}_1|$。

$\boldsymbol{X}_{k_2}$ 是第 2 个入选的变量，此时 $\beta_{k_2}=0$。令 $\tilde{\boldsymbol{\beta}}_2=(\beta_{k_1},\beta_{k_2})=(s_{k_1}\hat{\alpha}_1,0)$，$\tilde{\boldsymbol{X}}_2=(\boldsymbol{X}_{k_1},\boldsymbol{X}_{k_2})$。接下来我们寻找一个新的方向 $\boldsymbol{u}_2$，$\tilde{\boldsymbol{\beta}}_2(\alpha_2)=\tilde{\boldsymbol{\beta}}_2+\alpha_2\times\boldsymbol{u}_2$。参数变动过程中对应残差变为：

$$r_2=\hat{r}_0-\tilde{\boldsymbol{X}}_2\tilde{\boldsymbol{\beta}}_2(\alpha_2)=\hat{r}_1-\alpha_2\tilde{\boldsymbol{X}}_2\boldsymbol{u}_2 \tag{4.3.18}$$

在 $\tilde{\boldsymbol{\beta}}_2(\alpha_2)$ 的变动中，$\boldsymbol{X}_{k_1}$ 和 $\boldsymbol{X}_{k_2}$ 各自和残差的相关性一直保持相等（且同时减小），即 $|\boldsymbol{X}_{k_1}^{\mathrm{T}}r_2|=|\boldsymbol{X}_{k_2}^{\mathrm{T}}r_2|$。由于 $|\boldsymbol{X}_{k_1}^{\mathrm{T}}\hat{r}_1|=|\boldsymbol{X}_{k_2}^{\mathrm{T}}\hat{r}_1|$，可以证明，当 $\boldsymbol{u}_2=(\tilde{\boldsymbol{X}}_2^{\mathrm{T}}\tilde{\boldsymbol{X}}_2)^{-1}\tilde{\boldsymbol{X}}_2^{\mathrm{T}}\hat{r}_1$ 时，能够实

现相关性保持相等且同时减小。将 $\tilde{\boldsymbol{\beta}}_2$ 沿着 $\boldsymbol{u}_2$ 方向移动，直到存在另外一个自变量 $\boldsymbol{X}_{k_3}$ 和当前残差的相关性等同于 $\boldsymbol{X}_{k_1}$ 或 $\boldsymbol{X}_{k_2}$ 和残差的相关性。根据和确定 $\hat{\alpha}_1$ 类似的方法我们可以得到 $\hat{\alpha}_2$、k_3、$\boldsymbol{X}_{k_3}$，并计算 $\hat{r}_2$。

假设在第 l 步中，已经入选的变量对应的 $N \times l$ 数据矩阵是 $\tilde{\boldsymbol{X}}_l = (\boldsymbol{X}_{k_1}, \cdots, \boldsymbol{X}_{k_l})$，对应参数 $\tilde{\boldsymbol{\beta}}_l = (\beta_{k_1}, \cdots, \beta_{k_l})$。参数的变动方向是 $\boldsymbol{u}_l = (\tilde{\boldsymbol{X}}_l^{\mathrm{T}} \tilde{\boldsymbol{X}}_l)^{-1} \tilde{\boldsymbol{X}}_l^{\mathrm{T}} \hat{r}_{(l-1)}$，参数变动过程中对应的残差变为：

$$r_l = \hat{r}_{(l-1)} - \alpha_l \tilde{\boldsymbol{X}}_l \boldsymbol{u}_l \tag{4.3.19}$$

设 $c_j^+ = \boldsymbol{X}_j^{\mathrm{T}} r_l = \boldsymbol{X}_j^{\mathrm{T}} (\hat{r}_{(l-1)} - \alpha_l \tilde{\boldsymbol{X}}_l u_l)$。通过 $c_j^+ = c_{k_l}^+$，$j \notin (k_1, \cdots, k_l)$ 可以解出：

$$\alpha_j^+ = \frac{\boldsymbol{X}_{k_l}^{\mathrm{T}} \hat{r}_{(l-1)} - \boldsymbol{X}_j^{\mathrm{T}} \hat{r}_{(l-1)}}{\boldsymbol{X}_{k_l}^{\mathrm{T}} \tilde{\boldsymbol{X}}_l \boldsymbol{u}_l - \boldsymbol{X}_j^{\mathrm{T}} \tilde{\boldsymbol{X}}_l \boldsymbol{u}_l} \tag{4.3.20}$$

考虑到相关性的正负号，设 $c_j^- = -\boldsymbol{X}_j^{\mathrm{T}} (\hat{r}_{(l-1)} - \alpha_l \tilde{\boldsymbol{X}}_l \boldsymbol{u}_l)$，可以求解出：

$$\alpha_j^- = \frac{\boldsymbol{X}_{k_l}^{\mathrm{T}} \hat{r}_{(l-1)} + \boldsymbol{X}_j^{\mathrm{T}} \hat{r}_{(l-1)}}{\boldsymbol{X}_{k_l}^{\mathrm{T}} \tilde{\boldsymbol{X}}_l \boldsymbol{u}_l + \boldsymbol{X}_j^{\mathrm{T}} \tilde{\boldsymbol{X}}_l \boldsymbol{u}_l} \tag{4.3.21}$$

找到集合 $\{\alpha_j^+, \alpha_j^-; j \notin (k_1, \cdots, k_l)\}$ 对应的最小正数的指标得到下一个入选变量。LARS 算法按上述步骤继续执行，直到所有 p 个自变量都加入模型。在 $\min(N-1, p)$ 步之后，可以得到完整的最小二乘估计。在几何学中，$\boldsymbol{X}_j$ 与残差 r 相关性最大等价于这两个向量形成的角度最小，因此得名最小角回归。

LARS 算法经过一种简单的修改可以得到 Lasso 的求解路径，称为 LARS-Lasso 算法。与 LARS 算法相比，LARS-Lasso 算法多了一个步骤，即求解过程中如果有某个变量的参数由正变负或由负变正，那么就从当前入选变量集合中剔除该变量，并重新计算剔除该变量的参数后集合的系数变动方向。

LARS 算法经过一种简单的修改可以得到 4.2.3 节介绍的 FS_ϵ 算法的一个特殊情形 FS_0（$\epsilon \to 0$）的求解路径。在计算系数变动方向的时候，FS_0 与 LARS 不同。例如，在计算 $\boldsymbol{u}_l = (u_{l1}, u_{l2}, \cdots, u_{ll})$ 的时候，FS_0 求解：

$$\boldsymbol{u}_2 = \arg\min_{\boldsymbol{u}} ||\hat{r}_{(l-1)} - \tilde{\boldsymbol{X}}_l \boldsymbol{u}||, \tag{4.3.22}$$

$$\text{s.t.} \quad \mathrm{u_{lj}} \times \mathrm{sign}(\boldsymbol{X}_{k_j}^{\mathrm{T}} \hat{r}_{(l-1)}) \geqslant 0, j = 1, 2, \cdots, l \tag{4.3.23}$$

可以看到，FS_0 对 β_j 的估计需要保证与相关系数 $\boldsymbol{X}_{k_j}^{\mathrm{T}} \hat{r}_{(l-1)}$ 同向，求解路径中一般不会产生某个系数由正变负或由负变正的情形，因此是一种比 L1 更强的约束或正则。FS_ϵ 是回归模型的一种 Boosting 算法，本书以后会把与 FS_ϵ 思路相同的方法（如 Boosting）视为 L1 正则的近似（或约束更强的类 L1 正则化方法），如在本书第 10 章介绍的 GBDT 方法，可以看成在函数空间使用了类 L1 正则化的约束。

4. 坐标下降算法

坐标下降算法是一种简单高效的求解算法，可以应用于 Lasso 求解。假设数据矩阵 $\boldsymbol{X}$ 的每列已经去中心化，即对 $j=1,\cdots,p$, $\sum_{i=1}^{N} x_{ij}=0$，响应变量也已经减去均值，$\sum_{i=1}^{N} y_i=0$。在坐标下降算法中，我们每次仅更新一个参数 β_j，固定其余 $(p-1)$ 个参数不变。式 (4.3.8) 对应的目标函数变为：

$$\frac{1}{2}\sum_{i=1}^{N}\left(y_i-\sum_{k\neq j}x_{ik}\hat{\beta}_k-x_{ij}\beta_j\right)^2+N\lambda|\beta_j|+N\lambda\sum_{k\neq j}^{p}|\hat{\beta}_k| \tag{4.3.24}$$

令 $\tilde{y}_i=y_i-\sum_{k\neq j}x_{ik}\hat{\beta}_k$，并舍去与 β_j 无关的项，目标函数化简为：

$$\frac{1}{2}\sum_{i=1}^{N}(\tilde{y}_i-x_{ij}\beta_j)^2+N\lambda|\beta_j| \tag{4.3.25}$$

$$=-\sum_{i=1}^{N}\tilde{y}_i x_{ij}\beta_j+\frac{1}{2}\sum_{i=1}^{N}x_{ij}^2\beta_j^2+N\lambda|\beta_j|+\frac{1}{2}\sum_{i=1}^{N}\tilde{y}_i^2 \tag{4.3.26}$$

$$=\sum_{i=1}^{N}x_{ij}^2\left(-\frac{\sum_{i=1}^{N}\tilde{y}_i x_{ij}}{\sum_{i=1}^{N}x_{ij}^2}\beta_j+\frac{1}{2}\beta_j^2+\frac{N\lambda}{\sum_{i=1}^{N}x_{ij}^2}|\beta_j|\right)+C_0 \tag{4.3.27}$$

其中，$C_0=\frac{1}{2}\sum_{i=1}^{N}\tilde{y}_i^2$ 是与 β_j 无关的项。进一步记 $\tilde{\beta}_j^{\text{ols}}=\frac{\sum_{i=1}^{N}\tilde{y}_i x_{ij}}{\sum_{i=1}^{N}x_{ij}^2}$，$\tilde{\lambda}_j=\frac{N\lambda}{\sum_{i=1}^{N}x_{ij}^2}$，则最小化以上目标函数等价于最小化：

$$-\beta_j\tilde{\beta}_j^{\text{ols}}+\frac{1}{2}\beta_j^2+\tilde{\lambda}_j|\beta_j| \tag{4.3.28}$$

观察上式，我们注意到在最小化时 β_j 需要和 $\tilde{\beta}_j^{\text{ols}}$ 同符号。对 $\tilde{\beta}_j^{\text{ols}}\geqslant 0$ 和 $\tilde{\beta}_j^{\text{ols}}<0$ 的情形分别讨论，求导，可得参数 β_j 的更新为：

$$\hat{\beta}_j=\text{sign}(\tilde{\beta}_j^{\text{ols}})(|\tilde{\beta}_j^{\text{ols}}|-\tilde{\lambda}_j)_+ \tag{4.3.29}$$

坐标下降算法的每次迭代中，依一定次序更新 $\beta_j, j=1,\cdots,p$，直到目标函数收敛。

例 4.4　坐标下降算法模拟仿真

本例中，我们编写一个坐标下降算法的函数，并产生数据进行模拟仿真。同时对比了自编函数和标准库函数的效果。

```
## 坐标下降算法
def sfun(t,ld):
    tmp = (np.abs(t)-ld)
```

```
    if tmp < 0:
        tmp = 0
    return np.sign(t)*tmp

def coordinate(X,y,beta0,ld):
    beta = beta0.copy()
    n,p = X.shape
    iter = 0
    diff = 1
    VAL = 10000
    while iter<1000 and diff>0.0001:
        for j in range(p):
            beta[j] = 0
            y2 = y - X.dot(beta)
            t = X[:,j].dot(y2)/(X[:,j]**2).sum()
            beta[j] = sfun(t,n*ld/(X[:,j]**2).sum())
        VAL2 = np.sum((y-X.dot(beta))**2) + \
        n*ld*np.sum(np.abs(beta))
        diff = np.abs(VAL2 - VAL)
        VAL = VAL2
        iter = iter + 1
    return beta,iter

n = 100
beta_true = np.array([1,-2,3,-4,5,-6,7,-8])
p = len(beta_true)
X = np.random.randn(n,p)
error = np.random.randn(n,1)*0.3
y = X.dot(beta_true.reshape(p,1)) + error
beta_ols = la.pinv(X.T.dot(X)).dot(X.T).dot(y)
ld = np.log(n)
beta_l1,iter = coordinate(X,y,beta_ols,ld)
print(beta_l1)
## 对比 Sklearn 的 Lasso() 函数结果
from sklearn import linear_model
reg = linear_model.Lasso(alpha = ld,fit_intercept=False)
reg.fit (X, y)
reg.coef_
```

5. 求解路径

对 Lasso 问题的求解，我们希望得到对应所有 λ 值或 λ 在 $(\lambda_{\min}, \lambda_{\max})$ 区间内多个格子点的解 $\beta(\lambda)$，$\beta(\lambda)$ 称为求解路径（solution path）。使用二次规划和坐标下降算法可以得到 λ

取值为一个格子点集中的解，但不能求得所有 λ 对应的解。以坐标下降算法为例，假设需要求解 $(\lambda_{\min}, \lambda_{\max})$ 区间内多个格子点的解，我们可以从 $\lambda_{\max}$ 开始逐渐减小 λ 值，或者从 $\lambda_{\min}$ 开始逐渐增大 λ 值，并把上一次的求解 $\beta(\lambda)$ 作为下一次求解的初值。坐标下降算法使用这种方式得到的求解路径的计算速度是很快的，在很多时候比 LARS-Lasso 算法要快。图 4.3(b) 是 Lasso 坐标下降算法模拟仿真得到的求解路径。

例 4.5　坐标下降算法求解路径模拟仿真

本例中，我们编写坐标下降算法求解路径的函数，并进行模拟仿真。同时对比了自编函数和标准库函数的效果。

```
## 基于坐标下降的求解路径
def lasso_path(X,y,max_ld,num_ld):
    beta_init = la.pinv(X.T.dot(X)).dot(X.T).dot(y)
    ld_seq = np.linspace(0,max_ld,num_ld)
    beta_path = []
    for ld in ld_seq:
        beta_l1,iter = coordinate(X,y,beta_init,ld)
        beta_init = beta_l1.copy()
        beta_path.append(beta_l1.copy())
    return np.squeeze(np.asarray(beta_path))

beta_path = lasso_path(X,y,10,500)
#plt.plot(beta_path)
xx = np.sum(np.abs(beta_path[::-1,:]), axis=1)
xx2 = xx/xx[-1]
plt.plot(xx2, beta_path[::-1,:])

## 对比 sklearn 模块的求解路径
from sklearn import linear_model
_,_,coefs = linear_model.lars_path(X, y.ravel(), method='lasso')
xx = np.sum(np.abs(coefs.T), axis=1)
xx2 /= xx[-1]
plt.plot(xx2, coefs.T)
```

4.3.3　惩罚函数和稀疏性

1. 惩罚函数

在正则化方法的框架下，回归估计通常最小化如下带惩罚项的目标函数：

$$\frac{1}{2}||y - \boldsymbol{X}\boldsymbol{\beta}||^2 + P_\lambda(\boldsymbol{\beta}) \tag{4.3.30}$$

其中，$P_\lambda(\boldsymbol{\beta}) = \lambda\sum_{j=1}^{p}\beta_j^2$ 对应 L2 正则；$P_\lambda(\boldsymbol{\beta}) = \lambda\sum_{j=1}^{p}|\beta_j|$ 对应 L1 正则；$P_\lambda(\boldsymbol{\beta}) =$

$\lambda\sum_{j=1}^{p} I(\beta_j \neq 0)$ 称为 L0 正则，对应子集选择方法。一种自然的推广是把 L1 和 L2 正则组合加起来，称为弹性网（elastic net）惩罚项，则有：

$$P_\lambda(\boldsymbol{\beta}) = \lambda_1 \sum_{j=1}^{p} |\beta_j| + \lambda_2 \sum_{j=1}^{p} \beta_j^2 \tag{4.3.31}$$

另外一种自然的推广是 Lq 惩罚项，$P_\lambda(\boldsymbol{\beta}) = \lambda\sum_{j=1}^{p}|\beta_j|^q$，但主要的理论研究和应用还是集中在 q 取值是 $0,1,2$ 的情形。

在 Lasso 中，所有回归系数被同等比例地惩罚或压缩，但实际中我们可以对不同系数赋予不同的惩罚权重，即考虑一个加权的惩罚项 $P(\boldsymbol{\beta}) = \lambda\sum_{j=1}^{p} w_j|\beta_j|$。自适应 Lasso（adaptive Lasso）是一种加权的 Lasso，其惩罚项为：

$$P(\boldsymbol{\beta}) = \lambda\sum_{j=1}^{p} \hat{w}_j|\beta_j| \tag{4.3.32}$$

其中，$\hat{w}_j = 1/|\hat{\beta}_j^{\text{ols}}|^\gamma$，$\gamma > 0$。自适应 Lasso 对最小二乘估计值小的系数给予更大的惩罚，它比 Lasso 具有更好的理论性质。此外，统计学理论研究中其他比较重要的惩罚函数方法包括 SCAD 惩罚、MCP 惩罚及 L0 的线性逼近等。

正则化方法可以用于各种目标函数，如带惩罚项的对数似然函数：

$$-\sum_{i=1}^{N} \ell(x_i, y_i; \boldsymbol{\beta}) + P(\boldsymbol{\beta}) \tag{4.3.33}$$

除此之外，正则化方法还广泛用于各种机器学习方法，如逻辑回归、支持向量机、梯度提升树和深度神经网络。其中，支持向量机目标函数使用了内蕴的 L2 正则。

2. 稀疏性

解的稀疏性指的是能把绝对值较小的参数直接估计为 0。L1 正则的解具有稀疏性，L2 正则的解没有稀疏性。在 $\boldsymbol{X}$ 每列是正交的情形下，即 $\boldsymbol{X}^{\mathrm{T}}\boldsymbol{X} = \boldsymbol{I}$ 时，容易得到：

$$\hat{\boldsymbol{\beta}}^{\text{ols}} = \boldsymbol{X}^{\mathrm{T}} y \tag{4.3.34}$$

$$\hat{\beta}_j^{\text{ridge}} = \hat{\beta}_j^{\text{ols}}/(1+\lambda) \tag{4.3.35}$$

$$\hat{\beta}_j^{\text{lasso}} = \text{sign}(\hat{\beta}_j^{\text{ols}})(|\hat{\beta}_j^{\text{ols}}| - \lambda)_+ \tag{4.3.36}$$

这在正交设计矩阵 $\boldsymbol{X}$ 上解释了 L1 和 L2 正则在稀疏性上的区别。对更一般的惩罚函数 $P_\lambda(\boldsymbol{\beta}) = \sum_{j=1}^{p} P_\lambda(|\beta_j|)$，可以推导出：

$$L(\boldsymbol{\beta}) = \frac{1}{2}||y - \boldsymbol{X}\boldsymbol{\beta}||^2 + \sum_{j=1}^{p} P_\lambda(|\beta_j|) \tag{4.3.37}$$

$$=\frac{1}{2}||y-\boldsymbol{X}\hat{\boldsymbol{\beta}}^{\text{ols}}||^2+\frac{1}{2}||\hat{\boldsymbol{\beta}}^{\text{ols}}-\boldsymbol{\beta}||^2+\sum_{j=1}^{p}P_\lambda(|\beta_j|) \tag{4.3.38}$$

$$=\frac{1}{2}||y-\boldsymbol{X}\hat{\boldsymbol{\beta}}^{\text{ols}}||^2+\sum_{j=1}^{p}\left[\frac{1}{2}(\hat{\beta}_j^{\text{ols}}-\beta_j)^2+P_\lambda(|\beta_j|)\right] \tag{4.3.39}$$

$L(\boldsymbol{\beta})$ 对 β_j 求一阶导数:

$$\frac{\partial L(\boldsymbol{\beta})}{\partial \beta_j}=\text{sign}(\beta_j)[|\beta_j|+P'_\lambda(|\beta_j|)]-\hat{\beta}_j^{\text{ols}} \tag{4.3.40}$$

由上式可以得到稀疏性的一个充分条件:

$$\min_{\boldsymbol{\beta}}[|\beta|+P'_\lambda(|\beta|)]=c_0>0 \tag{4.3.41}$$

假设 $|\beta_j|$ 真实值很小，而且它的最小二乘估计 $|\hat{\beta}_j^{\text{ols}}|<c_0$。考虑 $\beta_j\in(-c_0,c_0)$，容易验证 $\dfrac{\partial L(\boldsymbol{\beta})}{\partial \beta_j}$ 在 $\beta_j<0$ 时取负值，在 $\beta_j>0$ 时取正值，即偏导数在 $(-c_0,0)$ 单调下降，在 $(0,c_0)$ 单调上升，因此具有稀疏性，$\beta_j^{\text{lasso}}=0$。显然，L1 正则中 $P'_\lambda(|\beta|)=\lambda,c_0=\lambda$，满足条件式 (4.3.41)，可以验证 SCAD、MCP 等惩罚项满足条件式 (4.3.41)，具有稀疏性。但是在 L2 正则中，$P'_\lambda(|\beta|)=2\lambda|\beta|,c_0=0$，不满足条件式 (4.3.41)。更一般地，Lq 惩罚项在 $q>1$ 时没有稀疏性，可以验证 Lq 惩罚项在 $q>1$ 时不满足该条件。

4.4 回归估计和矩阵分解

令 $\boldsymbol{X}=(\boldsymbol{x}_1,\cdots,\boldsymbol{x}_n)^{\mathrm{T}}$ 为一个 $n\times p$ 维的数据矩阵，按列记为 $\boldsymbol{X}=(\boldsymbol{X}_1,\cdots,\boldsymbol{X}_p)$。在回归分析中，我们可以先对 $\boldsymbol{X}$ 进行分解，表示为具有特殊性质的若干矩阵的乘积，能帮助我们进一步理解和分析回归估计的性质。除了特征分解之外，常见的矩阵分解包括奇异值分解（Singular Value Decomposition, SVD）和 QR 分解。本节我们将介绍这些分解关系及它们在回归分析中的应用。

4.4.1 奇异值分解和线性回归

下面我们通过奇异值分解从另一个角度理解最小二乘回归估计、岭回归估计和主成分回归。如 3.4.2 节介绍，我们可以将 $n\times p$ 维自变量矩阵 $\boldsymbol{X}$ 分解成以下形式:

$$\boldsymbol{X}=\boldsymbol{U}\boldsymbol{D}\boldsymbol{V}^{\mathrm{T}} \tag{4.4.1}$$

其中，$\boldsymbol{U}$ 和 $\boldsymbol{V}$ 分别是 $n\times p$ 维和 $p\times p$ 维正交矩阵，称为左奇异向量和右奇异向量；$\boldsymbol{D}$ 是一个 $p\times p$ 维对角矩阵，对角元素为 $d_1\geqslant d_2\geqslant\cdots\geqslant d_p\geqslant 0$，称为奇异值。注意到如果 $\boldsymbol{X}$

的列均值为 0，则 $\boldsymbol{V}$ 的每一列对应 $\boldsymbol{X}$ 协方差矩阵的特征向量。将奇异值分解代入普通最小二乘估计，可以得到：

$$\hat{\boldsymbol{\beta}}^{\text{ols}}=\boldsymbol{V}\boldsymbol{D}^{-1}\boldsymbol{U}^{\text{T}}y \tag{4.4.2}$$

令 $\hat{\alpha}=\boldsymbol{U}^{\text{T}}y$，记 $\hat{\alpha}=(\hat{\alpha}_1,\cdots,\hat{\alpha}_p)$。那么对于任意 $j=1,2,\cdots,p$，$\hat{\boldsymbol{\beta}}_{\text{ols}}$ 的第 j 个元素为：

$$\hat{\beta}_j^{\text{ols}}=\sum_{k=1}^{p}v_{jk}\hat{\alpha}_k/d_k \tag{4.4.3}$$

把奇异值分解代入岭回归的估计式 (4.3.4)，可以得到：

$$\hat{\boldsymbol{\beta}}^{\text{ridge}}=\boldsymbol{V}(\boldsymbol{D}^2+\lambda\boldsymbol{I})^{-1}\boldsymbol{D}\boldsymbol{U}^{\text{T}}y \tag{4.4.4}$$

对于任意 $j=1,2,\cdots,p$，我们有：

$$\hat{\beta}_j^{\text{ridge}}=\sum_{k=1}^{p}v_{jk}d_k\hat{\alpha}_k/(d_k^2+\lambda) \tag{4.4.5}$$

与普通最小二乘估计相比，我们发现岭回归估计求和式 (4.4.5) 的每项多乘了一个因子，即 $d_k^2/(d_k^2+\lambda)$，这是一个压缩因子，d_k^2 越小，压缩程度越高。由 3.4.2 节奇异值分解的说明可知，对于列均值为 0 的数据矩阵 $\boldsymbol{X}$，d_k^2 是数据矩阵在第 k 个主成分方向上的投影方差。因此，小的 d_k^2 对应着 $\boldsymbol{X}$ 在空间投影方差较小的投影方向，岭回归估计在这些投影方差较小的主成分方向上对回归系数进行压缩。

在奇异值分解中，$\boldsymbol{X}\boldsymbol{V}=\boldsymbol{U}\boldsymbol{D}$，我们把 $\boldsymbol{X}$ 按行投影到 $\boldsymbol{V}$ 每一列对应的特征方向，$\boldsymbol{U}$ 是标准化后的投影得分，每列对应 $(\boldsymbol{x}_1,\cdots,\boldsymbol{x}_n)$ 投影到 $\boldsymbol{V}$ 的一个特征方向的得分。我们在这里根据奇异值分解的转置形式给出 grouping effect 的一个证明。grouping effect 指的是如果 $n\times p$ 数据矩阵 $\boldsymbol{X}$ 中有两列数据完全一样，即 $\boldsymbol{X}_j=\boldsymbol{X}_l$，则 $\hat{\beta}_j^{\text{ridge}}=\hat{\beta}_l^{\text{ridge}}$。由奇异值分解的转置可得：

$$\boldsymbol{X}^{\text{T}}=\boldsymbol{V}\boldsymbol{D}\boldsymbol{U}^{\text{T}} \tag{4.4.6}$$

这时我们可以把 $\boldsymbol{X}_j$ 看成一个观测值，$\boldsymbol{U}$ 的每一列对应特征方向，$\boldsymbol{V}$ 是标准化后的投影得分，每列对应 $(\boldsymbol{X}_1,\cdots,\boldsymbol{X}_p)$ 投影到 $\boldsymbol{U}$ 的一个特征方向的得分。由于 $\boldsymbol{X}_j=\boldsymbol{X}_l$，相同观测值在同一方向上的投影得分肯定是一样的，而标准化投影得分在奇异值不为 0 的时候也是一样的，即对 $k=1,2\cdots,p$，在 $d_k>0$ 时，$v_{jk}=v_{lk}$，因此 $\boldsymbol{V}$ 的第 j 和第 l 两行对应的元素是一样的。由式 (4.4.5) 可知 grouping effect 理论上成立。

例 4.6　grouping effect 模拟仿真

本例中，我们使用模拟数据说明 grouping effect，并给出基于 SVD 的解释。

```
n = 50
error = np.random.randn(n,1)*0.4
x = np.random.randn(n,1)
y = 2 - 3*x + error
c = np.ones((n,1))
X = np.hstack((c,x))
beta = la.inv(X.T.dot(X)).dot(X.T).dot(y)

X2 = np.hstack((c,x,x)) #设置后两列值相同
beta2 = la.inv(X2.T.dot(X2)).dot(X2.T).dot(y) # OLS失效
ld = 0.01
beta_l2 = la.inv(X2.T.dot(X2)+ld*np.eye(3))\
         .dot(X2.T).dot(y)
print(beta_l2) #岭回归输出的后两个参数相同

## grouping effect 的 SVD 解释
u,d,v = la.svd(X2,0)
alpha  = u.T.dot(y)
beta_l2j = np.sum(v[:,j]*alpha.ravel()*d/(d**2 + ld)) # j = 1,2
## 通过 SVD 进行岭回归
[np.sum(v[:,j]*alpha.ravel()*d/(d**2 + ld)) for j in range(3)]
```

通过奇异值分解容易得到主成分回归估计。假设数据矩阵 $\boldsymbol{X}$ 的列均值为 0，我们其实在求和式 (4.4.3) 中舍去后 $(p-q)$ 个求和就已经得到了主成分回归估计的形式。在主成分回归中，我们先将数据投影到前 $q\,(q<p)$ 个主成分方向（即 $\boldsymbol{v}_1,\cdots,\boldsymbol{v}_q$）上，得到 $\boldsymbol{\xi}=(\boldsymbol{\xi}_1,\cdots,\boldsymbol{\xi}_q)$，$\boldsymbol{\xi}_k=\boldsymbol{X}\boldsymbol{v}_k$。令 $\boldsymbol{V}_q=(\boldsymbol{v}_1,\cdots,\boldsymbol{v}_q)$，为一个 $p\times q$ 矩阵。由奇异值分解：

$$\boldsymbol{\xi}=\boldsymbol{X}\boldsymbol{V}_q=\boldsymbol{U}\boldsymbol{D}\boldsymbol{V}^{\mathrm{T}}\boldsymbol{V}_q=\boldsymbol{U}\boldsymbol{D}\boldsymbol{I}_{pq} \tag{4.4.7}$$

其中，$\boldsymbol{I}_{pq}$ 是 $p\times q$ 的长方形单位矩阵（Rectangular identity matrix）。于是：

$$\hat{\boldsymbol{\beta}}_{\boldsymbol{\xi}}^{\mathrm{pcr}}=(\boldsymbol{\xi}^{\mathrm{T}}\boldsymbol{\xi})^{-1}\boldsymbol{\xi}^{\mathrm{T}}y=(\boldsymbol{I}_{pq}^{\mathrm{T}}\boldsymbol{D}^2\boldsymbol{I}_{pq})^{-1}\boldsymbol{I}_{pq}^{\mathrm{T}}\boldsymbol{D}\hat{\alpha}=\boldsymbol{I}_{pq}^{\mathrm{T}}\boldsymbol{D}^{-1}\hat{\alpha} \tag{4.4.8}$$

$\hat{\boldsymbol{\beta}}_{\boldsymbol{\xi}}^{\mathrm{pcr}}$ 是一个 $q\times 1$ 向量。由 $\hat{y}=\boldsymbol{\xi}\hat{\boldsymbol{\beta}}_{\boldsymbol{\xi}}^{\mathrm{pcr}}=\boldsymbol{X}\boldsymbol{V}_q\hat{\boldsymbol{\beta}}_{\boldsymbol{\xi}}^{\mathrm{pcr}}$ 可得：

$$\hat{\boldsymbol{\beta}}^{\mathrm{pcr}}=\boldsymbol{V}_q\hat{\boldsymbol{\beta}}_{\boldsymbol{\xi}}^{\mathrm{pcr}}=\boldsymbol{V}_q\boldsymbol{I}_{pq}^{\mathrm{T}}\boldsymbol{D}^{-1}\hat{\alpha} \tag{4.4.9}$$

$$\hat{\beta}_j^{\mathrm{pcr}}=\sum_{k=1}^{q}v_{jk}\hat{\alpha}_k/d_k \tag{4.4.10}$$

在 Python 的 NumPy 模块中，广义逆求解函数 pinv() 也使用了奇异值分解。对 $\boldsymbol{X}=\boldsymbol{U}\boldsymbol{D}\boldsymbol{V}^{\mathrm{T}}$，其 Moore-Penrose 广义逆为 $\boldsymbol{X}^{-}=\boldsymbol{V}\boldsymbol{D}^{-}\boldsymbol{U}^{\mathrm{T}}$，其中，$\boldsymbol{D}^{-}$ 将 $\boldsymbol{D}$ 对角线中的非零元素

取倒数，保留对角线为零的元素。在最小二乘回归估计中，如果我们用求解公式中的逆替换广义逆，则：

$$\hat{\boldsymbol{\beta}}^* = (\boldsymbol{X}^{\mathrm{T}}\boldsymbol{X})^{-}\boldsymbol{X}^{\mathrm{T}}y = (\boldsymbol{V}\boldsymbol{D}^2\boldsymbol{V}^{\mathrm{T}})^{-}\boldsymbol{V}\boldsymbol{D}\hat{\alpha} \tag{4.4.11}$$

$$= \boldsymbol{V}\boldsymbol{D}^{-}\hat{\alpha} \tag{4.4.12}$$

由 $\boldsymbol{D}^{-}$ 的定义可知，$\hat{\boldsymbol{\beta}}^*$ 可以写成和主成分回归式 (4.4.9) 相同的形式。以下例 4.7 中，模拟仿真证实了使用广义逆替换得到的最小二乘法与保留非零奇异值的主成分回归估计结果一致。

例 4.7　grouping effect 模拟仿真续：pinv() 函数

```
##  pinv()函数
beta3 = la.pinv(X2.T.dot(X2)).dot(X2.T).dot(y) #use pinv in ols formula
u2,d2,v2 = la.svd(X2.T.dot(X2),0)
inv_d2 = np.zeros((3,3))
inv_d2[:2,:2] = np.diag(d2[:2]**(-1))
v2.T.dot(inv_d2).dot(u2.T) # = la.pinv(X2.T.dot(X2))

[np.sum(v[:2,j]*alpha.ravel()[:2]/d[:2]) for j in range(3)]
# beta3与主成分回归估计结果相同
```

4.4.2　QR 分解和 QR 算法

QR 分解是指对于任意一个 $n \times p$ 维矩阵 $\boldsymbol{X}$，可以有如下分解：

$$\boldsymbol{X} = \boldsymbol{Q}\boldsymbol{R} \tag{4.4.13}$$

其中，$\boldsymbol{Q}$ 是一个 $n \times p$ 维的正交矩阵，$\boldsymbol{R}$ 是一个 $p \times p$ 维的上三角矩阵。将 QR 分解代入普通最小二乘估计，可以得到：

$$\hat{\boldsymbol{\beta}}^{\mathrm{ols}} = \boldsymbol{R}^{-1}\boldsymbol{Q}^{\mathrm{T}}y \tag{4.4.14}$$

由于 $\boldsymbol{R}$ 是上三角矩阵，基于 QR 分解的最小二乘法可以通过 back substitution 方法来进行快速求解，即根据 $\boldsymbol{R}\boldsymbol{\beta} = \boldsymbol{Q}^{\mathrm{T}}y$，由 $\beta_p, \beta_{p-1}, \cdots, \beta_1$ 依次求解。

下面我们使用回归来描述 Gram-Schmidt 正交化过程，并进一步得到 QR 分解。令 $\boldsymbol{X} = (\boldsymbol{x}_1, \cdots, \boldsymbol{x}_n)^{\mathrm{T}}$，$\boldsymbol{X}_j$ 是 $\boldsymbol{X}$ 的第 j 列，则算法的具体过程为：

（1）初始化 $\boldsymbol{Z}_0 = \boldsymbol{X}_0 = \boldsymbol{1}$；

（2）对于 $j = 1, 2, \cdots, p$，以 $\boldsymbol{X}_j$ 为响应变量，$\boldsymbol{Z}_0, \boldsymbol{Z}_1, \cdots, \boldsymbol{Z}_{j-1}$ 为自变量进行回归，得到系数 $\hat{\gamma}_{lj} = \boldsymbol{Z}_l^{\mathrm{T}}\boldsymbol{X}_j / \boldsymbol{Z}_l^{\mathrm{T}}\boldsymbol{Z}_l$，$l = 0, \cdots, j-1$，以及残差向量：

$$\boldsymbol{Z}_j = \boldsymbol{X}_j - \sum_{k=0}^{j-1}\hat{\gamma}_{kj}\boldsymbol{Z}_k \tag{4.4.15}$$

将第（2）步用矩阵形式来表示，可以写为 $\boldsymbol{X}=\boldsymbol{Z\Gamma}$。其中，$\boldsymbol{Z}$ 的每一列即为按顺序排列的 $\boldsymbol{z}_j$，$\boldsymbol{\Gamma}$ 是一个元素为 $\hat{\gamma}_{kj}$ 的上三角矩阵。定义一个对角矩阵 $\boldsymbol{D}$，其第 j 个对角元素为 $D_{jj}=||\boldsymbol{z}_j||$，记 $\boldsymbol{Q}=\boldsymbol{ZD}^{-1}$，$\boldsymbol{R}=\boldsymbol{D\Gamma}$，那么：

$$\boldsymbol{X}=\boldsymbol{ZD}^{-1}\boldsymbol{D\Gamma}=\boldsymbol{QR} \tag{4.4.16}$$

其中，$\boldsymbol{Q}$ 是一个 $n\times(p+1)$ 的正交矩阵，$\boldsymbol{R}$ 是一个 $(p+1)\times(p+1)$ 的上三角矩阵。

QR 算法是一种基于 QR 分解的算法，广泛用于求解矩阵的特征值和特征向量。假设需要求解矩阵（方阵）$\boldsymbol{A}$ 的特征值和特征向量，QR 算法的步骤为：

（1）初始化 $\boldsymbol{A}_0=\boldsymbol{A}$；

（2）对于 $k=0,1,2,\cdots$，计算矩阵 $\boldsymbol{A}_k$ 的 QR 分解，即 $\boldsymbol{A}_k=\boldsymbol{Q}_k\boldsymbol{R}_k$，然后令 $\boldsymbol{A}_{k+1}=\boldsymbol{R}_k\boldsymbol{Q}_k$；

（3）迭代收敛后，$\boldsymbol{A}$ 的特征值为 $\boldsymbol{R}_k$ 的对角元素，特征向量为 $\prod_i \boldsymbol{Q}_i$ 的列向量。

例 4.8　QR 算法的模拟仿真

本例中，我们编写一个 QR 算法的函数，并进行模拟仿真，然后和标准库函数进行对比。

```
A = np.random.randn(50,3)
S  = (A.T.dot(A)).copy()
def eig_qr(S):
    vx = np.eye(S.shape[0])
    diff = 1
    iter = 0
    VAL = 0
    while diff >1e-8 and iter <1000:
        Q,R = la.qr(S)
        vx = vx.dot(Q)
        S = R.dot(Q)
        iter = iter + 1
        VAL2 = np.sum(np.abs(vx))
        diff = np.abs(VAL2 - VAL)
        VAL = VAL2
    return np.diag(R),vx

ux,vx = eig_qr(S)
u,v = la.eig(A.T.dot(A)) # 与ux和vx比较
```

下面我们把本节提到的 SVD 分解、QR 分解和之前学过的主成分分析方法和回归估计方法之间的关系进行列举，如下所示。

（1）QR 分解可由 Gram-Schmidt 正交化过程获得。

（2）QR 算法是基于 QR 分解的一种迭代算法，可求解矩阵的特征值和特征向量。

（3）奇异值分解和特征分解可以相互导出。

（4）主成分分析可以基于奇异值分解或特征分解。

（5）求矩阵广义逆可以基于奇异值分解或特征分解。

（6）奇异值分解有助于 OLS、岭回归、主成分回归等回归估计的求解和理解。

（7）QR 分解有助于回归估计的求解和理解。

这里，对于上述第（7）点做一下说明。我们在求解 QR 分解的过程中由 $\boldsymbol{X}_0, \boldsymbol{X}_1, \cdots, \boldsymbol{X}_p$ 逐步正交化，得到互相正交的残差向量 $\boldsymbol{Z}_0, \boldsymbol{Z}_1, \cdots, \boldsymbol{Z}_p$。使用 y 对 $\boldsymbol{Z}_0, \boldsymbol{Z}_1, \cdots, \boldsymbol{Z}_p$ 进行多元线性回归，得到 $\hat{\beta}_j^* = \boldsymbol{Z}_j^{\mathrm{T}} y / ||\boldsymbol{Z}_j||^2$。下面我们比较 $\hat{\beta}_j^*$ 和 y 对 $\boldsymbol{X}$ 回归得到的最小二乘估计 $\hat{\beta}_j^{\text{ols}}$。一般来说，对于 $j = 1, 2, \cdots, p-1$，$\hat{\beta}_j^* \neq \hat{\beta}_j^{\text{ols}}$。但是由式 (4.4.15) 可以看出，$\hat{\beta}_p^* = \hat{\beta}_p^{\text{ols}}$。这意味着我们可以使用两步来得到最小二乘估计，首先用 $\boldsymbol{X}_p$ 对其余自变量回归得到残差 $\boldsymbol{Z}_p^*$，这个一次回归得到的残差实际等同于 Gram-Schmidt 正交化过程最后一步得到的残差，即 $\boldsymbol{Z}_p^* = \boldsymbol{Z}_p$。然后使用 y 对残差 $\boldsymbol{Z}_p^*$ 回归得到 $\hat{\beta}_p^{\text{ols}}$。由于我们可以对 $\boldsymbol{X}_0, \boldsymbol{X}_1, \cdots, \boldsymbol{X}_p$ 任意替换次序重复正交化过程并求最小二乘估计，把指定的 $\boldsymbol{X}_j$ 排到最后位置，因此对任意 j，$\hat{\beta}_j^{\text{ols}}$ 均可以用上述两步方法获得。由此，我们可以把 $\hat{\beta}_j^{\text{ols}}$ 解释为 $\boldsymbol{X}_j$ 与其他自变量的无关的部分对 Y 的影响。

本章习题

1. 在回归分析流程的第（1）步中，如何根据剖面极大似然法来选择 Box-Cox 变换的参数 λ？

2. 在回归分析流程的第（3）步中，如果使用中位数回归，后续步骤需要做哪些修正？

3. 在例 4.1 中，编写计算 R^2 的程序。

4. 在例 4.1 中，使用 statsmodels 模块中的 OLSInfluence.cooks_distance() 函数计算 Cook 距离，并自编函数对比计算结果。

5. 参考回归分析流程，完成违约率案例分析。

6. 编写向后选择法的程序并进行模拟仿真。

7. 在 4.2.2 节案例分析（指数跟踪）中，使用移动窗口的方法来回测跟踪误差。

8. 尝试使用其他方法（如 Lasso、Forward Stagewise 等）来处理指数跟踪问题。

9. 证明式 (4.3.2) 中的 λ 和式 (4.3.1) 中的 t 存在对应的关系。

10. 使用二次规划算法求解 Lasso 问题，并学习 CVXPY 模块。

11. 编写 Lasso 问题的局部二次近似算法的程序，并进行模拟仿真。

12. 通过模拟仿真对比本章提到的 Lasso 问题的 4 个算法的效率。

13. 弹性网 L1+L2 正则作为惩罚函数是否具有稀疏性？

14. 对比分析岭回归和主成分回归中奇异值分解的作用。

15. 修改 QR 算法的程序，使得特征值为正数且有序。

第 5 章 分类

在第 4 章中我们介绍了回归模型，回归模型的响应变量 Y 是连续的。如果响应变量 Y 是离散的，我们希望通过自变量 X 预测 Y，则需要使用分类方法来处理这类问题。本章将介绍几个基础的分类方法，包括线性判别、二次判别、朴素贝叶斯、逻辑回归、支持向量机 SVM。另外，也会介绍一些重要的评判分类方法好坏的度量和准则。

5.1 判别分析

判别分析是处理分类问题的主要方法之一。在处理离散响应变量的预测问题时，直接使用回归方法是不恰当的。尽管回归方法在处理二分类问题时也能给出类似线性判别分析的结果，但在可解释性和拓展性上存在巨大不足。线性回归方程由于取值区间为 $(-\infty,\infty)$，不能解释为属于某类的概率。此外，线性回归不能用于类别数大于 2 的分类问题。

贝叶斯判别分析是基于贝叶斯准则衍生出来的一系列分类方法，根据模型假设的不同可以有多种，主要包括线性判别分析 LDA、二次判别分析 QDA 及朴素贝叶斯判别分析等。尽管线性判别分析最早并不是基于贝叶斯判别得到的，但基于贝叶斯准则导出线性判别分析是最易于学习的一种方式。

假设数据来自 K 个类别，Y 是代表类别的随机变量，$\pi_k = \boldsymbol{P}(Y = k), k = 1,\cdots,K$ 是样本来自第 k 类的先验概率。进一步假设 X 来自第 k 类，则服从密度函数 $f_k(x)$ 的分布，即为条件分布 $f_k(x) = f(X = x|Y = k)$。贝叶斯准则（参考本书第 9 章）可以用来计算给定 $X = x$，Y 来自第 k 类的后验概率，即：

$$P(Y=k|X=x) = \frac{f(x|Y=k)P(Y=k)}{\sum_{\ell=1}^{K} f(x|Y=\ell)\cdot P(Y=\ell)} = \frac{f_k(x)\pi_k}{\sum_{\ell=1}^{K} f_\ell(x)\pi_\ell} \tag{5.1.1}$$

贝叶斯判别分析是依据后验概率最大来判定样本属于哪一类，即判断样本来自：

$$\arg\max_k P(Y=k|X=x)$$

由于后验概率的分母项相同，我们只需要比较分子项的大小即可。分子项包含了先验概率 π_k 和密度函数 $f_k(x)$，其中，π_k 需要估计或预设，$f_k(x)$ 需要指定一个模型和估计方法并估计参数。

5.1.1 线性判别分析

线性判别分析（Linear Discriminant Analysis, LDA）中，假设每一类样本均服从高斯分布，每一类均值不同但都有相同的协方差矩阵，其密度函数为：

$$f_k(x) = \frac{1}{(2\pi)^{p/2}|\boldsymbol{\Sigma}|^{1/2}} \exp\left[-\frac{1}{2}(x-\mu_k)^{\mathrm{T}}\boldsymbol{\Sigma}^{-1}(x-\mu_k)\right] \tag{5.1.2}$$

比较后验概率可以直接比较分子 $\pi_k f_k(x)$ 的大小，或者分子对数 $\log[\pi_k f_k(x)]$ 的大小。我们将分子的对数（除去相同常数项）称为线性判别函数（linear discriminant functions），则有：

$$\delta_k(x) = x^{\mathrm{T}}\boldsymbol{\Sigma}^{-1}\mu_k - \frac{1}{2}\mu_k^{\mathrm{T}}\boldsymbol{\Sigma}^{-1}\mu_k + \log\pi_k \tag{5.1.3}$$

这是对贝叶斯准则的一个等价描述，即判断样本来自 $\arg\max\delta_k(x)$。令 $\delta_k(x)=\delta_\ell(x)$，可以推出任意不同两类的决策边界是一个关于 x 的线性 $(p-1)$ 维超平面。这个超平面可由下式定义：

$$x^{\mathrm{T}}\boldsymbol{\Sigma}^{-1}(\mu_k-\mu_l) = \frac{1}{2}\left(\mu_k^{\mathrm{T}}\boldsymbol{\Sigma}^{-1}\mu_k - \mu_l^{\mathrm{T}}\boldsymbol{\Sigma}^{-1}\mu_l\right) - \log(\pi_k/\pi_l) \tag{5.1.4}$$

如果我们把空间 R^p 分成第 1 类、第 2 类 $\cdots$，这些区域都会被超平面分割开来。

实际中，高斯分布的参数通常是未知的，需要我们利用训练数据去估计它们。参数说明如下：

（1）$\hat{\pi}_k = N_k/N$，其中，N_k 是观测到第 k 类样本的数量；

（2）$\hat{\mu}_k = \sum_{y_i=k} x_i/N_k$；

（3）$\hat{\boldsymbol{\Sigma}} = \sum_{k=1}^{K}\sum_{y_i=k}(x_i-\hat{\mu}_k)(x_i-\hat{\mu}_k)^{\mathrm{T}}/(N-K)$。

例 5.1　LDA 模拟仿真

本例中我们使用生成的数据进行 LDA 模拟仿真，并画出 LDA 的决策边界。

```
## 生成模拟数据
n = 100
x1 = np.random.randn(n,2)
x2 = np.random.randn(n,2) + np.array([2,2])
X = np.vstack((x1,x2))
y1 = np.ones((n,1))
y2 = np.zeros((n,1))
y = np.vstack((y1,y2))
plt.figure()
plt.plot(x1[:,0],x1[:,1],'ro')
```

```
plt.plot(x2[:,0],x2[:,1],'bo')

## LDA 估计
p1 = 0.5
p2 = 0.5
mu1 = np.mean(x1,axis = 0)
mu2 = np.mean(x2,axis = 0)
S = (np.cov(x1.T)*99 + np.cov(x2.T)*99)/198

## LDA 分类和决策边界
delta1 = X.dot(la.inv(S)).dot(mu1) - 0.5*mu1.dot(la.inv(S)).dot(mu1)
delta2 = X.dot(la.inv(S)).dot(mu2) - 0.5*mu2.dot(la.inv(S)).dot(mu2)
id  = delta1 > delta2

b0 = 0.5*mu1.dot(la.inv(S)).dot(mu1) - 0.5*mu2.dot(la.inv(S)).dot(mu2)
b = (la.inv(S)).dot(mu1-mu2)
u = np.linspace(-4,4,100)
fu = b0/b[1] - b[0]/b[1]*u

plt.figure() #见图5.1
plt.plot(X[id==True,0],X[id==True,1],'ro')
plt.plot(X[id==False,0],X[id==False,1],'bo')
plt.plot(u,fu,'k-')
```

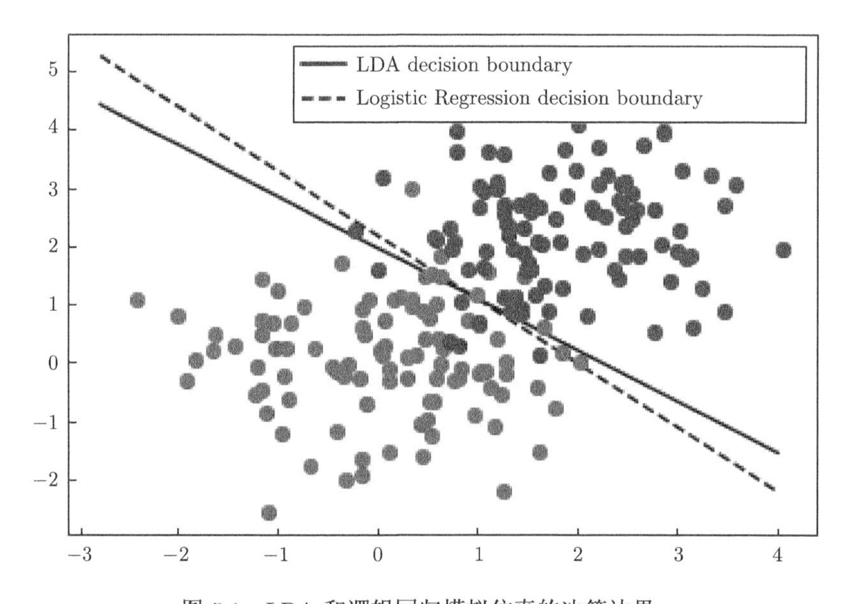

图 5.1　LDA 和逻辑回归模拟仿真的决策边界

5.1.2 二次判别分析

二次判别分析（Quadratic Discriminant Analysis, QDA）假设每一类样本均服从高斯分布，每一类均值和协方差矩阵都不同，则有：

$$f_k(x) = \frac{1}{(2\pi)^{p/2}|\boldsymbol{\Sigma}_k|^{1/2}} \exp\left[-\frac{1}{2}(x-\mu_k)^{\mathrm{T}}\boldsymbol{\Sigma}_k^{-1}(x-\mu_k)\right] \tag{5.1.5}$$

类似于线性判别，我们可以得到二次判别函数（quadratic discriminant functions）为：

$$\delta_k(x) = -\frac{1}{2}\log|\boldsymbol{\Sigma}_k| - \frac{1}{2}(x-\mu_k)^{\mathrm{T}}\boldsymbol{\Sigma}_k^{-1}(x-\mu_k) + \log\pi_k \tag{5.1.6}$$

第 k 类和第 ℓ 类的决策边界可以表示成 $\{x:\delta_k(x)=\delta_\ell(x)\}$，这是一个二次函数。LDA 的参数有 $[(K-1)\times(p+1)]$ 个，而 QDA 的参数有 $\{(K-1)\times[p(p+3)/2+1]\}$ 个。QDA 的估计和 LDA 基本类似，但 QDA 需要对每一类的协方差矩阵分别进行估计，则有：

$$\hat{\boldsymbol{\Sigma}}_k = \sum_{y_i=k}(x_i-\hat{\mu}_k)(x_i-\hat{\mu}_k)^{\mathrm{T}}/(N_K-1) \tag{5.1.7}$$

5.1.3 朴素贝叶斯

朴素贝叶斯假设每一类多元样本的分布中的每个特征是独立的，$f_k(x)=\prod_{j=1}^{p} f_{kj}(x_j)$。以高斯分布为例，假设每一类样本均服从高斯分布，协方差矩阵是对角矩阵，其密度函数为：

$$f_k(x) = \prod_{j=1}^{p}\frac{1}{\sqrt{2\pi}\sigma_{kj}}\exp\left[-\frac{1}{2\sigma_{kj}^2}(x_j-\mu_{kj})^2\right] \tag{5.1.8}$$

与线性判别和二次判别类似，我们可以得到朴素贝叶斯的判别函数和参数估计。

朴素贝叶斯分类器应用广泛，性能优异，具有高度可扩展性（scalability）。尽管独立性假设可能会增加模型偏差，但同时会降低估计方差。《ESL》认为朴素贝叶斯的模型偏差不会对后验概率（特别是决策边界）有大的影响，因此在分类问题中较一些更为复杂的方法具有一定优势。

5.2 逻辑回归

逻辑回归是一种应用极为广泛的统计学模型，在多个领域（如医药、金融等）用来处理分类问题。假设样本来自 K 类，在逻辑回归中，我们直接对样本属于每一类的后验概率进行建模，则有：

$$\begin{aligned} P(Y=k|\boldsymbol{X}=\boldsymbol{x}) &= \frac{\exp(\beta_{k0}+\boldsymbol{x}^{\mathrm{T}}\boldsymbol{\beta}_k)}{1+\sum_{\ell=1}^{K-1}\exp(\beta_{\ell 0}+\boldsymbol{x}^{\mathrm{T}}\boldsymbol{\beta}_\ell)},\ k=1,\cdots,K-1 \\ P(Y=K|\boldsymbol{X}=\boldsymbol{x}) &= \frac{1}{1+\sum_{\ell=1}^{K-1}\exp(\beta_{\ell 0}+\boldsymbol{x}^{\mathrm{T}}\boldsymbol{\beta}_\ell)} \end{aligned} \tag{5.2.1}$$

通过简单的运算可以得到逻辑回归模型的另一种形式：

$$
\begin{aligned}
\log \frac{P(Y=1|\boldsymbol{X}=\boldsymbol{x})}{P(Y=K|\boldsymbol{X}=\boldsymbol{x})} &= \beta_{10}+\boldsymbol{x}^{\mathrm{T}}\boldsymbol{\beta}_1 \\
\log \frac{P(Y=2|\boldsymbol{X}=\boldsymbol{x})}{P(Y=K|\boldsymbol{X}=\boldsymbol{x})} &= \beta_{20}+\boldsymbol{x}^{\mathrm{T}}\boldsymbol{\beta}_2 \\
&\vdots \\
\log \frac{P(Y=K-1|\boldsymbol{X}=\boldsymbol{x})}{P(Y=K|\boldsymbol{X}=\boldsymbol{x})} &= \beta_{(K-1)0}+\boldsymbol{x}^{\mathrm{T}}\boldsymbol{\beta}_{K-1}
\end{aligned}
\tag{5.2.2}
$$

当 $K=2$ 时，逻辑回归模型可以写为：

$$
P(Y=1|\boldsymbol{X},\boldsymbol{\beta})=p(\boldsymbol{x};\boldsymbol{\beta})=\frac{\exp(\boldsymbol{\beta}_0+\boldsymbol{x}^{\mathrm{T}}\boldsymbol{\beta})}{1+\exp(\boldsymbol{\beta}_0+\boldsymbol{x}^{\mathrm{T}}\boldsymbol{\beta})} \tag{5.2.3}
$$

$$
P(Y=0|\boldsymbol{X},\boldsymbol{\beta})=1-p(\boldsymbol{x};\boldsymbol{\beta}) \tag{5.2.4}
$$

或者：

$$
\log \frac{p(\boldsymbol{x};\boldsymbol{\beta})}{1-p(\boldsymbol{x};\boldsymbol{\beta})}=\boldsymbol{\beta}_0+\boldsymbol{x}^{\mathrm{T}}\boldsymbol{\beta} \tag{5.2.5}
$$

当得到回归系数估计后，可以计算样本的后验概率，即 $P(Y=1|\boldsymbol{X},\hat{\boldsymbol{\beta}})=\exp(\hat{\boldsymbol{\beta}}_0+\boldsymbol{x}^{\mathrm{T}}\hat{\boldsymbol{\beta}})/[1+\exp(\hat{\boldsymbol{\beta}}_0+\boldsymbol{x}^{\mathrm{T}}\hat{\boldsymbol{\beta}})]$。该值取值在 0~1，是样本属于 1 类的条件概率。只要给定一个阈值，如 0.5，我们就可以比较阈值和后验概率的大小，对样本进行分类。这个分类方法又称为逻辑判别分析。逻辑判别分析的决策边界可由 $\hat{\boldsymbol{\beta}}_0+\boldsymbol{x}^{\mathrm{T}}\hat{\boldsymbol{\beta}}=c$ 来获得，阈值为 0.5 时，$c=0$。

5.2.1 模型估计

由于逻辑回归模型不对 X 的分布进行假设，而是直接对样本的条件概率进行建模，因此逻辑回归模型的适用性很广。实际使用逻辑回归模型的主要步骤包括进行参数估计、模型选择/检验及参数解释等。

逻辑回归模型的估计通常采用极大似然法求解。以两类（$K=2$）的逻辑回归为例，观测数据的对数似然函数为：

$$
\begin{aligned}
\ell(\boldsymbol{\beta}) &= \sum_{i=1}^{N}\{y_i\log p(\boldsymbol{x}_i;\boldsymbol{\beta})+(1-y_i)\log[1-p(\boldsymbol{x}_i;\boldsymbol{\beta})]\} \\
&= \sum_{i=1}^{N}\left\{y_i(\boldsymbol{x}_i^{\mathrm{T}}\boldsymbol{\beta})-\log[1+\exp(\boldsymbol{x}_i^{\mathrm{T}}\boldsymbol{\beta})]\right\}
\end{aligned}
\tag{5.2.6}
$$

$\ell(\beta)$ 没有显示解析解，我们考虑使用牛顿迭代算法，也称为 Newton-Raphson 方法。迭代

过程从 $\beta^l, l=0,1,2,\cdots$ 开始，直到收敛，每步计算：

$$\boldsymbol{\beta}^{(l+1)} = \boldsymbol{\beta}^l - \left[\frac{\partial^2 \ell(\boldsymbol{\beta}^l)}{\partial\boldsymbol{\beta}\partial\boldsymbol{\beta}^{\mathrm{T}}}\right]^{-1} \frac{\partial \ell(\boldsymbol{\beta}^l)}{\partial\boldsymbol{\beta}} \tag{5.2.7}$$

可以将以上迭代过程写成矩阵形式，首先有：

$$\frac{\partial \ell(\boldsymbol{\beta}^l)}{\partial\boldsymbol{\beta}} = \boldsymbol{X}^{\mathrm{T}}(y - \boldsymbol{p}^l) \tag{5.2.8}$$

$$\frac{\partial^2 \ell(\boldsymbol{\beta}^l)}{\partial\boldsymbol{\beta}\partial\boldsymbol{\beta}^{\mathrm{T}}} = -\boldsymbol{X}^{\mathrm{T}}\boldsymbol{W}^l\boldsymbol{X} \tag{5.2.9}$$

其中，$\boldsymbol{y}=(y_1,y_2,\cdots,y_N)^{\mathrm{T}}$, $\boldsymbol{X}$ 表示 $N\times(p+1)$ 维设计矩阵，$\boldsymbol{p}^l$ 表示取值为第 i 个元素的拟合概率 $p(\boldsymbol{x}_i;\boldsymbol{\beta}^l)$ 的向量，$\boldsymbol{W}^{(l)}$ 表示 $N\times N$ 维对角元素为 $p(\boldsymbol{x}_i;\boldsymbol{\beta}^l)[1-p(\boldsymbol{x}_i;\boldsymbol{\beta}^l)]$ 的对角矩阵。

逻辑回归中牛顿迭代的步骤为：

$$\begin{aligned}\boldsymbol{\beta}^{l+1} &= \boldsymbol{\beta}^l + (\boldsymbol{X}^{\mathrm{T}}\boldsymbol{W}^l\boldsymbol{X})^{-1}\boldsymbol{X}^{\mathrm{T}}(\boldsymbol{y}-\boldsymbol{p}^l)\\ &= (\boldsymbol{X}^{\mathrm{T}}\boldsymbol{W}^l\boldsymbol{X})^{-1}\boldsymbol{X}^{\mathrm{T}}\boldsymbol{W}^l[\boldsymbol{X}\beta^l + \left(\boldsymbol{W}^l\right)^{-1}(\boldsymbol{y}-\boldsymbol{p}^l)]\end{aligned} \tag{5.2.10}$$

我们可以将迭代分为两步，计算调整响应变量：

$$\boldsymbol{z}^{l+1} = \boldsymbol{X}\beta^l + \left(\boldsymbol{W}^l\right)^{-1}(\boldsymbol{y}-\boldsymbol{p}^l) \tag{5.2.11}$$

以及更新权重：

$$\boldsymbol{\beta}^{l+1} = (\boldsymbol{X}^{\mathrm{T}}\boldsymbol{W}^l\boldsymbol{X})^{-1}\boldsymbol{X}^{\mathrm{T}}\boldsymbol{W}^l\boldsymbol{z}^{l+1} \tag{5.2.12}$$

这个算法被称作迭代加权最小二乘 (Iteratively Reweighted Least Squares, IRLS)，每次迭代都解决了加权最小二乘问题。

简记 $p(\boldsymbol{x};\boldsymbol{\beta})=P(Y=1|\boldsymbol{X}=\boldsymbol{x})$。我们一般将 $p(\boldsymbol{x};\boldsymbol{\beta})/[1-p(\boldsymbol{x};\boldsymbol{\beta})]$ 称为发生比（odds），$\log\{p(\boldsymbol{x};\boldsymbol{\beta})/[1-p(\boldsymbol{x};\boldsymbol{\beta})]\}$ 称为对数发生比（log odds）。对参数估计的解释可以参考回归分析，固定其他参数不变，$\boldsymbol{X}_j$ 每变化一个单位，将导致对数发生比变化 $\hat{\beta}_j$ 个单位。逻辑回归模型的检验可以使用似然比检验，这是一种非常常用的方法。似然比检验会在本书第 8 章进行详细介绍，读者也可以参考数理统计教程的相关部分。

值得注意的一点是，逻辑回归在完全线性可分的数据中会导致 $\boldsymbol{\beta}$ 无界。例如，假设数据仅有两个观测值 (y_1,x_1) 和 (y_2,x_2)，分别来自不同的两类。$y_1=0,x_1=-1$；$y_2=1,x_2=1$。此时使用一个无截距项的逻辑回归模型求解时会导致 $\boldsymbol{\beta}$ 趋于 ∞。这个问题的处理方法是对逻辑回归的似然函数加上一个 L2 惩罚项，等同于限制 $\boldsymbol{\beta}$ 的模求解。在很多软件的求解中，L2

正则化是自动附带的，因此我们会发现软件给出的解对应的似然函数要小于我们自己编写的程序给出的似然函数。

例 5.2　逻辑回归模拟仿真

本例中我们使用生成的数据进行逻辑回归模拟仿真，并画出逻辑判别的决策边界，然后与标准库函数进行比较。

```
def logistic(X,y,beta):
    diff = 1
    iter = 0
    while iter <1000 and diff >0.0001:
        like = np.sum(y*(X.dot(beta)) - np.log(1+np.exp(X.dot(beta))))
        p = np.exp(X.dot(beta))/(1+np.exp(X.dot(beta)))
        w = np.diag(p*(1-p))
        z = X.dot(beta) + la.inv(w).dot(y-p)
        beta = la.pinv(X.T.dot(w).dot(X)).dot(X.T).dot(w).dot(z)
        like2 = np.sum(y*(X.dot(beta)) - np.log(1+np.exp(X.dot(beta))))
        diff = np.abs(like - like2)
        iter = iter + 1
    return beta

# 使用例5.1 LDA模拟仿真数据X和y
c = np.ones((2*n,1))
X2 = np.hstack((c,X))
beta = la.inv(X2.T.dot(X2)).dot(X2.T).dot(y)
beta_lg = logistic(X2,y,beta)
phat = 1/(1+np.exp(-X2.dot(beta_lg)))

ld = 0.5
id2 = phat.ravel() > ld
u = np.linspace(-4,4,100)
fu = -beta_lg[0]/beta_lg[2] - beta_lg[1]/beta_lg[2]*u

plt.figure() #见图5.1
plt.plot(X[id2==True,0],X[id2==True,1],'ro')
plt.plot(X[id2==False,0],X[id2==False,1],'bo')
plt.plot(u,fu,'k-')
## 与标准库函数比较
from sklearn import linear_model
clf = linear_model.LogisticRegression(C=1e2,fit_intercept=False)
clf.fit(X2,y)
betax = clf.coef_.T
```

```
sum(y*(X2.dot(betax))- np.log(1+np.exp(X2.dot(betax))))
sum(y*(X2.dot(beta_lg)) - np.log(1+np.exp(X2.dot(beta_lg))))
```

知识拓展：牛顿算法和梯度算法

在逻辑回归极大似然函数的求解中我们用到了牛顿算法。下面简要介绍一下这个算法的思想。牛顿算法可以从 $\ell(\boldsymbol{\beta})$ 的导函数 $\ell'(\boldsymbol{\beta})$ 出发，通过启发式思路导出。假设 $\boldsymbol{\beta}$ 是一维参数，极大似然估计中的一般做法是通过令 $\ell'(\boldsymbol{\beta})=0$ 来求解 $\boldsymbol{\beta}$。不妨设 $\ell'(\beta^0)$ 接近 0，但不为 0。我们希望对 β^0 做一个修正，即为 $(\beta^0+\delta)$，使得 $\ell'(\beta^0+\delta)=0$。对 $\ell'(\boldsymbol{\beta})$ 在 β^0 附近做一阶泰勒展开，得到：

$$\ell'(\beta^0+\delta)\approx\ell'(\beta^0)+\delta\ell''(\beta^0) \tag{5.2.13}$$

于是 $\ell'(\beta^0+\delta)=0$ 可以近似写为 $\ell'(\beta^0)+\delta\ell''(\beta^0)=0$，进而得到牛顿迭代更新 $\beta^1=\beta^0-\ell'(\beta^0)/\ell''(\beta^0)$。

牛顿算法并不是求解逻辑回归的唯一算法。如果我们对 $\ell(\boldsymbol{\beta})$ 进行一阶泰勒展开，则有：

$$\ell(\beta^0+\delta)\approx\ell(\beta^0)+\delta\ell'(\beta^0) \tag{5.2.14}$$

如果是极大化 $\ell(\boldsymbol{\beta})$，可以设 $\delta=\ell'(\beta^0)$；如果是极小化 $\ell(\boldsymbol{\beta})$，可以设 $\delta=-\ell'(\beta^0)$，这样对 $\boldsymbol{\beta}$ 的更新将会增大或减少目标函数的一阶近似。考虑到一阶近似与原目标函数的差异，在参数更新的时候保守一些，设 $\delta=\eta\ell'(\beta^0)$ 或 $\delta=-\eta\ell'(\beta^0)$，$\eta$ 是一个很小的正数（如 0.01），这就是梯度算法。逻辑回归的梯度上升算法可以写为：

$$\boldsymbol{\beta}^{(l+1)}=\boldsymbol{\beta}^l+\eta\frac{\partial\ell(\boldsymbol{\beta}^l)}{\partial\boldsymbol{\beta}} \tag{5.2.15}$$

$$=\boldsymbol{\beta}^l+\eta\boldsymbol{X}^{\mathrm{T}}(\boldsymbol{y}-\boldsymbol{p}^l) \tag{5.2.16}$$

5.2.2 与交叉熵的关系

交叉熵是信息论中一个重要概念，主要用于度量两个概率分布间的差异性信息。在 Y 取值为 0 和 1 的情形下，逻辑回归的对数似然函数对应交叉熵的定义。假如 Y 的实际分布是 $\boldsymbol{P}$，定义域（支撑）为两点 $\{1,0\}$。我们把 $\{p(\boldsymbol{x};\boldsymbol{\beta}),1-p(\boldsymbol{x};\boldsymbol{\beta})\}$ 看成被估计的分布 $\boldsymbol{Q}_{\boldsymbol{\beta}}$，与分布 $\boldsymbol{P}$ 具有相同的支撑。则两个分布的交叉熵（$\boldsymbol{Q}_{\boldsymbol{\beta}}$ 到 $\boldsymbol{P}$ 的交叉熵）为：

$$H(\boldsymbol{P}||\boldsymbol{Q}_{\boldsymbol{\beta}})=-\mathrm{Prob}(Y=1)\log p(\boldsymbol{x};\boldsymbol{\beta})-\mathrm{Prob}(Y=0)\log[1-p(\boldsymbol{x};\boldsymbol{\beta})] \tag{5.2.17}$$

由于实际分布未知，我们以样本平均交叉熵作为上式的估计，得到：

$$\bar{H}(\boldsymbol{P}||\boldsymbol{Q}_{\boldsymbol{\beta}})=-\frac{1}{N}\sum_{i=1}^{N}\{y_i\log p(\boldsymbol{x}_i;\boldsymbol{\beta})+(1-y_i)\log[1-p(\boldsymbol{x}_i;\boldsymbol{\beta})]\} \tag{5.2.18}$$

平均交叉熵与似然函数的对应关系为 $\bar{H}(\boldsymbol{P}||\boldsymbol{Q}_{\boldsymbol{\beta}}) = -\ell(\boldsymbol{\beta})/N$，因此极大似然估计等同于最小化交叉熵损失。极大似然估计与最小化交叉熵损失等价是一个通用结果，并不局限于逻辑回归。熵和信息论相关的概念将在本书 8.4 节进行详细介绍。

如果 Y 的取值为 -1 和 1，我们使用变换 $Y' = (y+1)/2$，由 $p(\boldsymbol{x};\boldsymbol{\beta}) = \exp(\boldsymbol{x}^{\mathrm{T}}\hat{\boldsymbol{\beta}})/[1+\exp(\boldsymbol{x}^{\mathrm{T}}\hat{\boldsymbol{\beta}})]$ 可以将交叉熵损失化为：

$$\frac{1+y}{2}\log[1+\exp(-\boldsymbol{\beta}^{\mathrm{T}}\boldsymbol{x})] + \frac{1-y}{2}\log[1+\exp(\boldsymbol{\beta}^{\mathrm{T}}\boldsymbol{x})] \tag{5.2.19}$$

上式在 y 取值为 -1 和 1 时，又可以简写为：

$$\log[1+\exp(-y\boldsymbol{\beta}^{\mathrm{T}}\boldsymbol{x})] \tag{5.2.20}$$

该损失函数与交叉熵等价，又称为二项差异（Binomial Deviance）或对数损失（log loss）。

5.2.3 案例分析：股票涨跌预测

[目标和背景]

我们在 2.5.3 节案例分析中得到了沪深 300 成份股的收益率矩阵 retx （1 339 天 300 个股票），在本案例中，我们对该数据集后 500 天（2013 年 11 月 18 日—2015 年 12 月 9 日）的数据采用逻辑回归方法，使用过去 5 天的收益率来预测未来一天收益的涨跌，并依据涨跌概率大小来构建多空投资组合。数据的响应变量是股票每天收益的涨跌标签，解释变量是过去 5 天的收益率。

[解决方案和程序]

将其中前 450 天数据作为训练样本，拟合一个逻辑回归模型，得到参数估计。然后用最后 50 天数据作为预测样本，用于检验模型效果。

```
## 获取训练数据集和检验数据集
n = 500
n1 = 50
p = 5
train = retx[-n:-n1,:] # retx 来自2.5.3节案例分析
ret = train[p:,:].ravel()
X1 = train[4:-1,:].ravel()[:,np.newaxis]
X2 = train[3:-2,:].ravel()[:,np.newaxis]
X3 = train[2:-3,:].ravel()[:,np.newaxis]
X4 = train[1:-4,:].ravel()[:,np.newaxis]
X5 = train[:-5,:].ravel()[:,np.newaxis]
y_train = (ret>0).astype(int)
X_train = np.hstack((X5,X4,X3,X2,X1))
```

```
test = retx[-n1:,:]
ret2 = test[p:,:].ravel()
X1 = test[4:-1,:].ravel()[:,np.newaxis]
X2 = test[3:-2,:].ravel()[:,np.newaxis]
X3 = test[2:-3,:].ravel()[:,np.newaxis]
X4 = test[1:-4,:].ravel()[:,np.newaxis]
X5 = test[:-5,:].ravel()[:,np.newaxis]
y_test = (ret2>0).astype(int)
X_test = np.hstack((X5,X4,X3,X2,X1))

## 拟合模型
from sklearn import linear_model
from sklearn.metrics import classification_report
clf = linear_model.LogisticRegression(C=1e2,fit_intercept=True)
clf.fit(X_train,y_train)

## 训练样本的表现
y_pred0 = clf.predict(X_train)
print(classification_report(y_train, y_pred0))
np.corrcoef([y_train,y_pred0])

## 检验样本的表现
y_pred = clf.predict(X_test)
from sklearn.metrics import classification_report
print(classification_report(y_test, y_pred))
# 信息系数, IC
np.corrcoef([y_test,y_pred]) # 0.077
```

我们看到，检验样本中股票涨跌的预测和实际涨跌的相关系数大约为 0.077。在量化投资的多因子模型中它被称为信息系数，用来度量因子或因子组合的好坏。信息系数越大，说明预测与实际越相符。在这个案例中，我们可以把 $\sum_{j=1}^{5} X_j\beta_j$ 理解为由逻辑回归模型得到的一个因子。由于金融市场的信噪比很低，我们一般难以找到信息系数很高的因子。但是，如果使用截面数据（每天）计算信息系数（Information Coefficient，IC），会比较稳定，即 IC/std(IC) 较大（如大于 1），则说明该因子是一个较好的因子，可以考虑加入到多因子模型中。在经典的量化选股中，IC/std(IC) 是信息比（Information Ratio）的一个近似表达。

对于本例的因子，我们进一步构建一个多空投资组合，等比例持有预测上涨概率最大的 10 支股票，做空上涨概率最小的 10 支股票，并画出组合的收益图。图 5.2 中显示了逻辑回归得到的投资组合的表现。可以看到，这个数据集中使用线性逻辑回归得到的结果并不理想。我们在后续的学习中将对同一数据使用非线性模型进行预测，主要包括随机森林、梯度提升树和神经网络，这些方法都可以得到更好回报的投资组合（见 10.3.4 节案例分析和 11.1.7 节案例分析)。

```
holding_matrix = np.zeros((n1-p,300))
for j in range(n1-p):
    prob = clf.predict_proba(test[j:j+p,:].T)[:,1]
    long_position = prob.argsort()[-10:]
    short_position = prob.argsort()[:10]
    holding_matrix[j,long_position] = 0.05
    holding_matrix[j,short_position] = -0.05

tmp_ret = np.sum(holding_matrix*test[p:],axis = 1)
portfolio_ret = np.append(0,tmp_ret)
plt.plot(np.cumprod(1+portfolio_ret))
```

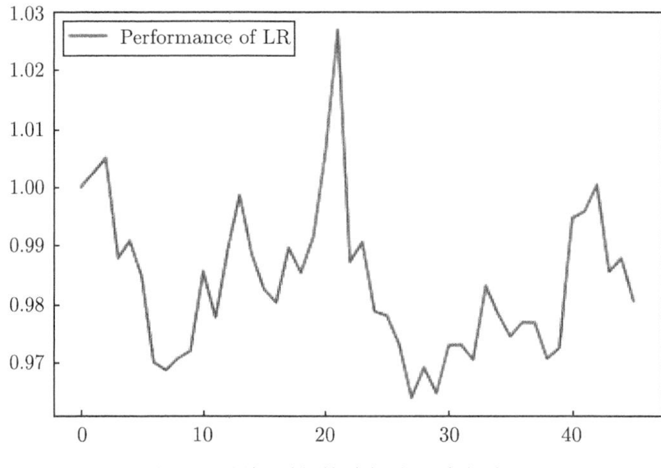

图 5.2　逻辑回归构建投资组合的表现

5.3　支持向量机

在机器学习领域，支持向量机（Support Vector Machine，SVM）是一种有监督学习方法，可以用于分类和回归分析。SVM 的提出源自分类问题中使用超平面分割的思路。任何一个 P 维空间都可以被一个 $(P-1)$ 维的超平面分成两部分。对于一个 P 维空间，可以定义一个超平面 S：

$$\{\boldsymbol{x} : f(\boldsymbol{x}) = \boldsymbol{x}^{\mathrm{T}}\boldsymbol{\beta} + \beta_0 = 0\}, \quad \boldsymbol{x} \in \mathrm{R}^p \tag{5.3.1}$$

假设样本有两类，通过标签 $Y=(1,-1)$ 表明类别。对于完全线性可分的样本集 $\{(y_i, \boldsymbol{x}_i),$

$i=1,\cdots,N\}$，考虑如下优化问题：

$$\begin{aligned}&\max_{\beta,\beta_0} M\\ s.t.\quad & y_i(\boldsymbol{x}_i^{\mathrm{T}}\beta+\beta_0)/\parallel\beta\parallel\geqslant M，i=1,\cdots,N\end{aligned}\tag{5.3.2}$$

其中，$(\boldsymbol{x}_i^{\mathrm{T}}\boldsymbol{\beta}+\beta_0)/\parallel\beta\parallel$ 是样本点 $\boldsymbol{x}_i$ 到超平面 S 的带符号距离（本章习题 7）。由于 y_i 取值为 1 或 -1，则 $y_i(\boldsymbol{x}_i^{\mathrm{T}}\beta+\beta_0)/\parallel\beta\parallel$ 可以看成样本点 $\boldsymbol{x}_i$ 到超平面 S 的距离的绝对值。这个优化问题可以解释为找到超平面，使得分割的间隔最大（见图 5.3）。

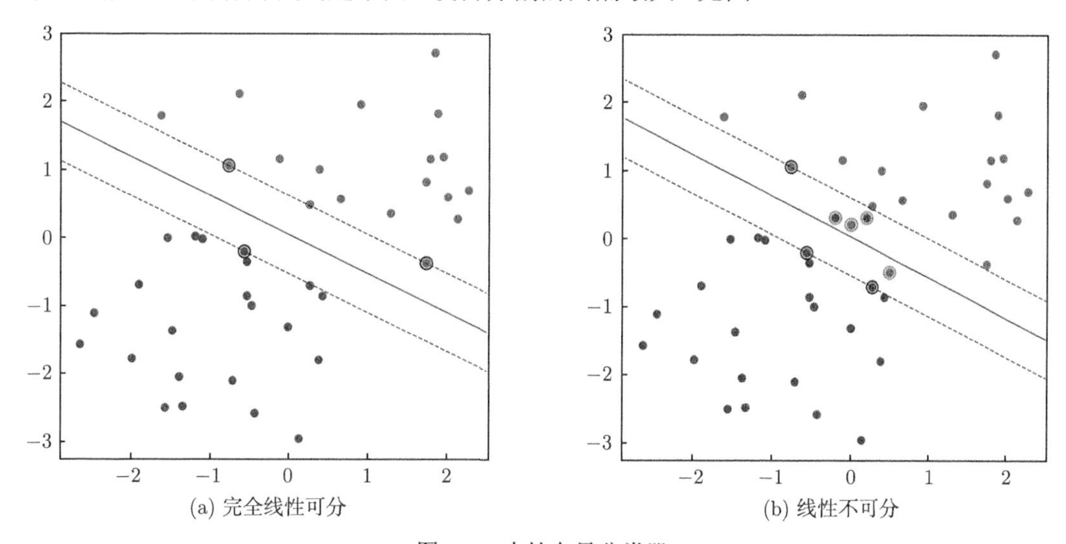

(a) 完全线性可分　　(b) 线性不可分

图 5.3　支持向量分类器

约束条件 $y_i(\boldsymbol{x}_i^{\mathrm{T}}\beta+\beta_0)/\parallel\beta\parallel\geqslant M$ 存在冗余之处，因为任何满足约束的参数 β,β_0，它们乘一个任意正数也能满足约束。由此我们可以设 $\beta=1/M$, 将优化问题转化为：

$$\begin{aligned}&\min_{\beta,\beta_0}\parallel\beta\parallel\\ s.t.\quad & y_i(\boldsymbol{x}_i^{\mathrm{T}}\beta+\beta_0)\geqslant 1，i=1,\cdots,N\end{aligned}\tag{5.3.3}$$

很多情况下，训练数据集是线性不可分的，可以考虑通过增加松弛变量 $\boldsymbol{\xi}=(\xi_1,\xi_2,\cdots,\xi_N)$ 来解决这一问题，则得到支持向量分类器的优化问题为：

$$\begin{aligned}&\min\parallel\beta\parallel\\ s.t.\quad & y_i(\boldsymbol{x}_i^{\mathrm{T}}\beta+\beta_0)\geqslant 1-\xi_i,\quad\forall i\\ &\xi_i\geqslant 0,\quad\sum_{i=1}^{N}\xi_i\leqslant C_0\end{aligned}\tag{5.3.4}$$

其中，C_0 是个正常数。由于 $\min \parallel \beta \parallel$ 等价于 $\min \frac{1}{2} \parallel \beta \parallel^2$，因此此优化问题等价于：

$$\begin{aligned} &\min \frac{1}{2} \parallel \beta \parallel^2 + C\sum_{i=1}^{N} \xi_i \\ &s.t. \quad y_i(\boldsymbol{x}_i^{\mathrm{T}}\beta + \beta_0) \geqslant 1 - \xi_i, \quad \xi_i \geqslant 0, \quad \forall i \end{aligned} \tag{5.3.5}$$

将两个约束条件 $\xi_i \geqslant 1 - y_i(\boldsymbol{x}_i^{\mathrm{T}}\beta + \beta_0)$，$\xi_i \geqslant 0$ 合并为 $\xi_i \geqslant [1 - y_i(\boldsymbol{x}_i^{\mathrm{T}}\beta + \beta_0)]_+$。考虑对应的拉格朗日函数：

$$L_P = \frac{1}{2} \parallel \beta \parallel^2 + C\sum_{i=1}^{N} \xi_i - \sum_{i=1}^{N} \alpha_i\{\xi_i - [1 - y_i(\boldsymbol{x}_i^{\mathrm{T}}\beta + \beta_0)]_+\} \tag{5.3.6}$$

$$= \frac{1}{2} \parallel \beta \parallel^2 + C\sum_{i=1}^{N} \xi_i - \sum_{i=1}^{N} \alpha_i\xi_i + \sum_{i=1}^{N} \alpha_i[1 - y_i(\boldsymbol{x}_i^{\mathrm{T}}\beta + \beta_0)]_+ \tag{5.3.7}$$

拉格朗日函数对 ξ_i 求导，可得 $\alpha_i = C, i = 1, \cdots, N$。代入上式，并令 $\lambda = 1/C$，可得：

$$L_P = \sum_{i=1}^{N} [1 - y_i(\boldsymbol{x}_i^{\mathrm{T}}\beta + \beta_0)]_+ + \frac{\lambda}{2} \parallel \beta \parallel^2 \tag{5.3.8}$$

在实际应用中，与决策树的集成算法和深度学习方法相比，支持向量机的竞争力不足。从优化和统计的角度来看，支持向量机仅仅是换了一个损失函数（Hinge Loss），同时加入了 L2 正则化惩罚项。图 5.4 比较了 Hinge Loss、逻辑回归的损失函数以及平方损失函数。在其中我们可以看到，Hinge Loss 和逻辑回归的损失函数都是凸函数，二者尽管有差别但差别不是特别大。求解 SVM 时，通常将损失函数化为一个对偶问题，使用二次规划来求解。研究人员也提出更为高效的算法，如 SMO、梯度下降、坐标下降等算法。支持向量机的对偶求解方法和其他求解方法，以及支持向量机回归分析等相关知识请读者自行查阅其他书籍。

SVM 的一个特色是分割超平面和引入松弛变量的思路，这点等价于换了一个损失函数（Hinge Loss）和引入 L2 惩罚项。早期 SVM 声称解决了维数祸根（Curse of Dimensionality）的问题，但我们从转化后的式 (5.3.8) 中看到，凸函数加上 L2 正则是不能解决维数祸根问题的。SVM 的另一个特色是求解时可以方便地引入核函数，将样本点映射到高维空间进行分类，这种处理方法不需要显式地给出映射的形式，而是通过一种称为核技巧的统计方法实现。其实，核技巧并不是 SVM 特有的方法，其早在 SVM 出现之前就已经发展成熟了。本书将在第 6 章介绍希尔伯特空间和核技巧。

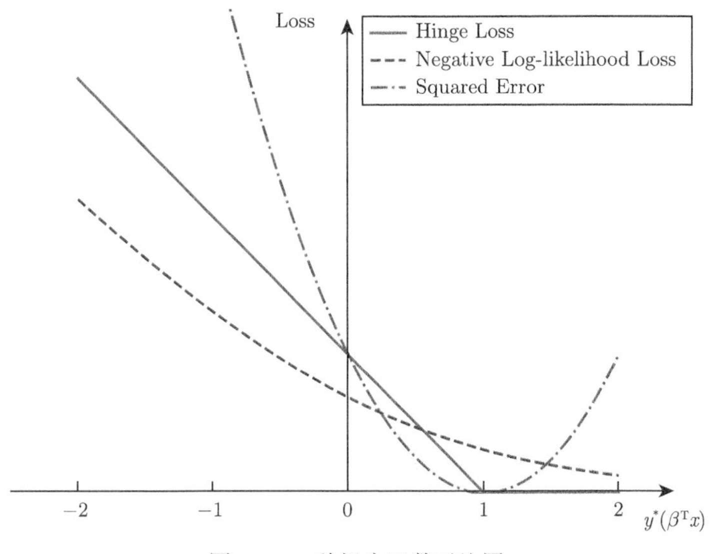

图 5.4　3 种损失函数对比图

5.4　分类的评判

对于分类模型，我们也需要进行模型评估和模型选择。本章前面所讲的方法是能直接使用的，包括 Holdout 验证、交叉验证等。但分类模型目标函数一般是要求总的分类错误率最低，在实践中由于具体需求，这个标准有时并不合适，因此对分类的评判发展出了一系列相关方法和度量指标。

5.4.1　混淆矩阵和常用度量

下面我们通过混淆矩阵来了解一下评判分类的一些指标和术语。以二分类 (0, 1) 问题为例，观测值来自不同的两个类别（positive、negative），本书中将其称为阳性类和阴性类，有些书中也称为正类和反类或正类和负类。对于二分类问题，存在以下 4 种情形。

（1）True Positive（TP）：样本属于阳性且被分类器判断为阳性。

（2）True Negative（TN）：样本属于阴性且被分类器判断为阴性。

（3）False Positive（FP）：样本属于阴性但被分类器判断为阳性。

（4）False Negative（FN）：样本属于阳性但被分类器判断为阴性。

将以上结果显示在混淆矩阵表 5.1 中。

表 5.1 二分类问题混淆矩阵

预测集	真实集	
	阳性	阴性
阳性	真阳性（TP）	假阳性（FP）
阴性	假阴性（FN）	真阴性（TN）

显然，样本总量 $S = \mathrm{TP} + \mathrm{TN} + \mathrm{FP} + \mathrm{FN}$，总体分类错误率为 $(\mathrm{FP} + \mathrm{FN})/S$。样本中实际所有阳性总量 $P = \mathrm{TP} + \mathrm{FN}$，样本中所有阴性总量 $N = \mathrm{TN} + \mathrm{FP}$，预测结果中为阳性的总量 $\mathrm{PX} = \mathrm{TP} + \mathrm{FP}$，预测结果中为阴性的总量为 $\mathrm{NX} = \mathrm{TN} + \mathrm{FN}$。由此衍生出一些新的度量，主要包括以下几类。

（1）True Positive Rate（TPR），$\mathrm{TPR} = \dfrac{\mathrm{TP}}{\mathrm{TP} + \mathrm{FN}}$，又称为敏感度（sensitivity）、召回率（recall）、查全率，表示所有实际为阳性的样本（PO）中被判断为阳性的样本的比率。这个度量的意义可以类比于统计检验中的功效（势，Power）。

（2）False Negative Rate （FNR）。$\mathrm{FNR} = \dfrac{\mathrm{FN}}{\mathrm{TP} + \mathrm{FN}}$，即假阴性率，表示所有实际为阳性的样本（PO）中，被判断为阴性的样本的比率。显然 $\mathrm{FNR} = 1 - \mathrm{TPR}$，即假阴性率与敏感度之和为 1。这个度量的意义可以类比于统计检验中的第二类错误率。

（3）True Negative Rate（TNR）。$\mathrm{TNR} = \dfrac{\mathrm{TN}}{\mathrm{TN} + \mathrm{FP}}$，又称为特异度（specificity），表示所有实际为阴性的样本（NO）中，被判断为阴性的样本的比率。

（4）False Positive Rate （FPR）。$\mathrm{FPR} = \dfrac{\mathrm{FP}}{\mathrm{TN} + \mathrm{FP}}$，即假阳性率，表示所有实际为阴性的样本（NO）中，被判断为阳性的样本的比率。显然 $\mathrm{FPR} = 1 - \mathrm{TNR}$，即假阳性率与特异度之和为 1。这个度量的意义可以类比于统计检验中的第一类错误率。

（5）Positive Predicted Value （PPV）。$\mathrm{PPV} = \dfrac{\mathrm{TP}}{\mathrm{TP} + \mathrm{FP}}$，又称为精确度（precision）、查准率，表示所有被判断为阳性的样本中，实际是阳性的比率。

（6）False Discovery Rate （FDR）。$\mathrm{FDR} = \dfrac{\mathrm{FP}}{\mathrm{TP} + \mathrm{FP}}$，即错误发现率，表示所有被判断为阳性的样本中，实际是阴性的比率。显然 $\mathrm{FDR} = 1 - \mathrm{PPV}$，即错误发现率与精确度之和为 1。这个度量在统计学的多重比较中有重要应用。

5.4.2 F1 Score

为了综合考虑敏感度和精确度，人们设计了一些性能度量，其中就包括常见的 F1 度量（F1 Score）：

$$\mathrm{F1} = \frac{2 \times \mathrm{TPR} \times \mathrm{PPV}}{\mathrm{TPR} + \mathrm{PPV}} \tag{5.4.1}$$

实际上，F1 是基于敏感度和查准率的调和平均定义的：

$$\frac{1}{\mathrm{F1}}=\frac{1}{2}\left(\frac{1}{\mathrm{TPR}}+\frac{1}{\mathrm{PPV}}\right) \tag{5.4.2}$$

在一些应用中，对 TPR 敏感度和 PPV 精确度的重视程度会不一样。如在信用欺诈分析中，信用卡公司更希望尽可能多地找出高风险客户，即所有实际高风险客户中被判断为高风险的比例越高越好，此时敏感度 TPR 更重要。根据对敏感度/精确度的不同偏好，人们提出 F_β 度量作为 F1 度量更一般的形式：

$$\mathrm{F}_\beta=\frac{(1+\beta^2)\times\mathrm{PPV}\times\mathrm{TPR}}{(\beta^2\times\mathrm{PPV})+\mathrm{TPR}} \tag{5.4.3}$$

F_β 给出了 TPR 和 PPV 的加权调和平均：

$$\frac{1}{\mathrm{F}_\beta}=\frac{1}{1+\beta^2}\times\left(\frac{1}{\mathrm{PPV}}+\frac{\beta^2}{\mathrm{TPR}}\right) \tag{5.4.4}$$

权重 β 越大，说明 TPR 越重要；在 $\beta=1$ 时，F_β 就是 F1。

5.4.3 ROC 和 AUC

考虑一个分类模型，如逻辑回归模型，建模后进行分类需要设定一个阈值（如 0.5），大于这个值的实例被判断为阳性，小于这个值的实例则被判断为阴性。如果我们希望提高敏感度 TPR，识别出更多的阳性实例，一个简单的方法就是降低阈值。这个时候，我们会将更多的实例判断为阳性，包括一些实际是阴性的实例。因此 FPR 假阳性率也会同时提高。

ROC 曲线（Receiver Operating Characteristic Curve）是反映敏感度和假阳性率按阈值连续变化而变化的综合指标，通过画图显示，纵轴为敏感度，横轴为假阳性率。由于敏感度可类比为统计学中的功效，假阳性率可类比为统计学中的第一类错误率，因此 ROC 曲线也可以解释为功效作为第一类错误率的函数变化图。

对于每一个二元分类器都可以有 ROC 曲线，因此可以通过 ROC 曲线比较两个分类器。如果一个分类器的 ROC 曲线完全高于另一个分类器的 ROC 曲线，我们可以认为前者优于后者。如果某个分类器的 ROC 曲线仅在部分区域高于另一个分类器的 ROC 曲线，而在其他区域小于后者的 ROC 曲线，则不好直接通过 ROC 曲线比较两者。这时候需要根据实际情况具体分析。如果需要将假阳性率控制在一定范围（如不超过 10%），可以考虑仅比较该区域的敏感度，即比较部分 ROC 曲线。

AUC（Area Under Curve）的定义是 ROC 曲线下的面积，显然这个面积的数值不会大于 1。又由于 ROC 曲线一般都处于 $y=x$ 这条直线的上方，所以 AUC 的取值范围在 0.5~1。直观上看，AUC 越大，分类器效果越好。图 5.5(a) 为 ROC 和 AUC 的示意图。

AUC 与统计学中的一些统计检验量有紧密关联，如与 Wilcoxon 符号秩检验、Wilcoxon 秩和检验、基尼系数等有关。我们在这里给出 AUC 的一个概率解释。对于一个分类器，假设 X_1 和 X_0 是分别来自阳性类和阴性类的两个随机样本，通过分类器将得到 X_1 和 X_0 的得分，记为 S_1 和 S_0。例如，在逻辑回归中，S_1 和 S_0 是两个随机样本的后验概率（代入分类方程计算得到）。由于 X_1 和 X_0 均为随机变量，因此 S_1 和 S_0 也是随机变量。我们不妨假设 S_1 和 S_0 的密度函数为 f_1 和 f_0。给定一个阈值 T，分类器将得分大于 T 的样本判断为阳性。显然 $\text{TPR} = \int_T^\infty f_1(s)\text{d}s$, $\text{FPR} = \int_T^\infty f_0(s)\text{d}s$, 则有：

$$\text{AUC} = \int_{\infty}^{-\infty} \text{TPR}(T)\text{dFPR}(T) \tag{5.4.5}$$

$$= \int_{-\infty}^{\infty}\int_{-\infty}^{\infty} \boldsymbol{I}(T' > T)f_1(T')f_0(T)\text{d}T'\text{d}T \tag{5.4.6}$$

$$= \boldsymbol{P}(S_1 > S_0) \tag{5.4.7}$$

因此，一个分类器的 AUC 可以解释为如果使用该分类器计算得分，一个来自阳性随机样本的得分大于一个来自阴性随机样本的得分的概率。

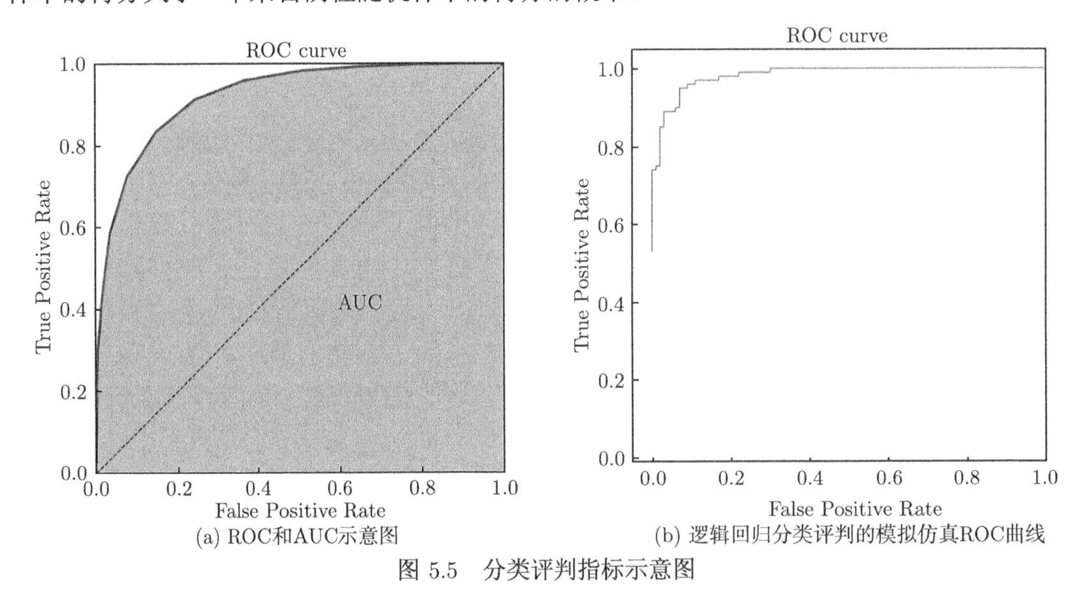

(a) ROC和AUC示意图

(b) 逻辑回归分类评判的模拟仿真ROC曲线

图 5.5　分类评判指标示意图

例 5.3　逻辑回归分类评判的模拟仿真

本例中我们使用生成数据来进行逻辑回归分类评判的模拟仿真，计算各项评判指标，画出 ROC 曲线（见图 5.5(b)），并与标准库函数进行对比。

```
# y, X2, beta_lg ()函数来自例5.2
S = len(y)
```

```
PO = np.sum(y)
NO = S - PO
prob = 1/(1+np.exp(-X2.dot(beta_lg)))
ld = 0.5
y2 = (prob>ld).astype(int)
PX = np.sum(y2)
NX = S - PX
TP = np.sum(y2*y)
FP = PX - TP
FN = PO - TP
TN = NO - FP  # = NX - FN
## 混淆矩阵
np.array([[TP,FP],[FN,TN]]).astype(int)
## F1得分
TPR = TP/(TP + FN)
PPV = TP/(TP + FP)
F1 = 2*TPR*PPV/(TPR + PPV)
## ROC
fpr_seq = []
tpr_seq = []
for ld in np.linspace(0.0,0.99,5000):
    y2 = (p>ld).astype(int)
    PX = np.sum(y2)
    NX = S - PX
    TP = np.sum(y2*y)
    FP = PX - TP
    FN = PO - TP
    TN =  NX - FN
    TPR = TP/(TP + FN)
    FPR = FP/(TN + FP)
    fpr_seq.append(FPR.copy())
    tpr_seq.append(TPR.copy())
fpr_seq2 = np.asarray(fpr_seq)[::-1]
tpr_seq2 = np.asarray(tpr_seq)[::-1]
plot(fpr_seq2,tpr_seq2)
## AUC 指标
fpr_seq3 = np.hstack((0,fpr_seq2))
diff = np.diff(fpr_seq3)
our_auc = np.sum(diff*tpr_seq2)
## 与标准库函数比较
from sklearn import metrics
y_score = clf.fit(X2,y).decision_function(X2)
```

```
fprx, tprx, _ = metrics.roc_curve(y, y_score)
plot(fprx,tprx)
roc_auc = metrics.auc(fprx, tprx)
```

5.4.4 数据不平衡的处理

数据不平衡指的是分类问题的观测数据中，某一类别的观测数少于其他类别。以二分类为例，一般阳性的比例小于阴性的比例；在信用卡违约分析中，违约的客户相对是少数的，而不违约的客户占大多数。处理数据不平衡主要有以下 4 种方法。

（1）改变决策阈值，并使用不同于全局错误率的度量。例如，精确度、F1 Score 得分等。

（2）欠采样。对占多数的阴性样本进行抽样，使得阳性和阴性两类的样本量相同，如简单的随机有放回抽样，或者修正数据的邻近法 ENN。欠采样和集成学习结合的一种简单方法是 EasyEnsemble。

（3）过采样，其代表性算法是 SMOTE。主要的过采样和欠采样方法可以在 Python 的第三方库 imbalanced-learn 中调用。

（4）代价敏感学习。对两种不同的错误分类给予不同的代价（如将阳性误判为阴性给予更高的代价），并进行最优化使得整体代价最小。

代价敏感学习可以是整体代价函数的优化，此时它类似于阈值调整（Elkan，2001）。或者说，一个非代价敏感的学习器如果能给出后验概率（如逻辑回归分类），可以通过调整阈值，使得它的决策边界等同于一个代价敏感的学习器。代价敏感学习的思路也可以嵌入到决策树和 AdaBoosting 算法中，得到一些改进的算法，如 CSTree、AdaCost、AsymBoost 等。

对于以上几种方法，一些研究表明，代价敏感学习、过采样和欠采样方法相比，没有哪一个有明显全面的优势。因此在实际使用中，需要结合需求和成本来加以判断。例如，欠采样的计算成本明显低于过采样。

下面我们以二分类问题的判别分析为例，评论以上方法。首先我们使用贝叶斯判别分析并假设每类方法服从正态分布，协方差矩阵相同。贝叶斯判别分析中我们需要估计 $\mu_1, \mu_2, \Sigma, \pi$。假设来自第一类的数据偏少，那么从统计学角度看，问题出在样本量少导致估计 μ_1 和 π 的方差大。这时候使用欠采样方法会进一步导致 μ_2 和 Σ 的方差更大（欠采样 + 集成则可以缓解 μ_2 和 Σ 的方差增大问题）。过采样首先违反了样本独立性假设，其次，也不能有效降低估计的方差。欠采样和过采样都是通过采样将两类先验分布设为相同，从而显著改变 π 的估计。采样的效果类似改变决策阈值，提升精确度等度量，但不会改变估计的统计性质。

如果数据中某类数量很少时，支持向量机的参数估计依赖少量支持向量，估计误差会很大。由于支持向量机的损失函数与逻辑回归差别不是很大，逻辑回归在数据中某类数量很少时也会出现类似问题，尤其是同时使用正则化约束的情形。对逻辑回归来说，在出现系统性抽样偏差的数据中，如果我们知道真实的阳性样本比例 π，则逻辑回归系数估计中的截距项可以修正为：

$$\hat{\beta}_0^* = \hat{\beta}_0 + \log\frac{\pi}{1-\pi} - \log\frac{\hat{\pi}}{1-\hat{\pi}} \tag{5.4.8}$$

逻辑回归系数估计中的其他项不需要修正。因此在实际使用处理数据不平衡方法的时候，一个相对准确的先验比例可以得到更可靠的结论。

本 章 习 题

1. 对 LDA 模拟仿真生成的数据使用 QDA 方法进行分析，画出决策边界，并与 LDA 的结果进行比较。

2. 对 LDA 模拟仿真生成的数据使用朴素贝叶斯方法进行分析，画出决策边界，并与 LDA 和 QDA 的结果进行比较。

3. 写出带 L2 惩罚的逻辑回归的 Python 程序。

4. 对玩具数据 $(X,Y):\{(-3,0),(-2,0),(-1,0),(1,1),(2,1),(3,1)\}$，使用带有 L2 惩罚项和不带有 L2 惩罚项的逻辑回归来估计参数，并观察结果。

5. 写出带 L1+L2 惩罚的逻辑回归的 Python 程序。

6. 对股票涨跌数据，分别使用 LDA、QDA 和朴素贝叶斯方法进行分析，并与逻辑回归的结果进行比较。

7. 在支持向量机中，证明 $(\boldsymbol{x}_i^{\mathrm{T}}\beta+\beta_0)/\parallel\beta\parallel$ 是样本点 $\boldsymbol{x}_i$ 到超平面 S 的带符号距离。

8. 使用支持向量机分别分析 LDA 模拟仿真生成的数据和股票涨跌数据。

9. 自主编程计算股票涨跌数据的各种评判度量，如 F1 Score、ROC 和 AUC 等。

第 6 章 局部建模

线性回归模型可推广到一般回归模型 $Y=f(\boldsymbol{X})+\varepsilon$，其中，误差项 ε 的均值为 0，方差为 σ_ε^2。f 是某个未知的复杂函数时，通常很难估计 f 的准确形式。本章研究在 $\boldsymbol{X}$ 维数不高时，使用近似的方法估计 f，包括样条方法、K 邻近方法、核技巧和局部回归方法。这些方法在理论分析中比较重要，可以用在很多模型和建模过程中，对读者理解后续复杂方法（如决策树等）也有帮助。

6.1 样条方法

$\boldsymbol{X}$ 是一维时，引入非线性估计的一种简单思路是多项式回归。假设 $f(x)$ 可以被 $\beta_0+\beta_1x+\beta_2x^2+\cdots+\beta_px^p$ 很好地近似，则可以将模型写为 $Y=\beta_0+\beta_1\boldsymbol{X}+\cdots+\beta_p\boldsymbol{X}^p+\varepsilon$，并采用线性回归的方法估计参数 $\beta_0,\beta_1,\cdots,\beta_p$。多项式回归等同于将原来的自变量 $(1,x)$ 扩充为 $(1,x,x^2,\cdots,x^p)$。

自变量的扩充也称基扩张（basis expansion）。扩张的方式是无限多的，如 x^r，r 可以是任意实数、$\log(x)$、分段示性函数等。对近似 $f(x)$ 这个目标来说，多项式形式的基扩张不一定是一种好的选择，因为高阶多项式在数据边界之外基本没有可延展性。

6.1.1 三阶样条

样条方法的出发点是将 x 的观测值的取值范围分为几个不相交的区间，并在每个区域内拟合一个多项式回归。假设我们将 x 的取值范围分为两个相邻区间 $x\leqslant\boldsymbol{\xi}$ 和 $x>\boldsymbol{\xi}$，并在两个区间内分别拟合两个三阶多项式，于是有：

$$y=\begin{cases}\beta_{10}+\beta_{11}x+\beta_{12}x^2+\beta_{13}x^3, & x\leqslant\boldsymbol{\xi}\\ \beta_{20}+\beta_{21}x+\beta_{22}x^2+\beta_{23}x^3, & x>\boldsymbol{\xi}\end{cases} \tag{6.1.1}$$

在分段多项式回归的基础上，为了保证函数是连续且光滑的，我们增加 3 个线性约束，使得两个三阶多项式估计在 $\boldsymbol{\xi}$ 处连续，且具有连续的一阶导数和连续的二阶导数。我们不再对更高阶的导数做要求，因为二阶导数连续的函数已经具有很强的光滑性，人类的视觉系统很难察觉到二阶导数之上的不连续性。

将这些线性约束代入 (6.1.1) 中，可以得到化简后的形式：

$$f(x) = \beta_0 + \beta_1 x + \beta_2 x^2 + \beta_3 x^3 + \theta_1 (x - \xi)_+^3 \tag{6.1.2}$$

上式称为具有一个节点（knot）的三阶样条（cubic spline）。一般的，具有 K 个节点 $(\xi_1, \cdots, \xi_K)$ 的三阶样条形式为：

$$f(x) = \beta_0 + \beta_1 x + \beta_2 x^2 + \beta_3 x^3 + \sum_{k=1}^{K} \theta_k (x - \xi_k)_+^3 \tag{6.1.3}$$

三阶样条方法等同于将原来的自变量 $(1, x)$（又称为基）扩充为 $(1, x, x^2, x^3, \theta_1(x-\xi_k)_+^3 \cdots, \theta_K(x - \xi_k)_+^3)$。

例 6.1　三阶样条模拟仿真

本例中我们使用模拟数据实现简单的三阶样条仿真并画图（见图 6.1(a)）。

```
n = 100
x = np.random.rand(n,1)
error = np.random.randn(n,1)*0.3
y = np.sin(2*np.pi*x) + error

xi1 = 1/3
xi2 = 2/3
k1 = (x - xi1)**3*(x - xi1>0)
k2 = (x - xi2)**3*(x - xi2>0)
c = np.ones((n,1))
X = np.hstack((c,x,x**2,x**3,k1,k2))

beta = la.inv(X.T.dot(X)).dot(X.T).dot(y)
yhat = X.dot(beta)
rk = x.ravel().argsort()
plt.plot(x,y,'bo')
plt.plot(x[rk],yhat[rk],'r-')
```

6.1.2 自然三阶样条

我们知道，多项式估计在样本的边界处往往会出现较大的误差，三阶样条虽然在节点处更加光滑，但是在边界处也往往误差较大。自然三阶样条（Natural Cubic spline）方法在三阶样条的基础上增加了边界约束，使得拟合得到的曲线在两个边界节点（boundary knot）之外是线性的。在 $x < \xi_1$ 时，$f(x) = \beta_0 + \beta_1 x + \beta_2 x^2 + \beta_3 x^3$，这意味着自然三阶样条的约

束为 $\beta_2=\beta_3=0$。在 $x\geqslant\xi_K$ 时，$f(x)=\beta_0+\beta_1 x+\beta_2 x^2+\beta_3 x^3+\sum_{k=1}^K\theta_k(x-\xi_k)^3$，将 $f(x)$ 的二阶项和三阶项系数设为 0，可以导出另外两个约束 $\sum_{k=1}^K\theta_k=0$，$\sum_{k=1}^K\theta_k\xi_k=0$。因此，自然三阶样条的拟合可以通过一个约束最小二乘问题求解。我们可以进一步修正三阶样条的基（自变量）的扩张形式，使得线性约束隐含在修正后的扩张基里。一种修正形式为 $[1,x,d_1(\boldsymbol{X})-d_{K-1}(\boldsymbol{X}),\cdots,d_{K-2}(\boldsymbol{X})-d_{K-1}(\boldsymbol{X})]$，这里共有 K 个自变量，其中：

$$d_k(\boldsymbol{X})=\frac{(\boldsymbol{X}-\xi_k)_+^3-(\boldsymbol{X}-\xi_K)_+^3}{\xi_K-\xi_k} \tag{6.1.4}$$

将修正后的基函数记为 $[B_1(\boldsymbol{X}),B_2(\boldsymbol{X}),\cdots,B_K(\boldsymbol{X})]$。因此，具有 K 个节点的自然三阶样条可以写成 K 个基函数的线性组合。容易看出，拟合曲线在两个边界节点之外是线性的。

样条节点的选取问题包括节点的个数和节点的位置选择。一般的做法是等间隔选取节点的位置，将节点的个数当成参数，使用模型选择方法来选取。模型选择方法将在本书第 7 章进行具体介绍。

下面我们介绍自然三阶样条的一种特例，即平滑样条。在所有具有连续二阶导数的函数中，考虑以下目标函数的优化问题：

$$\sum_{i=1}^N[y_i-f(x_i)]^2+\lambda\int[f''(t)]^2\mathrm{d}t \tag{6.1.5}$$

目标函数的第 1 项衡量了函数与样本点的距离，第 2 项表示对曲线曲率的惩罚项，λ 是惩罚参数。λ 越大，曲线的二阶导数越接近 0；λ 为无穷大时得到的是线性估计。可以证明，这个问题的最优解是有 N 个节点，位置对应每个样本点的自然三阶样条曲线，又称为平滑样条（smoothing spline）。因此我们可以把最优解写为 $f(x)=\sum_{j=1}^N\theta_j B_j(x)$。于是目标函数可以简化为：

$$(y-\boldsymbol{B}\theta)^{\mathrm{T}}(y-\boldsymbol{B}\theta)+\lambda\theta^{\mathrm{T}}\boldsymbol{\Gamma}_B\theta \tag{6.1.6}$$

其中，$B_{ij}=B_j(x_i)$，$\boldsymbol{\Gamma}_{Bij}=\int B_i''(t)B_j''(t)\mathrm{d}t$。参数 θ 可以通过广义岭回归求解如下：

$$\hat{\theta}=(\boldsymbol{B}^{\mathrm{T}}\boldsymbol{B}+\lambda\boldsymbol{\Gamma}_{\boldsymbol{B}})^{-1}\boldsymbol{B}^{\mathrm{T}}y \tag{6.1.7}$$

6.2 核技巧

在介绍支持向量机时我们提到过，求解时可以方便地引入核函数，将样本点映射到高维空间进行分类。核技巧指的是我们仅需要知道核函数的形式，而不需要显式地给出扩张基的具体函数。考虑一个二元正定核函数 $K(x,y)$，以及由该二元函数定义的函数空间 H_K（又称为再生核希尔伯特空间)。二元正定函数的一个例子是 Radial Basis Functions(RBF 高斯函数),$K(x,y)=\exp[-\kappa(x-y)^2]$。一般 $K(x,y)$ 的特征分解如下:

$$K(x,y)=\sum_{i=1}^{\infty}\gamma_i\phi_i(x)\phi_i(y) \tag{6.2.1}$$

其中,$\phi_i(x)$ 是特征函数,$\gamma_i>0, \sum_{i=1}^{\infty}\gamma_i<\infty$。空间 H_K 里的函数可以写为:

$$f(x)=\sum_{i=1}^{\infty}\beta_i\phi_i(x)$$

希尔伯特空间 H_K 中,当 $i\neq j$ 时,$\langle\phi_i(x),\phi_j(x)\rangle=0$,$||\phi_i||_{H_K}^2=\langle\phi_i(x),\phi_i(x)\rangle=1/\gamma_i$。$f(x)$ 的模定义为 $||f||_{H_K}^2=\sum_{i=1}^{\infty}\beta_i^2/\gamma_i$。

二元正定核函数的特征分解和随机过程的 Karhunen-Loève 定理及函数型主成分分析有关,我们可以把 (6.2.1) 和协方差矩阵的特征分解对比,并把 γ_i 和特征值,$\phi_i(x)$ 和特征向量分别对应起来理解。

再生核希尔伯特空间的理论表明,优化问题:

$$\begin{aligned}&\min_{f\in H}\sum_{i=1}^{N}L[y_i-f(x_i)]+\lambda||f||_{H_K}^2\\&=\min\sum_{i=1}^{N}L\left[y_i-\sum_{j=1}^{\infty}\beta_j\phi_j(x_i)\right]+\lambda\sum_{j=1}^{\infty}\beta_j^2/\gamma_j\end{aligned} \tag{6.2.2}$$

的最优解具有如下形式:

$$f(x)=\sum_{i=1}^{N}\alpha_iK(x,x_i) \tag{6.2.3}$$

一般使用基扩张的思路是给出 $\phi_i(x)$ 的形式,然后估计参数 β_i。使用核技巧后,我们不需要显式地给出 $\phi_i(x)$,只需要指定核函数 $K(x,y)$,估计 α_i,即可得到 $f(x)$ 的估计。以支持向量机为例,引入基扩张后目标函数有如下形式:

$$\sum_{i=1}^{N}\{1-y_i[\beta_0+\sum_{j=1}^{\infty}\beta_jh_j(x_i)]\}_++\frac{\lambda}{2}\sum_{j=1}^{\infty}\beta_j^2 \tag{6.2.4}$$

令 $\beta_j=\beta_j^*/\sqrt{\gamma_j}$，$h_j(x_i)=\phi_j(x_i)\sqrt{\gamma_j}$，则支持向量机的求解目标函数和式 (6.2.2) 的形式相同，可以使用核技巧，即 $f(x)=\sum_{i=1}^N\alpha_iK(x,x_i)$。此时有：

$$\begin{aligned}||f||_{H_K}^2&=\langle\sum_{i=1}^N\alpha_iK(x,x_i),\sum_{i=j}^N\alpha_jK(x,x_j)\rangle\\&=\sum_{i=1}^N\sum_{j=1}^N\alpha_i\alpha_j\langle K(x,x_i),K(x,x_j)\rangle\\&=\sum_{i=1}^N\sum_{j=1}^N\alpha_i\alpha_jK(x_i,x_j)\end{aligned}\tag{6.2.5}$$

在上述最后一个等式中，当 $i\neq j$ 时，$\langle\phi_i(x),\phi_j(x)\rangle=0$，$\langle\phi_i(x),\phi_i(x)\rangle=1/\gamma_i$。根据式 (6.2.1)，则有：

$$\begin{aligned}&\langle K(x,x_i),K(x,x_j)\rangle=\left\langle\sum_{i=1}^\infty\gamma_i\phi_i(x)\phi_i(x_i),\sum_{i=1}^\infty\gamma_i\phi_i(x)\phi_i(x_j)\right\rangle\\&=\sum_{i=1}^\infty\gamma_i^2\phi_i(x_i)\phi_i(x_j)\langle\phi_i(x),\phi_i(x)\rangle\\&=\sum_{i=1}^\infty\gamma_i\phi_i(x_i)\phi_i(x_j)=K(x_i,x_j)\end{aligned}\tag{6.2.6}$$

由于支持向量机的损失函数没有显示表达解，我们进一步使用 L2 平方损失 $L(y,f)=(y-f)^2$ 来说明核技巧的使用。则有：

$$\begin{aligned}&\sum_{i=1}^N L\{y_i,\sum_{j=1}^N\alpha_jK(x_i,x_j)\}+\lambda\sum_{i=1}^N\sum_{j=1}^N\alpha_i\alpha_jK(x_i,x_j)\\&=||\boldsymbol{y}-\boldsymbol{K\alpha}||^2+\lambda\boldsymbol{\alpha}^{\mathrm{T}}\boldsymbol{K\alpha}\end{aligned}\tag{6.2.7}$$

其中，$\boldsymbol{\alpha}=(\alpha_1,\cdots,\alpha_N)$, $\boldsymbol{K}$ 是 $N\times N$ 矩阵，$\boldsymbol{K}_{ij}=\boldsymbol{K}(x_i,x_j)$。求解可以得到：

$$\hat{\boldsymbol{\alpha}}=(\boldsymbol{K}+\lambda\boldsymbol{I})^{-1}y\tag{6.2.8}$$

例 6.2　核技巧模拟仿真

本例中我们使用模拟数据实现简单的核技巧仿真并作图（见图 6.1(a)）。

```
#使用例 6.1 三阶样条模拟仿真数据
tau = 1
K = np.exp(-tau *(x - x.T)**2)
```

```
ld = 0.01
alpha = la.inv(K + ld* np.eye(n)).dot(y)
yhat2 = K.dot(alpha)
plt.plot(x,y,'bo')
plt.plot(x[rk],yhat2[rk],'k-')
plt.plot(x[rk],yhat[rk],'r-')
```

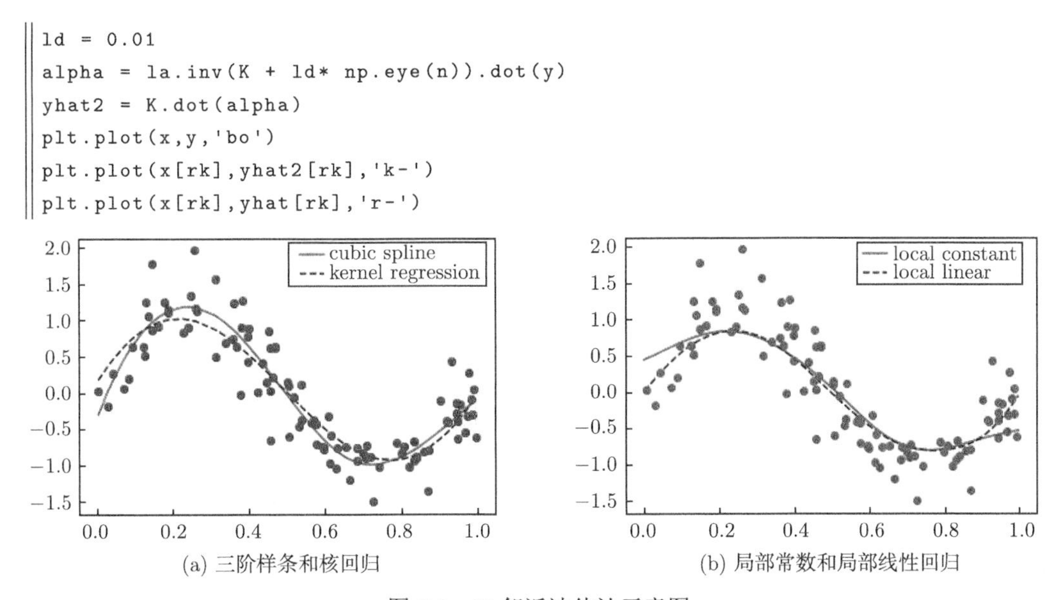

(a) 三阶样条和核回归　　(b) 局部常数和局部线性回归

图 6.1　K 邻近法估计示意图

6.3 局部回归

我们考虑自变量是一维的情形，简单线性回归模型具有以下形式：

$$y=\beta_0+\beta_1 x+\epsilon \tag{6.3.1}$$

在局部回归的方法中，我们放宽了模型对样本的线性假设，使用如下通用的回归模型：

$$y=f(x)+\epsilon \tag{6.3.2}$$

非参数回归估计对 f 的形式没有做任何参数假设，而是使用局部数据对 f 进行局部建模。

6.3.1 K 邻近估计

K 邻近估计（K-Nearest-Neighbor，KNN）使用离估计点最近的 K 个样本的响应变量的平均值作为该点的估计。K 邻近法既可以用于回归也可以用于分类。在回归模型的情形中，有：

$$\hat{f}(x)=\frac{1}{K}\sum_{x_i\in N_K(x)} y_i \tag{6.3.3}$$

其中，$N_K(x)$ 表示距离 x 最近的 K 个点的集合。由以上定义可以看出，KNN 方法得到的条件期望函数是不连续的，在 x 连续变化的过程中，会有新的观测点进入 $N_K(x)$，而距离最远的一个点将离开 $N_K(x)$，由此产生跳跃。

例 6.3 K 邻近法的一维非参数回归

本例中我们编写一个一维的 K 邻近方法的函数，使用模拟数据实现基于 K 邻近法的一维非参数回归的仿真并作图（见图 6.2(a)）。

```
# 使用例6.1 模拟数据的x和y
def knn1(y,x,k,u):
    fu = []
    for u0 in u:
        dist = np.abs(x-u0).ravel()
        id = dist.argsort()[:k]
        fu.append(np.mean(y[id]))
    return fu
## 模拟仿真
u = np.linspace(0,1,100)
fu = knn1(y,x,15,u)
plt.plot(x,y,'bo')
plt.plot(u,np.array(fu),'r-')
plt.title(u'KNN')
```

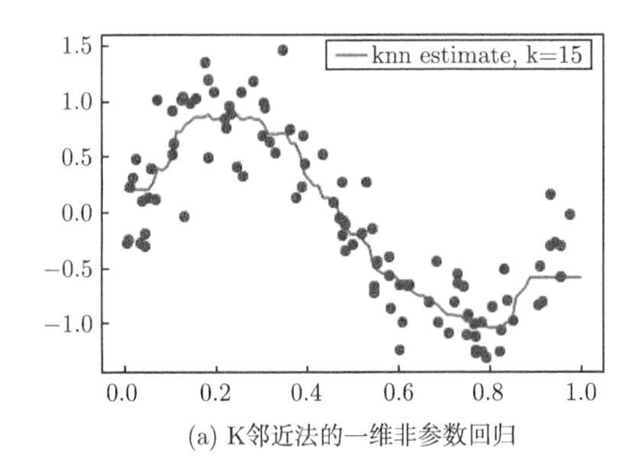

(a) K邻近法的一维非参数回归

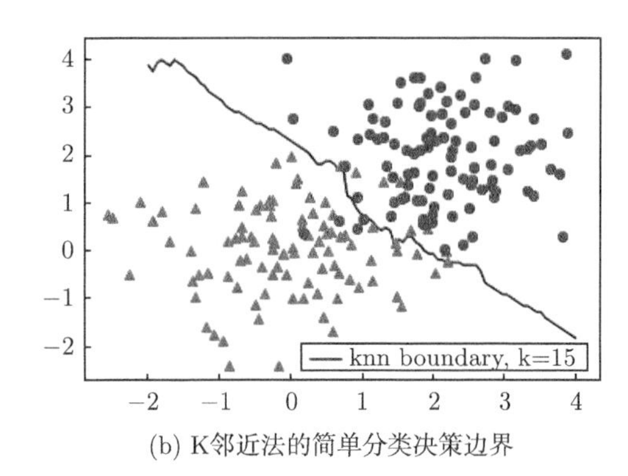

(b) K邻近法的简单分类决策边界

图 6.2 局部估计示意图

例 6.4 K 邻近法的决策边界

本例中我们编写一个多维的 K 邻近方法的函数，使用该函数实现简单分类问题的决策边界并作图（见图 6.2(b)）。

```
def knn2(y,x,k,u):
    # x and u are two dimensional
    dist = np.sum((x-u)**2,axis = 1).ravel()
    id = dist.argsort()[:k]
    return np.mean(y[id])
```

```
# x、y来自例5.1 LDA 模拟仿真数据
u1 = np.linspace(-2,4,100)
u2 = np.linspace(-2,4,100)
rec = []
for u11 in u1:
    val = 1000
    temp = []
    for u22 in u2:
        u = np.array([u11,u22])
        est = knn2(y,X,15,u)
        d0 = np.abs(est-0.5)
        if d0 < val:
            temp.append(u)
            val = d0
    rec.append(temp[-1])
rec2 = np.array(rec)
plt.figure()
plt.plot(x1[:,0],x1[:,1],'ro')
plt.plot(x2[:,0],x2[:,1],'bo')
plt.plot(rec2[:,0],rec2[:,1],'k-')
```

6.3.2 局部常数估计

考虑对 $f(\boldsymbol{X})$ 在 x 附近使用一个局部常数 β 近似，同时使用加权最小二乘法，求解如下目标函数：

$$\sum_{i=1}^{N}(y_i-\beta)^2 K_h(x_i-x) \tag{6.3.4}$$

其中，$K_h(\cdot)=h^{-1}K(\cdot/h)$，一般是一个对称密度函数，被称为核函数。它控制了不同位置的样本点的权重，样本点离 x 越近则权重越大，反之越小。h 被称为窗宽，影响样本点到 x 的距离与权重的关系。对同样的距离（正数），h 越大，权重越大，反之则越小。局部常数估计的解为 NW(Nadaraya-Watson) 估计，有：

$$\hat{f}(x)=\frac{\sum_{i=1}^{N}K_h(x_i-x)y_i}{\sum_{i=1}^{N}K_h(x_i-x)} \tag{6.3.5}$$

常用的核函数包括高斯核：

$$K(x)=\frac{1}{\sqrt{2\pi}}\exp(-x^2/2) \tag{6.3.6}$$

以及对称的 beta 族核函数：

$$K(x)=\frac{1}{\mathrm{Beta}(1/2,\gamma+1)}(1-x^2)_+^{\gamma},\quad \gamma=0,1,2 \tag{6.3.7}$$

其中，$\mathrm{Beta}(\cdot,\cdot)$ 表示 beta 函数，$(\cdot)_+$ 表示取 $\cdot$ 的正部。γ 为 beta 族核函数的参数。当 $\gamma=0$ 时，beta 族核函数变为均匀核；当 $\gamma=1$ 时，beta 族核函数变为 Epanechnikov 核，$K(x)=0.75(1-x^2)$。Epanechnikov 核是理论研究常用的核函数。

选择什么形式的核函数在非参数估计中并不是最关键的问题，但选择合适的窗宽 h 非常重要。我们将在本书第 7 章讨论窗宽 h 的选择方法。

6.3.3 局部多项式估计

NW 估计是局部多项式回归的一个特例，局部多项式回归对 x 邻域内的函数 f 使用泰勒展开，则有：

$$f(\boldsymbol{t})\approx\beta_0+\beta_1(\boldsymbol{t}-x)+\cdots+\beta_p(\boldsymbol{t}-x)^p \tag{6.3.8}$$

其中，β 最小化如下的目标函数：

$$\sum_{i=1}^{N}\left[y_i-\beta_0-\beta_1(\boldsymbol{x}_i-x)-\cdots-\beta_p(\boldsymbol{x}_i-x)^p\right]^2K_h(\boldsymbol{x}_i-x) \tag{6.3.9}$$

显示表达解为：

$$\begin{aligned}\hat{\beta}(x)&=(\boldsymbol{X}^{\mathrm{T}}W\boldsymbol{X})^{-1}\boldsymbol{X}^{\mathrm{T}}Wy\\ \hat{f}(x)&=\boldsymbol{e}_1^{\mathrm{T}}(\boldsymbol{X}^{\mathrm{T}}W\boldsymbol{X})^{-1}\boldsymbol{X}^{\mathrm{T}}Wy\end{aligned} \tag{6.3.10}$$

其中，$W=\mathrm{diag}[K_h(\boldsymbol{x}_1-x),\cdots,K_h(x_N-x)]$，$\boldsymbol{e}_1=(1,0,0,\cdots,0)$，则有：

$$\boldsymbol{X}=\begin{pmatrix}\boldsymbol{x}_1^{\mathrm{T}}\\ \vdots\\ \boldsymbol{x}_n^{\mathrm{T}}\end{pmatrix}=\begin{pmatrix}1, & x-\boldsymbol{x}_1, & \cdots, & (x-\boldsymbol{x}_1)^p\\ \vdots & \vdots & \ldots, & \vdots\\ 1, & x-\boldsymbol{x}_n, & \cdots, & (x-\boldsymbol{x}_n)^p\end{pmatrix} \tag{6.3.11}$$

根据估计结果，也能得到 $f(x)$ 在 x 处的各阶导数的估计。$f(x)$ 在 x 处的 q $(q\leqslant p)$ 阶导数的估计为：

$$\hat{f}^{(q)}(x)=q!\boldsymbol{e}_{q+1}^{\mathrm{T}}(\boldsymbol{X}^{\mathrm{T}}W\boldsymbol{X})^{-1}\boldsymbol{X}^{\mathrm{T}}Wy \tag{6.3.12}$$

当 $p=0$ 时，局部多项式估计退化成 NW 核估计；当 $p=1$ 时，该回归被称为局部线性回归。局部线性回归解决了局部常数回归在数据边界处估计有偏的问题。使用 Epanechnikov 核的局部线性回归具有优良性质，在非参数研究中比较常用。依据理论分析的一些结果，我们一般设 p 为奇数，如尽管展开到二阶就可以获得 $f(x)$ 的二阶导数估计，一般在研究中我们还是展开到三阶来获得。但是在实际应用中，如果数据量不大，对 p 也可以选择偶数。

例 6.5　局部常数回归和局部线性回归

本例中我们编写局部常数回归和局部线性回归的函数，并进行模拟仿真和作图（见图 6.2(b)）。

```
def nw_est(x,y,h,u):  #局部常数回归函数
    fu = []
    for u0 in u:
        kh_x = np.exp(-0.5*((x-u0)/h)**2)/h
        y0 = np.sum(kh_x*y)/np.sum(kh_x)
        fu.append(y0)
    fu = np.asarray(fu)
    return fu

def local_linear(x,y,h,u): #局部线性回归函数
    n = len(y)
    fu = []
    c = np.ones((n,1))
    for u0 in u:
        X = np.hstack((c,x-u0))
        t = (x - u0)/h
        w = np.exp(-0.5*t**2)/h
        W = np.diag(w.ravel())
        beta = la.inv(X.T.dot(W).dot(X)).dot(X.T).dot(W).dot(y)
        fu.append(beta[0])
    fu = np.asarray(fu)
    return fu
# x、y来自例6.1 的模拟数据
h = 0.1
u = np.linspace(0,1,100)
fu1 = nw_est(x,y,h,u)
fu2 = local_linear(x,y,h,u)
## 作图
plt.plot(x,y,'o')
plt.plot(u,fu1,'r-')
plt.plot(u,fu2,'b-')
plt.legend(['data','local constant','local linear'])
```

6.3.4 案例分析：期权隐含分布估计

[目标和背景]

本例中，我们使用局部多项式方法估计期权定价问题中的隐含分布。期权指赋予其购买者在规定期限内按双方约定的价格购买或出售一定数量的某种金融资产权利的合约。例如，某标资产的执行价为 K、到期时间为 T 的欧式看涨期权赋予了持有者在 T 时刻以价格 K 买入该标的权利。如果 T 时刻标的资产价格 $S_T > K$，则持有者可以行权，获得 $S_T - K$ 的收益；如果 $S_T \leqslant K$，则持有者没有损失。

持有看涨期权的到期收益函数为 $\max(0, S_T - K) = (S_T - K)_+$。假设我们能够知道到期资产价格 S_T 的分布 $f(s)$，则当前时刻 t 执行价为 K 的看涨期权的价格或定价为：

$$C_t(K) = e^{-r(T-t)} \int_K^{\infty} (s - K) f(s) \mathrm{d}s \tag{6.3.13}$$

这里我们通过数学期望来给期权进行定价（加上时间上的折扣），其原理是公允价值等于数学期望。

看一个更简单的例子，在一个抛骰子的游戏中，抛出几个点就能拿几元钱。如果 6 种可能性都是 1/6，则玩这个游戏的入场费（定价）就是 3.5 元。

[解决方案和程序]

在期权定价的问题中，我们实际上没有 $f(s)$，但是能观测到不同的执行价下的期权当前价格 $C_t(K)$。由期权价格去反过来推断 $f(s)$，得到的就是 S_T 隐含分布的估计，反映了当前交易者对未来标的市场价格的一种预期。通过简单的微积分推导，可以得到：

$$f(S_T) = e^{r(T-t)} \frac{\partial^2 C(K)}{\partial K^2} \bigg| K = S_T \tag{6.3.14}$$

即把期权价格作为执行价的函数，并对该函数求二阶导数得到 S_T 的隐含分布。在这里我们使用局部多项式的方法求得期权的隐含分布的估计。

```
import numpy.linalg as la
import numpy as np
call_price = np.array([9.15,8.15,7.15,6.15,5.1,4.15,\
                       3.2,2.26,1.46,0.84,0.44,0.21,0.1,0.06])
call_K =np.linspace(23,36,14).reshape(14,1)
plt.plot(call_K,call_price)

def local2x(x,y,h,u):
    n = len(y)
    fu = []
    c = np.ones((n,1))
    for u0 in u:
        X = np.hstack((c,x-u0,(x-u0)**2))
        t = (x - u0)/h
        w = np.exp(-0.5*t**2)/h
        W = np.diag(w.ravel())
        beta = la.inv(X.T.dot(W).dot(X)).dot(X.T).dot(W).dot(y)
        fu.append(beta)
    return fu

h = 1
```

```
u = np.linspace(23,36,50)
y = np.asarray(call_price).reshape(14,1)
x = np.asarray(call_K).reshape(14,1)
fu = local2x(x,y,h,u)
fu = np.squeeze(np.asarray(fu))
plt.plot(u,2*fu[:,2],'r-')
```

我们以美国 NYSE 交易所安捷伦科技公司（代码 A）2010 年 9 月 27 日下午 4 点整的看涨期权数据为例。股票当前价格为 32 美元，期权到期时间为 2010 年 10 月 16 日，共有 14 个不同执行价（从 23 到 36）的看涨期权，见图 6.3(a)。我们使用局部二次回归估计获取期权价格对执行价的二阶导数，作为隐含分布的估计，如图 6.3(b) 所示。可以看到，市场参与者对未来 20 天 A 公司股价的预期最有可能还是在 32 美元附近。在 27 美元附近隐含分布有一个小的局部极值，它的一种解释是反映一些市场参与者对未来股价存在下跌到 27 美元的担忧，也有一些研究认为这类局部极值是过拟合导致的。这里建议通过一些其他的指标看一下 27 美元是否是股价的一个支撑点，结合隐含分布的信息做出市场的判断。

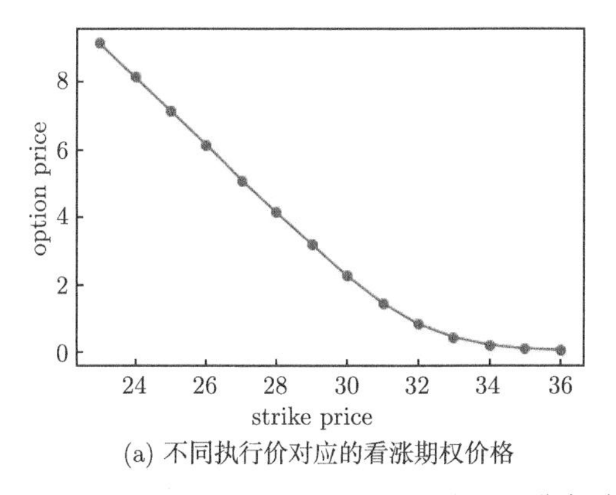

(a) 不同执行价对应的看涨期权价格

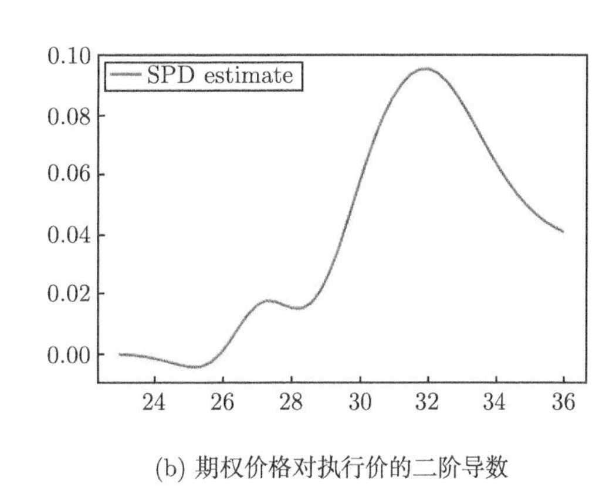

(b) 期权价格对执行价的二阶导数

图 6.3 期权隐含分布的数据分析

从理论上看，使用局部多项式回归估计获取导数一般使用奇数阶展开，这时极限分布相比使用偶数阶展开会有更好的表达式。即获取二阶导数时，一般考虑使用局部三次回归。在这个例子里面由于数据量很少，使用局部三次回归效果并不好。此外，由于直接使用该估计不能保证函数积分为 1，也不能保证估计非负。本书第 9 章将进一步使用拒绝抽样法，结合第 4 章介绍的核密度估计法得到最终期权的隐含分布估计。

6.3.5 局部似然估计

局部多项式方法可以推广到基于似然函数的模型中。假设有来自 (X,Y) 的独立样本 $\{(x_1,y_1),\cdots,(x_N,y_N)\}$，其中 (x_i,y_i) 的对数似然函数是 $l[f(x_i),y_i]$，$f(x)$ 是感兴趣的未知函数。对 x 邻域内的函数 f 使用同式 (6.3.8) 形式的泰勒展开，然后求解局部似然函数，则有：

$$\ell(\boldsymbol{\beta})=\sum_{i=1}^{N} l(\boldsymbol{x}_i^{\mathrm{T}}\boldsymbol{\beta}, y_i)K_h(\boldsymbol{x}_i-x) \tag{6.3.15}$$

其中，$\boldsymbol{x}_i$ 具体形式与 (6.3.11) 的第 i 行相同。设 $\hat{\boldsymbol{\beta}}$ 为得到的解，则有 $\hat{f}(x)=\boldsymbol{e}_1^{\mathrm{T}}\hat{\boldsymbol{\beta}}$。

以非参数逻辑回归的局部似然估计为例。给定 $X=x$, Y 的条件分布是一个成功率为 $p(x)$ 的两点分布，$\boldsymbol{P}(Y=1|X=x)=p(x), \boldsymbol{P}(Y=0|X=x)=1-p(x)$。假设 $p(x)=\exp[f(x)]/\{1+\exp[f(x)]\}$，即：

$$\log\frac{p(x)}{1-p(x)}=f(x) \tag{6.3.16}$$

$$p(x)=\frac{\exp\left[f(x)\right]}{1+\exp\left[f(x)\right]} \tag{6.3.17}$$

在线性逻辑回归中，$f(x)$ 是一个线性函数。对任意观测数据 (x,y)，它的对数似然函数为：

$$l[y,f(x)]=\log\{p(x)^y[1-p(x)]^{1-y}\}=yf(x)-\log(1+e^{f(x)}) \tag{6.3.18}$$

对 x 邻域内的函数 f 使用同 (6.3.8) 形式的泰勒展开，然后极大化，则有：

$$\begin{aligned}\ell(\boldsymbol{\beta})=\sum_{i=1}^{n}&\{y_i[\beta_0+\cdots+\beta_p(\boldsymbol{x}_i-x)^p]\\&-\log\{1+\exp[\beta_0+\cdots+\beta_p(x_i-x)^p]\}\}K_h(x_i-x)\end{aligned} \tag{6.3.19}$$

求解过程可以使用牛顿迭代算法，需要对给定的一系列格子点使用牛顿迭代。考虑到 $f(x)$ 有连续性假设，我们在设计算法时可以做一些改进，如把某个格子点上 β 的初始值设为它的邻近点的估计值。

本章习题

1. 推导三阶样条的化简形式 (6.1.2)。
2. 编写自然三阶样条的模拟仿真程序。
3. 编写平滑样条的模拟仿真程序。
4. 写出基于样条的非线性逻辑回归模型的估计方法，并进行简单的模拟仿真。
5. 在例 6.2 中，对核技巧模拟仿真中的两个参数进行连续变化，观察最终拟合结果的变化。

6. 参考局部常数回归，写出 K 邻近估计法的目标函数。

7. 自主下载 50ETF 期权合约一段时间内的日收盘数据，画出每日的隐含分布，并结合市场走向观察隐含分布的变化。

8. 写出非参数逻辑回归的局部似然估计的牛顿算法并进行模拟仿真。

第 7 章 模型选择和模型评估

在第 4 章我们介绍过的变量选择方法属于模型选择的一种。广义的模型选择除了在给定的模型形式中选子集，还包括在不同的模型形式之间的选择，如线性模型和非线性模型之间的选择；也包括在不同的机器学习方法之间的选择，如 Kernel SVM 和随机森林之间的选择。

除了模型选择之外，我们还需要评估一个模型的性能或效果，即模型评估。模型选择指的是从多个候选模型中挑出表现最好的模型，而模型评估指的是估计一个模型的泛化误差。本章首先介绍泛化误差的概念和模型评估的方法，然后再介绍模型选择的方法（如信息准则等）。泛化误差可以用来进行模型评估，也可以用来进行模型选择。信息准则方法一般用来进行模型选择，不能用来进行模型评估。另外，本章还将介绍估计的自由度的概念。

7.1 模型评估

7.1.1 泛化误差

泛化误差（generalization error），又称为检验误差（test error），是评估一个模型好坏的通用度量。以线性回归模型和平方损失度量为例，给定一个训练集 S，我们可以得到一个模型估计 $\hat{f}(X)=X\hat{\beta}$。假设有一个不来自训练集的独立样本 (X,Y)，则泛化误差是模型 $\hat{f}$ 在独立样本的期望误差，则有：

$$\mathrm{Err}_S=E\{L[Y,\hat{f}(X)]|S\}=E[(Y-X\hat{\beta})^2|S] \tag{7.1.1}$$

由于训练集 S 也是随机的，我们可以使用一个相关度量来消除训练集的随机性，即期望泛化误差 (expected generalization error)，则有：

$$\mathrm{Err}=E\{L[Y,\hat{f}(X)]\}=E[\mathrm{Err}_S] \tag{7.1.2}$$

假定我们将数据 D 分为无交集的两部分，一部分作为训练集（training set）S，另一部分作为检验集（test set，又称为测试集）T。首先利用训练集拟合模型，得到基于训练集 S 的模

型估计 $\hat{f}$。在训练集内拟合模型可以得到训练误差如下：

$$\overline{\text{Err}} = \frac{1}{N_s}\sum_{i\in S} L[y_i, \hat{f}(x_i)] \tag{7.1.3}$$

我们知道，训练误差一般是不能准确估计泛化误差的，在模型复杂度不断增加时，训练误差会趋于零，但泛化误差不会变小，反而会变大。很多时候，二者大致有如下关系：

$$\text{泛化误差} \leqslant \text{训练误差} + O_p\left\{G(N_s, \text{Complexity})\right\} \tag{7.1.4}$$

其中，N_s 是训练样本量，Complexity 是模型复杂度的某种度量，G 是 N_s 和 Complexity 两者的函数（$G > 0$）。G 通常随着样本量的增大而减少，随着复杂度的增大而增大。寻找泛化误差的上界是统计学习理论研究的核心问题之一，也是机器学习算法的理论基础。上式粗略地解释了为什么最小化训练误差可以降低泛化误差，以及一些方法适用的原因。例如，具有很高的复杂度的模型需要大量的训练数据，训练数据不足将会导致很大的泛化误差。

泛化误差可以使用检验集的平均损失来估计，则有：

$$\widehat{\text{Err}} = \frac{1}{N_t}\sum_{i\in T} L[y_i, \hat{f}(x_i)] \tag{7.1.5}$$

其中，N_t 是检验集 T 的样本量，$\hat{f}$ 是基于训练集 S 的模型估计。这种方法也被称为留出法 (Hold out method)，是一种常用方法。留出法需要确定训练集和测试集的大小。一般训练集需要保留 50% 以上的数据。此外，选择训练集可以使用随机抽样或分层随机抽样等方法，尽量消除训练集偏差的影响。

需要指出的是，将数据分为训练集和检验集来做模型评估，在模型形式固定且不需要进行模型选择或调参数时适用。如果在模型评估之前还需要进行模型选择或调参，那么把数据分为训练集和检验集两部分是不够的。如果需要调参，我们会挑选出在检验集表现最好的参数模型，这很大可能会导致过拟合。一般的做法是将数据分为训练集、验证集（validation set）和检验集，在验证集上进行模型选择或调参，最后在检验集上评估模型。3 个集合的数据比例可以设为 0.5/0.25/0.25，或者 0.6/0.2/0.2，或者根据数据和实际需要进行设置。

如果我们在训练集中已经使用了交叉验证法挑选参数，那么类似于训练集中又包含了验证集，这时使用训练集和检验集划分是可行的。为了进一步消除训练集偏差的影响，有时我们会对随机选择训练集用留出法进行多次重复实验，并将每次实验得到的泛化误差结果进行平均。这个平均泛化误差可以视为期望泛化误差的估计。

7.1.2　交叉验证

交叉验证 (Cross Validation，CV) 也是能得到期望泛化误差的估计的方法之一。K 折交叉验证 (K-fold cross validation) 先将数据集 D 划分为 K 个大小相似的互斥子集，即 $D =$

$D_1 \cup D_2 \cup \cdots \cup D_K$，$D_i \cap D_j = \varnothing (i \neq j)$。每次用 $(K-1)$ 个子集的并集作为训练集，余下的那个子集作为验证集，这样就可以获得 K 组训练集/验证集，从而可以进行 K 次训练和验证，最终返回的是这 K 个验证结果的均值。交叉验证法评估结果的稳定性和准确性在很大程度上取决于 K 的取值。如果 K 的取值较大，则训练样本高度相关，导致交叉验证对期望泛化误差的估计产生的方差较大；如果 K 的取值较小，则训练样本的样本量可能不足，导致期望泛化误差的估计存在偏差。图 7.1 是 $K=3$ 的交叉验证数据划分示意图。K 的常用取值是 5 或者 10。$K=N$ 的情形就是留一交叉验证 (Leave-One-Out Cross-Validation，LOOCV)。

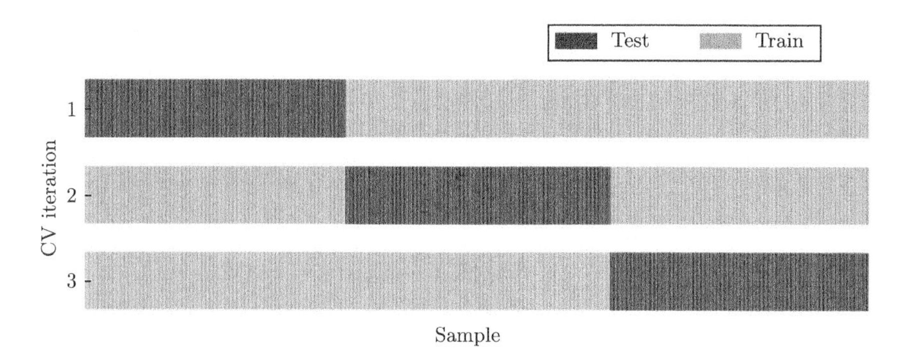

图 7.1　$K=3$ 的交叉验证数据划分示意图

在平方损失下，一般线性平滑拟合估计可以写为：

$$\hat{y} = \boldsymbol{S}y \tag{7.1.6}$$

留一交叉验证的估计可以写为：

$$\text{LOOCV} = \frac{1}{N}\sum_{i=1}^{N}[y_i - \hat{f}^{-i}(x_i)]^2 = \frac{1}{N}\sum_{i=1}^{N}\left[\frac{y_i - \hat{f}(x_i)}{1 - S_{ii}}\right]^2 \tag{7.1.7}$$

其中，S_{ii} 是 $\boldsymbol{S}$ 的第 i 个对角元素，$\hat{f}^{-i}$ 表示删除第 i 个观测值后的拟合模型，$\hat{f}$ 表示使用所有训练样本的拟合模型。广义交叉验证（Generalized Cross-Validation, GCV）提供了一种与留一交叉验证近似的方法。GCV 用 $\text{trace}(\boldsymbol{S})/N$ 替代 S_{ii}，得到：

$$\text{GCV}(\hat{f}) = \frac{1}{N}\sum_{i=1}^{N}\left[\frac{y_i - \hat{f}(x_i)}{1 - \text{trace}(\boldsymbol{S})/N}\right]^2 \tag{7.1.8}$$

例 7.1　局部回归交叉验证模拟仿真

本例中我们使用模拟仿真数据，利用交叉验证方法来对局部常数回归选择窗宽。

```
#n = 100
#x = np.random.rand(n,1)
#error = np.random.randn(n,1)*0.3
#y = np.sin(2*np.pi*x) + error
#x、y来自例6.1 的模拟数据
from sklearn.model_selection import KFold
z = np.hstack((x,y))
kf = KFold(n_splits=10)
## 交叉验证
cv_seq = []
h_seq = np.linspace(0.01,0.1,20)
for h in h_seq:
    cv = 0
    for train, test in kf.split(z):
        train_x = x[train]
        train_y = y[train]
        test_x = x[test]
        test_y = y[test]
        yhat = nw_est(train_x,train_y,h,test_x)
        cv = cv + np.mean((test_y.ravel() - yhat)**2)
    cv_seq.append(cv/10)

plt.plot(h_seq,cv_seq,'-')
h_opt = h_seq[np.argmin(cv_seq)]
```

7.1.3 Bootstrap

Bootstrap（自助法）是一种重要的统计推断方法，可以用来估计期望泛化误差。Bootstrap 通过有放回的抽样，产生多个与原始样本量相同的 bootstrap 样本。每次 Bootstrap 抽样都会产生一个 bootstrap 样本以及一个袋外样本（out-of-bag sample，未被抽中的样本）。一种直观的做法是在 bootstrap 样本中进行模型拟合，在袋外样本中进行模型评估，并将多个结果平均作为期望泛化误差的估计。假设有 N 个样本，则每个样本不被抽中的概率为 $(1-1/N)^N$，这个数列在 N 趋于无穷大时的极限是 0.368，因此在 N 较大时，每次大约有 36.8% 的袋外样本。自助法产生的每个 bootstrap 样本里不同的观测值大约为原始样本的 63.2%，因此 Bootstrap 用于估计期望泛化误差的效果类似于$K=2$或$K=3$的交叉验证法，可能具有较大的估计偏差。

另一种描述袋外数据估计泛化误差的方法是对每一个观测数据，把不包含该数据的 bootstrap 样本得到的预测与实际响应变量求平均预测误差（损失），然后再取均值，即：

$$\widehat{\mathrm{Err}} = \frac{1}{N}\sum_{i=1}^{N}\frac{1}{|C_{-i}|}\sum_{b\in C_{-i}}\left[y_i - \hat{f}^b(x_i)\right]^2 \tag{7.1.9}$$

其中，C_{-i} 是所有不包含第 i 个数据的 bootstrap 样本的集合，$|C_{-i}|$ 是 C_{-i} 集合的元素个数。

7.2 模型选择

模型评估的度量和方法，如泛化误差、留出法和交叉验证估计等，都是可以用来进行模型选择的，我们可以挑选泛化误差最小的模型。但模型选择本质是一种比较，可以通过比留出法或交叉验证更高效的方式实现，如本节所介绍的信息准则方法。与模型评估相比，基于比较准则的模型选择方法可以使用全部原始数据，而不需要划出验证集和检验集。

在介绍模型比较准则前，我们先给出泛化误差的偏差–方差分解。假设 $Y = f(X) + \varepsilon$，其中，误差项 ε 的均值为 0，方差为 σ_ε^2。基于平方损失，可以得到在任意输入点 $X = x$ 上，拟合 $\hat{f}(X)$ 的期望预测误差表达式为：

$$\begin{aligned}\mathrm{Err}_x &= E\{[Y - \hat{f}(x)]^2|X = x\} \\ &= \sigma_\varepsilon^2 + [E\hat{f}(x) - f(x)]^2 + E[\hat{f}(x) - E\hat{f}(x)]^2 \\ &= \sigma_\varepsilon^2 + \mathrm{Bias}^2[\hat{f}(x)] + \mathrm{Var}[\hat{f}(x)]\end{aligned} \tag{7.2.1}$$

以上是经典的泛化误差分解，其中第 1 项是不可消除的误差，第 2 项是偏差的平方，第 3 项是估计的方差。一般来说，模型 f 越复杂，偏差越小，但方差越大；反之，模型越简单，偏差越大，方差越小。偏差项可以进一步分解为模型偏差和估计偏差。假设实际模型 f 是非线性的，我们使用线性模型拟合，则存在模型偏差，即最优线性近似模型与真实模型的偏差。这里最优线性近似模型指的是所有线性模型中均方意义下最接近 f 的线性模型。

如果实际模型 f 是线性的，我们使用全部变量的线性模型拟合，且估计使用最小二乘法，则模型偏差和估计偏差都为 0；如果估计使用岭回归或 Lasso 等压缩估计方法，则模型偏差为 0，但估计偏差不为 0。

7.2.1 AIC 准则

AIC（Akaike Information Criterion）是一种基于似然函数的信息准则，可以对似然函数模型进行模型选择。AIC 准则形式如下：

$$-2\log L(\hat{\theta}) + 2\mathrm{d}f \tag{7.2.2}$$

其中，$\log L(\theta)$ 是模型的对数似然函数，$\hat{\theta}$ 是极大似然估计，$\mathrm{d}f$ 是模型的自由度。我们选择模型或参数，使得 AIC 值最小。在实际应用中，有时也将（7.2.2）中 AIC 的值除以样本量 N 来使用。

假设回归模型中的误差项服从正态分布且方差已知（并使用全模型的估计替代），则容易得出回归模型的近似 AIC 准则为：

$$\mathrm{AIC}=\mathrm{RSS}/N+2\hat{\sigma}_{\varepsilon}^{2}\mathrm{d}f/N \tag{7.2.3}$$

其中，RSS 是模型拟合的残差平方和，也就是样本内误差（训练误差）；$\mathrm{d}f$ 是模型自由度，或者模型回归系数的参数个数（不包括 σ^2）；$\hat{\sigma}_{\varepsilon}^{2}$ 是根据包含所有自变量的全模型的方差估计。此时，AIC 准则与多元线性回归的 $\mathrm{C_p}$ 准则形式上是一样的。$\mathrm{C_p}$ 准则仅适用于线性回归模型，而对其他更广泛的模型，需要考虑信息准则。

不做方差已知的假设，则正态回归模型下 AIC 的形式为：

$$\mathrm{AIC}=\log\hat{\sigma}^{2}+2\mathrm{d}f/N \tag{7.2.4}$$

其中，$\hat{\sigma}^2$ 是使用该回归模型的方差估计，$\mathrm{d}f$ 是模型自由度（需要包含 σ^2）。

在线性模型中，AIC 可以看成样本内误差（in-sample error）的估计。前面提到，泛化误差是拟合模型在独立样本的期望误差。样本内误差与泛化误差有类似形式，但不实施在训练样本之外的独立样本，而是实施在一种假想样本 $(x_i, Y_i^0), i=1,\cdots,N$。其中 x_i 与训练样本一致，而对应的 Y_i^0 是假设我们还能再多观测一次而得到的随机样本。假设由训练样本 $(x_i, y_i), i=1,\cdots,N$ 得到模型估计 $\hat{\beta}$，将假想样本代入求期望误差，得到样本内误差为：

$$\begin{aligned}\frac{1}{N}\sum_{i=1}^{N}\mathrm{Err}(x_i)&=\frac{1}{N}\sum_{i=1}^{N}E(Y_i^0-x_i\hat{\beta})^2\\&=\frac{1}{N}\sum_{i=1}^{N}(y_i-x_i\hat{\beta})^2+\frac{2}{N}\sum_{i=1}^{N}\mathrm{Cov}(\hat{y}_i,y_i)\\&=\mathrm{RSS}/N+2\mathrm{d}f\sigma_{\varepsilon}^{2}/N\end{aligned} \tag{7.2.5}$$

其中，$\sum_{i=1}^{N}\mathrm{Cov}(\hat{y}_i,y_i)=\mathrm{trace}[\mathrm{Cov}(\hat{\mathbf{y}},\mathbf{y})]=\mathrm{d}f\sigma_{\varepsilon}^{2}$。我们注意到，如果使用近似公式 $1/(1-x)^2\approx 1+2x$，则回归模型的 GCV 可以近似写成：

$$\mathrm{GCV}\approx\mathrm{RSS}/N+2\hat{\sigma}^{2}\mathrm{d}f/N \tag{7.2.6}$$

这里，$\hat{\sigma}^2=\mathrm{RSS}/N$ 是该回归模型的一种方差估计。GCV 近似量形式上和 $\mathrm{C_p}$ 或与 $\mathrm{C_p}$ 等价的 AIC 一致，主要区别在如何估计模型方差。我们看到，$\mathrm{AIC/C_p}$ 和 GCV 近似量都可以看成样本内误差的估计。尽管它们跟 GCV 有相似的形式，但对近似产生的误差没有明确量化的情形下，一般不作为模型评估的度量，因此 $\mathrm{AIC/C_p}$ 也不适合用来进行模型评估。

AIC 的原理是在给定观测数据下近似计算候选模型和真实模型之间的期望 KL 距离，选择期望 KL 距离最小的模型。对于两个分布密度 $p(x)$ 和 $q(x)$，KL 距离的数学表达式为：

$$\mathrm{KL}(p||q)=\int p(x)\log\frac{p(x)}{q(x)}\mathrm{d}x=\int p(x)\log p(x)\mathrm{d}x-\int p(x)\log q(x)\mathrm{d}x \tag{7.2.7}$$

KL 距离可以度量两个分布之间的差异程度，差异越小则 KL 距离越小。当且仅当 $\mathrm{KL}(p||q) = 0$ 时，两个分布完全相同。

假设 $p(x)$ 是 x 的真实分布，$q(x)$ 是 x 的某个模型近似，则 $\mathrm{KL}(p||q)$ 可以解释为使用 $q(x)$ 表示实际分布 $p(x)$ 的信息损失。如果有两个模型 $q_1(x)$ 和 $q_2(x)$，$\mathrm{KL}(p||q_1) < \mathrm{KL}(p||q_2)$，则认为模型 $q_1(x)$ 更接近实际分布 $p(x)$。由 KL 距离的表达式 (7.2.7) 可知，比较两个模型的 KL 距离只需比较等式的第 2 项，也称为交叉熵，记为：

$$-E_{x\sim p(x)}[\log q(x)] = -\int p(x)\log q(x)\mathrm{d}x \tag{7.2.8}$$

设 $q(x;\theta) \equiv q(x)$，由于真实模型 $p(x)$ 未知，不能直接算出交叉熵。考虑与交叉熵相近的一个期望近似量 $-E_{x^*}\{E_x[\log(q(x;\hat{\theta}(x^*)))]\}$，并得到这个近似量在大样本下的逼近解为：

$$-E_{x^*}\{E_x\{\log\{q[x;\hat{\theta}(x^*)]\}\}\} \approx -\log L(\hat{\theta}) + \mathrm{d}f \tag{7.2.9}$$

其中，x 和 x^* 是两个独立服从真实分布 $p(x)$ 的随机样本。在样本量较大且 $p(x)$ 和 $q(x)$ 相差不远的条件下，这个期望近似量的一阶近似估计为 $-0.5\times\mathrm{AIC}$。虽然并不知道真实模型 $p(x)$，但 AIC 准则可以给出候选模型是否更接近真实模型的相对度量。

考虑所用模型和真实模型间的期望 KL 距离近似量的二阶展开，得到 AIC 准则的一种修正，称为 AICc，则有：

$$\mathrm{AIC} - 2\log L(\hat{\theta}) + 2\mathrm{d}f(\frac{N}{N-\mathrm{d}f-1}) \tag{7.2.10}$$

在 N 很大的时候，AIC 和 AICc 差别不大；在 N 相对于 $\mathrm{d}f$ 不算很大（$N/\mathrm{d}f < 40$）的时候，一般建议使用 AICc。

7.2.2 BIC 准则

贝叶斯信息准则（Bayesian Information Criterion，BIC）的一般形式为：

$$\mathrm{BIC} = -2\log L(\hat{\theta}) + \log N \times \mathrm{d}f \tag{7.2.11}$$

其中，$\log L(\theta)$ 是模型的对数似然函数，$\hat{\theta}$ 是极大似然估计，$\mathrm{d}f$ 是模型的自由度。我们选择的模型应使得 BIC 值最小。

假设回归模型中的误差项服从正态分布且方差已知（并使用全模型的估计替代），BIC 可以写为：

$$\mathrm{BIC} = \mathrm{RSS}/N + \log(N)\hat{\sigma}_\varepsilon^2\mathrm{d}f/N \tag{7.2.12}$$

其中，RSS 是模型拟合的残差平方和，$\mathrm{d}f$ 是模型自由度（不包括 σ^2），$\hat{\sigma}_\varepsilon^2$ 是根据包含所有自变量的全模型的方差估计。

BIC 是由贝叶斯方法推导出来的。假设有 K 个候选模型 $M_1,\cdots,M_K$，它们的先验概率相同且都是 $1/K$。则对样本数据 D，模型 M_k 的后验概率为 $\boldsymbol{P}(M_k|D)\propto\frac{1}{K}\boldsymbol{P}(D|M_k)$。可以证明，样本数据 D 来自模型 M_k 的概率满足：

$$\log \mathrm{Prob}(D|M_k)=\log L(\hat{\theta}_k)-\frac{\log N}{2}\times \mathrm{d}f+O(1) \tag{7.2.13}$$

其中，θ_k 是模型 M_k 的参数，$\hat{\theta}_k$ 是极大似然估计。将上式等号两边同时乘以 -2 并舍去近似项 $O(1)$ 得到 BIC 的计算公式。除了模型选择，BIC 可以用来计算数据来自某个模型的后验概率。如果有 K 个模型，记为 $M_1,\cdots,M_K$，分别计算了各个模型的 BIC，记为 $\mathrm{BIC}_k, k=1,\cdots,K$，则第 k 个模型的后验概率 $\boldsymbol{P}(M_k|D)$ 可以近似计算为 $\exp(-0.5\mathrm{BIC}_k)/\sum_{j=1}^{K}\exp(-0.5\mathrm{BIC}_j)$。

作为选择准则，BIC 具有渐近一致的性质。这意味着给定一个模型族（包括真实模型），当样本容量 $N\to\infty$ 时，BIC 选择正确模型的概率将趋向于 1。对于真实模型 $p(\boldsymbol{x})$ 和另一个模型 $q(x)\neq p(x)$，不妨假设模型 q 的参数个数大于模型 p，则有：

$$\mathrm{Prob}\left[\mathrm{BIC}(q)<\mathrm{BIC}(p)\right]=\mathrm{Prob}\left\{2[\log L(\hat{\theta}_q)-\log L(\hat{\theta}_p)]>\log(n)(\mathrm{d}f_q-\mathrm{d}f_p)\right\} \tag{7.2.14}$$

由于 $2[\log L(\hat{\theta}_q)-\log L(\hat{\theta}_p)]$ 在样本量 $N\to\infty$ 时趋近 χ^2_{p-q}，$\mathrm{Prob}[\mathrm{BIC}(q)<\mathrm{BIC}(p)]$ 在样本量增大时趋向 0。而 AIC 没有这个性质，当 $N\to\infty$ 时，AIC 有：

$$\mathrm{Prob}\left[\mathrm{AIC}(q)<\mathrm{AIC}(p)\right] = \mathrm{Prob}\left\{2[\log L(\hat{\theta}_q)-\log L(\hat{\theta}_p)]>2(\mathrm{d}f_q-\mathrm{d}f_p)\right\} \tag{7.2.15}$$

$$\to \mathrm{Prob}\left[\chi^2_{p-q}>2(\mathrm{d}f_q-\mathrm{d}f_p)\right]\neq 0 \tag{7.2.16}$$

相对于 BIC，AIC 更倾向于选择复杂一些的模型。通常认为，对于有限的样本，BIC 选择的模型一般比 AIC 选择的模型简单，因为 BIC 对模型复杂度的惩罚更大。如果使用修正的 AICc，则这个关系不一定是成立的，有可能 AICc 的惩罚比 BIC 更大。对于模型选择这一目的，AIC 和 BIC 之间没有明确的好坏之分。有一些特定场景，BIC 是不适用的。例如，在第 6 章的非参数建模中的模型选择或参数调优时，由于所有模型都是近似，其中不存在真实模型，因此使用 BIC 不合乎逻辑，这时可以使用 AIC 或 CV。

例 7.2　AIC 和 BIC 的对比模拟仿真

本例中，我们对 AIC 和 BIC 在线性回归模型选择中的效果进行模拟仿真和对比，验证 BIC 的选择相合性。

```
rec_IC = []
n = 100 #,  500   5000
for rr in range(1000):
    x1 = np.random.randn(n,1)
```

```
    x2 = np.random.randn(n,1)
    err = np.random.randn(n,1)*0.8
    y = -1 + 2*x1 + 0*x2  + err
    c = np.ones((n,1))
    X = np.hstack((c,x1))
    X2 = np.hstack((c,x1,x2))
    beta_1 = la.inv(X.T.dot(X)).dot(X.T).dot(y)
    beta_2 = la.inv(X2.T.dot(X2)).dot(X2.T).dot(y)
    err1 = np.mean((y - X.dot(beta_1))**2)
    err2 = np.mean((y - X2.dot(beta_2))**2)
    AIC1 = err1 + 2*2*err2/n  #AIC1 = err1 + 2*2*err1/n
    BIC1 = err1 + np.log(n)*2*err2/n
    AIC2 = err2 + 2*3*err2/n
    BIC2 = err2 + np.log(n)*3*err2/n
    rec_IC.append([AIC1,AIC2,BIC1,BIC2])
matx = np.asarray(rec_IC)
## 增大样本量n，观察AIC 和BIC 是否具有选择相合性
np.sum(matx[:,0]<matx[:,1]) # AIC选择正确模型的次数
np.sum(matx[:,2]<matx[:,3]) # BIC选择正确模型的次数
```

7.3 估计的自由度

自由度（degrees of freedom）是与模型估计相关的概念，指的是待估计的参数维数。一般线性模型和参数似然模型的自由度是模型参数的个数。如果存在线性约束，则需要减去线性约束的个数。有些约束不是线性约束，如拟合过程中使用了正则化的压缩估计（如岭回归等），这类约束属于参数的区域限制，不能按照线性约束处理。

如果一个估计过程可以写成线性平滑形式，形式如下：

$$\hat{y} = \boldsymbol{S}y \tag{7.3.1}$$

即 y 的模型预测是其他观测值的线性组合。其中，$\boldsymbol{S}$ 是一个 $N \times N$ 矩阵，它依赖于输入向量 $\boldsymbol{x}_i$，但不依赖于 y_i。则模型的**有效自由度 (effective degrees-of-freedom)** 定义为：

$$\mathrm{d}f = \mathrm{trace}(\boldsymbol{S}) \tag{7.3.2}$$

即 $\boldsymbol{S}$ 的对角线元素之和。注意到，如果 $\boldsymbol{S}$ 是回归模型的帽子矩阵，$\boldsymbol{S} = \boldsymbol{X}(\boldsymbol{X}^{\mathrm{T}}\boldsymbol{X})^{-1}\boldsymbol{X}^{\mathrm{T}}$，则有 $\mathrm{trace}(\boldsymbol{S}) = \mathrm{rank}(\boldsymbol{X})$，这时有效自由度与传统的自由度定义一致。

线性平滑形式不局限于线性模型，它包含了最小二乘、岭回归、样条方法，以及非参数核回归和一些半参数方法。然而，线性回归的 Lasso 估计不能被写成线性平滑形式，因此不能

使用这个定义。有些研究提出了有效自由度的其他定义，如将其定义为 $\sum_{i=1}^{N}\mathrm{Cov}(\hat{y}_i,y_i)/\sigma_{\varepsilon}^2$，或者 $\sum_{i=1}^{N}\partial\hat{y}_i/\partial y_i$。

例 7.3　局部常数回归的自由度及应用

本例中我们编写计算局部常数回归的自由度的函数，用于 AIC 窗宽选择，并进行模拟仿真。

```
# 数据x和y以及nw_est()函数来自例6.1
def eff_df(x,h):
    t = (x - x.T)/h
    K = np.exp(-0.5*t**2)/(np.sqrt(2*np.pi))/h
    S = K/np.sum(K,axis = 0)
    df = np.trace(S)
    return df
h = 0.07 # h = 0.01
df = eff_df(x,h)
print(df)
## 使用 AIC 准则选择窗宽
import scipy.stats as stats
hs = np.linspace(0.01,0.1,20)
aic_seq = []
for h in hs:
    yhat = nw_est(x,y,h,x)
    df = eff_df(x,h) + 1
    sigma = (np.sum((y.ravel() - yhat)**2)/n)**(0.5)
    LogLike = np.sum(np.log(stats.norm.pdf(y.ravel(),yhat,sigma)))
    aic = -2*LogLike + 2*df
    #aic = n*np.log(sigma**2) + 2*df
    aic_seq.append(aic)

plt.plot(hs,aic_seq)
```

7.4　案例分析：期权隐含分布估计（续 1）

[目标和背景]

在第 6 章学习局部回归的例子中，我们使用局部二次回归估计获取了期权价格对执行价的二阶导数。在这里我们使用本章所学的方法来选择局部二次回归的窗宽。由于数据量很少，使用交叉验证法会损失估计效率，因此这里考虑使用 AIC 方法。

[解决方案和程序]

首先给出局部二次回归方法的有效自由度，然后使用 AIC 准则来比较不同窗宽并选出最优窗宽。AIC 在窗宽为 0.3 的时候达到最小值（见图 7.2(a)），我们使用该窗宽得到的隐含分布估计如图 7.2(b) 所示。本例中，使用 AIC 选择窗宽有过拟合嫌疑，在实际应用中可以考虑使用稍大一些的窗宽。

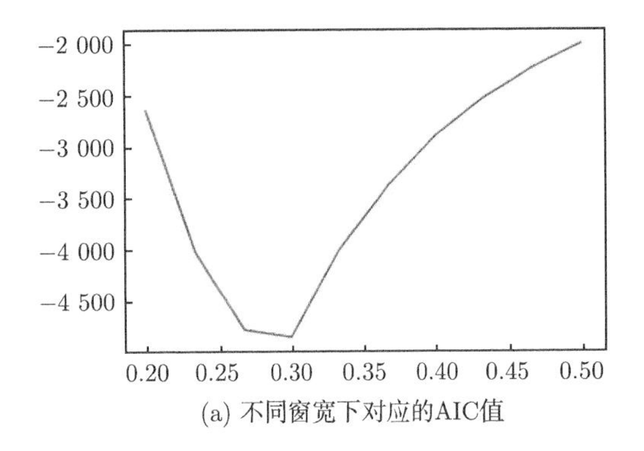

(a) 不同窗宽下对应的AIC值

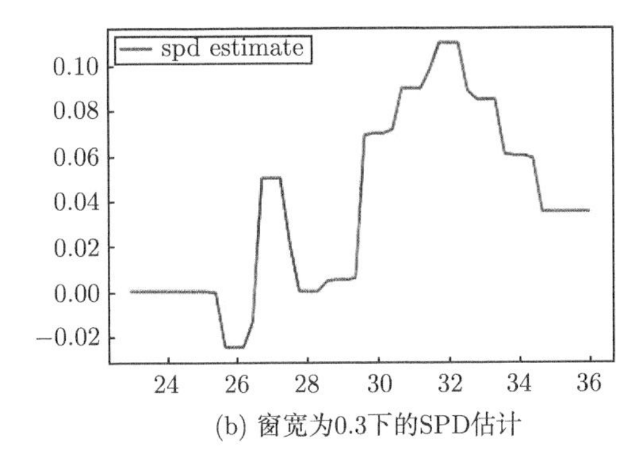

(b) 窗宽为0.3下的SPD估计

图 7.2　期权隐含分布数据分析

```
# local2x()函数和数据x,y,u来自6.3.4节案例分析
defeff_df2(x,h):
    n = len(x)
    c = np.ones((n,1))
    e = np.array([1,0,0])
    S = np.zeros((n,n))
    for i,x0 in enumerate(x):
        X = np.hstack((c,x-x0,(x-x0)**2))
        t = (x - x0)/h
        w = np.exp(-0.5*t**2)/h
        W = np.diag(w.ravel())
        beta = e.dot(la.inv(X.T.dot(W).dot(X))).dot(X.T).dot(W)
        S[i,:] = beta
    df = np.trace(S)
    return df


hs = np.linspace(0.2,0.5,10)
aic_seq = []
for h in hs:
    yhat = local2x(x,y,h,x)
    yhat = np.squeeze(np.asarray(yhat))
    df = eff_df2(x,h) + 1
    sigma = np.sum((y.ravel() - yhat[:,0])**2)/n
    aic = n*np.log(sigma) + 2*df
    aic_seq.append(aic)
```

```
plt.plot(hs,aic_seq)

h = hs[np.argmin(aic_seq)]
fu = local2x(x,y,h,u)
fu = np.squeeze(np.asarray(fu))
plt.plot(u,2*fu[:,2],'b-')
```

本章习题

1. 推导等式 (7.1.7)。
2. 编写模拟仿真程序，使用交叉验证法分别选择岭回归和 Lasso 的惩罚参数 λ。
3. 推导偏差–方差分解式 (7.2.1)。
4. 编写模拟仿真程序，分别使用 AIC、BIC 和 AICc 选择岭回归的惩罚参数 λ。
5. 写出主成分回归的有效自由度。
6. 设 $\hat{y} = \boldsymbol{S}y$，证明 $\mathrm{trace}(\boldsymbol{S}) = \sum_{i=1}^{N} \mathrm{Cov}(\hat{y}_i, y_i)/\sigma_{\varepsilon}^2$。

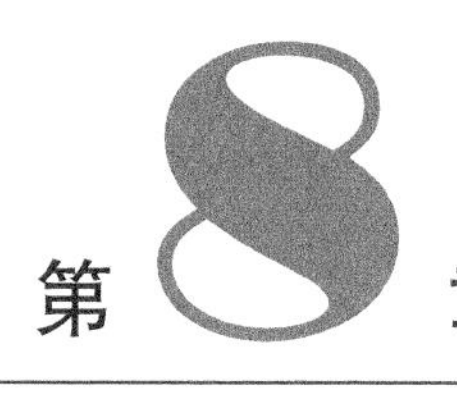

第 8 章 统计推断基础

统计学是一门在具有不确定性的环境中，通过分析数据，理解数据背后原理和机制的学科。统计学的基础是数学和概率论，但统计学不同于数学，研究对象和方法与数学相比有很大区别。统计学应用广泛，在很多行业（如金融、经济、医药等）中都有重要的影响，与计算机、机器学习、人工智能等学科有很多交集，往往会贴上数据科学、数据驱动等标签。目前统计学面临很大的挑战，如面临深度学习等新兴学科的取代。本章介绍统计学中频率学派的基础方法，统计学中的贝叶斯方法将在第 9 章进行介绍。具体来说，本章将介绍传统的极大似然估计、置信区间和假设检验概念，以及 Bootstrap 方法。此外，还将介绍 KL 距离及相关概念，包括熵、交叉熵、互信息、条件熵。对极大似然估计，将介绍 EM 算法，并给出 EM 算法和变分推断、EM 算法和 MM 算法的关系。本章最后介绍了混合模型和隐马尔可夫模型极大似然估计的 EM 算法。

8.1 极大似然估计

统计学中，我们一般假设数据来自某个形式已知但参数未知的分布，如常见的正态分布、二项分布等。估计指的是利用观测数据估计分布中的未知参数。极大似然估计是基于似然函数并求极值的一种重要的统计方法。似然函数（likelihood function）是对概率密度函数的另一种解释。在参数 θ 已知时，$f(x|\theta)$ 作为变量 x 的函数是随机变量 X 的密度函数，一般写为 $X \sim f(x|\theta)$。如果我们假设 θ 是个未知参数，而 x 是已知的观测值，这时 $f(x|\theta)$ 作为 θ 的函数就是一个似然函数，记为 $l(\theta|x)$。假设观测数据是 $\boldsymbol{x}=(x_1,\cdots,x_N)$，则在独立同分布假设下密度函数 $f(\boldsymbol{x}|\theta)=\prod_{i=1}^N f(x_i|\theta)$ 对应的似然函数为：

$$L(\theta|\boldsymbol{x})=\prod_{i=1}^N l(\theta|x_i) \tag{8.1.1}$$

它刻画了在不同的模型参数下，观测值 $(x_1,\cdots,x_N)$ 发生的概率密度。

由于 $\boldsymbol{x}$ 已经发生或被观测到了，我们合理假设产生 $\boldsymbol{x}$ 的模型就是能使 $\boldsymbol{x}$ 发生的概率最大的那个模型，即将事件发生归因为概率最大的模型，这就是极大似然估计方法的原理。因此，极大似然估计寻找参数 θ, 使得观测值 $\boldsymbol{x}$ 出现的概率最大，即似然函数 $L(\theta|\boldsymbol{x})$ 最大。一般在求解的过程中，由于对数函数 $\log(x)$ 是单调函数，我们求：

$$\ell(\theta|\boldsymbol{x}) = \log L(\theta|\boldsymbol{x}) = \sum_{i=1}^{N} \log l(\theta|x_i) \tag{8.1.2}$$

的极大值，$\hat{\theta} = \arg\max \ell(\theta)$ 是参数 θ 的极大似然估计（Maximum Likelihood Estimate，MLE）。假设观测数据 $(x_1, \cdots, x_N)$ 是随机样本 $(X_1, \cdots, X_N)$ 的一次抽样实现。令：

$$\hat{\theta}_{\text{mle}} = \arg\max \sum_{i=1}^{N} \log l(\theta|X_i) \tag{8.1.3}$$

$\hat{\theta}_{\text{mle}}$ 是参数 θ 的极大似然估计量（Maximum Likelihood Estimator）。极大似然估计量是具有优良性质的统计量，包括相合性和渐近有效性。假设观测数据 $\boldsymbol{x}$ 由真实密度函数 $f(x|\theta_0)$ 产生，相合性指 MLE 依概率收敛到真值，$\hat{\theta}_{\text{mle}} \xrightarrow{P} \theta_0$。此外，在满足一定条件的情形下，MLE 的极限分布依分布收敛到一个正态分布，即：

$$\sqrt{N}(\hat{\theta}_{\text{mle}} - \theta_0) \xrightarrow{D} N\left[0, \boldsymbol{I}(\theta_0)^{-1}\right] \tag{8.1.4}$$

其中，$\boldsymbol{I}(\theta)$ 是 Fisher 信息量（或信息矩阵），有：

$$\boldsymbol{I}(\theta) = E\left[\frac{\partial l(\theta|\boldsymbol{X})}{\partial \theta}\right]^2 = -E\left[\frac{\partial^2 l(\theta|\boldsymbol{X})}{\partial \theta^2}\right] \tag{8.1.5}$$

Cramer-Rao 定理证明了 Fisher 信息量的逆 $\boldsymbol{I}(\theta)^{-1}$ 是 θ_0 所有无偏估计的方差下界，由此我们知道极大似然估计量在样本量趋于无穷的时候可以达到方差下界，也称为渐近有效。

极大似然估计与贝叶斯方法有关联。从贝叶斯的视角看，在参数的先验分布是均匀分布的情形下，MLE 可以看成是后验分布的众数。我们将在第 9 章贝叶斯方法中对此内容进行介绍。

接下来我们以正态回归模型为例说明极大似然估计。假设观测数据 $(x_i, y_i), i = 1, \cdots, N$ 来自线性回归模型，即有：

$$Y = \boldsymbol{x}^{\mathrm{T}}\beta + \epsilon \tag{8.1.6}$$

其中，ϵ 是随机误差项，满足 $\epsilon \sim N(0, \sigma^2)$。可以写出似然函数为：

$$\ell(\beta) = \log \prod_{i=1}^{N} \frac{1}{\sqrt{2\pi\sigma^2}} \exp\left[-\frac{1}{2\sigma^2}(y_i - x_i^{\mathrm{T}}\beta)^2\right] \tag{8.1.7}$$

$$= -n\log(\sqrt{2\pi\sigma^2}) - \frac{1}{2\sigma^2}\sum_{i=1}^{N}(y_i - x_i^{\mathrm{T}}\beta)^2 \tag{8.1.8}$$

回归系数 β 的极大似然估计等同于最小二乘估计，即有：

$$\hat{\beta} = \arg\min \sum_{i=1}^{N} (y_i - x_i^{\mathrm{T}}\beta)^2 \tag{8.1.9}$$

8.2 置信区间和假设检验

8.2.1 置信区间

置信区间和假设检验是统计推断中的两个经典范式。极大似然估计是一种点估计，而置信区间（Confidence Interval）是一种区间估计，给出了该区间包含未知参数的置信水平（confidence level）。一个参数的置信区间包括一个上界和一个下界，上界和下界是两个统计量（统计量是随机样本的函数，不含未知参数，也是随机变量）。因此置信区间是随机区间，而由观测数据得到的置信区间估计是置信区间的一次抽样。

以极大似然估计量为例，令 $Z_N = \sqrt{N\boldsymbol{I}(\theta_0)}(\hat{\theta}_{\mathrm{mle}} - \theta_0)$，则 Z_N 可以近似看成一个正态分布。则有：

$$P(z_{\alpha/2} < Z_N < z_{1-\alpha/2}) = 1 - \alpha \tag{8.2.1}$$

其中，$z_{\alpha/2}, z_{1-\alpha/2}$（$z_{\alpha/2} = -z_{1-\alpha/2}$）为标准正态分布的 $\alpha/2$ 和 $(1-\alpha/2)$ 分位数。$z_{\alpha/2} < Z_N < z_{1-\alpha/2}$ 等价于：

$$\hat{\theta}_{\mathrm{mle}} - z_{1-\alpha/2}\frac{1}{\sqrt{N\boldsymbol{I}(\theta)}} < \theta_0 < \hat{\theta}_{\mathrm{mle}} + z_{1-\alpha/2}\frac{1}{\sqrt{N\boldsymbol{I}(\theta)}}$$

简记 $\hat{\theta}=\hat{\theta}_{\mathrm{mle}}$。我们使用 $\boldsymbol{I}(\hat{\theta})$ 作为 $\boldsymbol{I}(\theta_0)$ 的估计，可以得到参数 θ_0 的 $(1-\alpha)$ 置信区间为：

$$\hat{\theta}_{\mathrm{mle}} - z_{1-\alpha/2}\frac{1}{\sqrt{N\boldsymbol{I}(\hat{\theta}_0)}}, \hat{\theta}_{\mathrm{mle}} + z_{1-\alpha/2}\frac{1}{\sqrt{N\boldsymbol{I}(\hat{\theta}_0)}} \tag{8.2.2}$$

当 $\alpha = 0.05$ 时，$z_{1-\alpha/2} = 1.96$，参数 θ 的 95% 置信区间是 $\hat{\theta}_{\mathrm{mle}} \pm 1.96/\sqrt{N\boldsymbol{I}(\hat{\theta})}$。

8.2.2 假设检验

假设检验是统计推断的重要内容，在一定意义上和置信区间有等价性。假设检验在数据挖掘和机器学习中的应用场景相对其他统计方法较少，我们在这里仅以极大似然估计为例作简要介绍。假设检验中存在原假设 H_0 和对立假设 H_a。如在极大似然估计中，$H_0: \theta = \theta_0$，$H_a: \theta \neq \theta_0$。我们根据数据判断原假设是否成立。原假设与对立假设可以类比于二分类问题的阴性和阳性。在很多案例中，与二分类问题类似，原假设代表一个相对好的情形（如无疾病、无罪、风险小），而对立假设代表一个不好的情形（如有疾病、有罪、风险大）。

对假设的判断存在以下 4 种情形：

（1）原假设是对的且被判断为对，正确地接受原假设；

（2）原假设是对的且被判断为错，第一类错误（type I error）；

（3）原假设是错的且被判断为对，第二类错误（type II error）；

（4）原假设是错的且被判断为错，正确地拒绝原假设。

检验的显著性水平（significant level）指的是犯第一类错误的概率，记为 α。尽管我们希望两种错误的概率都很小，但同时控制第一类错误和第二类错误比较困难。在假设检验范式里，通常做法是认为第一类错误比第二类错误严重，将第一类错误的概率 α 限制在一个较小的水平，在这个条件下最小化第二类错误的概率。

假设检验问题中，假定原假设是 $H_0: \theta = \theta_0$，它的对立假设是 $H_a: \theta \neq \theta_0$。直觉上看如果 $|\hat{\theta} - \theta_0|$ 较大，我们拒绝原假设。首先，如果原假设 H_0 成立，根据大样本性质，$Z_N^* = \sqrt{N\boldsymbol{I}(\hat{\theta})}(\hat{\theta}_{\text{mle}} - \theta_0)$ 近似一个标准正态分布，由此可以认为 $\hat{\theta} - \theta_0$ 服从均值为 0，方差为 $1/\sqrt{N\boldsymbol{I}(\hat{\theta})}$ 的正态分布，并根据这个正态分布的分位数来判定 $|\hat{\theta} - \theta_0|$ 较大。等价的做法是在 $Z_N^* < z_{\alpha/2}$ 或 $Z_N^* > z_{1-\alpha/2}$ 的时候拒绝原假设。对比置信区间的构造，我们发现如果参数 θ_0 处于 $(1-\alpha)$ 置信区间里，原假设将会被接受，在这个意义下基于 Z_N^* 的假设检验与置信区间（8.2.2）是等价的。

基于极大似然估计还可以构造似然比检验。记 L 为似然函数，对检验假设问题：

$$H_0: \theta = \theta_0 \ \ vs \ \ H_a: \theta \neq \theta_0 \tag{8.2.3}$$

构造似然比（likelihood ratio）统计量 $\Lambda = L(\theta_0)/L(\hat{\theta})$。显然，$0 \leqslant \Lambda \leqslant 1$。如果原假设 H_0 成立，由极大似然估计的相合性可知 Λ 的值接近 1。因此如果 Λ 较小，如 $\Lambda \leqslant c$，我们拒绝原假设。确定 c 首先需要给定某个显著性水平 α，$\alpha = \boldsymbol{P}(\Lambda \leqslant c|H_0)$。如果我们知道 Λ 的分布或近似分布，就可以完全确定 c。在 θ 是一维且满足一定条件的情形下，$-2\log(\Lambda)$ 趋向自由度为 1 的卡方分布，即：

$$-2\log(\Lambda) \xrightarrow{D} \chi^2(1) \tag{8.2.4}$$

由此，如果 $-2\log(\Lambda) > \chi^2_\alpha(1)$，我们拒绝原假设 H_0。似然比检验还可以检验多元系数问题，如回归模型中某些系数是否为 0。例如，在 $\epsilon \sim N(0, \sigma^2)$ 的回归模型中，有：

$$Y = \beta_0 + \beta_1 X_1 + \beta_2 X_2 + \beta_3 X_3 + \epsilon \tag{8.2.5}$$

我们检验 $H_0: \beta_2 = \beta_3 = 0$ VS $H_a: \beta_2, \beta_3$ 至少有一个不为 0。构造似然比统计量 $\Lambda = L(\hat{\boldsymbol{\theta}}_2)/L(\hat{\boldsymbol{\theta}}_1)$，$L(\hat{\boldsymbol{\theta}}_2)$ 和 $L(\hat{\boldsymbol{\theta}}_1)$ 是在原假设和对立假设下各自的极大似然估计对应的似然

函数值，有：

$$L(\hat{\boldsymbol{\theta}}_1)=\left(\frac{1}{\sqrt{2\pi}\hat{\sigma}_1}\right)^N \exp\left[-\frac{1}{2\hat{\sigma}_1^2}\sum_{i=1}^N(y_i-\hat{\beta}_{10}-\hat{\beta}_{11}x_{i1}-\hat{\beta}_{12}x_{i2}-\hat{\beta}_{13}x_{i3})^2\right] \tag{8.2.6}$$

$$L(\hat{\boldsymbol{\theta}}_2)=\left(\frac{1}{\sqrt{2\pi}\hat{\sigma}_2}\right)^N \exp\left[-\frac{1}{2\hat{\sigma}_2^2}\sum_{i=1}^N(y_i-\hat{\beta}_{20}-\hat{\beta}_{21}x_{i1})^2\right] \tag{8.2.7}$$

其中，$\hat{\boldsymbol{\theta}}_1=(\hat{\beta}_{10},\hat{\beta}_{11},\hat{\beta}_{12},\hat{\beta}_{13})$，$\hat{\boldsymbol{\theta}}_2=(\hat{\beta}_{20},\hat{\beta}_{21})$。可以证明，满足一定条件的情形下，$-2\log(\Lambda)$ 趋向一个卡方分布，自由度等于模型在对立假设 H_a 和原假设 H_0 下的维数的差。由此，如果 $-2\log(\Lambda)>\chi^2_\alpha(2)$，我们拒绝原假设 H_0。

8.3 Bootstrap 方法

Bootstrap 是一种十分简单但高效的统计推断方法，其基本思想是产生样本量与原始数据相同，分布相近的 bootstrap 样本。这一过程被重复执行多次，从而产生多个 bootstrap 样本。对每个 bootstrap 样本重新拟合模型，得到多个 bootstrap 估计用来构造模型参数估计精度的度量，如估计的标准差、置信区间等。

非参数 Bootstrap 方法通过对原始数据进行有放回的重抽样来获取 bootstrap 样本。在独立同分布假设下，有放回的重抽样的样本服从观测数据的经验分布（empirical distribution），可以作为原始数据分布的近似。对于样本量为 n 的数据，每个样本被抽样至少一次的概率是 $1-[(n-1)/n]^n$，当 n 较大时，有放回的重抽样大约使用了 63.2% 的原始数据。而剩下没被抽样的数据称为袋外数据（out of bag sample），可以用来作为验证集。

参数 Bootstrap 方法从一个拟合模型中抽样来获取 bootstrap 样本，将拟合模型作为原始数据分布模型的近似。在回归模型中，我们给定 X 拟合模型，此时参数 Bootstrap 方法又称为 Conditional Bootstrap。假设我们对数据集 $\{(y_i,\boldsymbol{x}_i),i=1,\cdots,n\}$ 拟合一个回归模型：

$$y=\boldsymbol{x}^{\mathrm{T}}\beta+\epsilon \tag{8.3.1}$$

进一步假设该模型的误差项服从正态分布，即 $\epsilon\sim N(0,\sigma^2)$。基于原始训练样本集，我们通过最小二乘法或极大似然法得到估计值 $\hat{\beta}$ 和 $\hat{\sigma}$。在参数 Bootstrap 方法中，Bootstrap 样本具有形式 $(\boldsymbol{x}_1,y_1^*),\cdots,(\boldsymbol{x}_n,y_n^*)$，即 $\boldsymbol{x}_i$ 与原始样本相同，而 y_i^* 由如下机制产生：

$$y_i^*=\boldsymbol{x}_i^{\mathrm{T}}\hat{\beta}+\epsilon_i^*, \tag{8.3.2}$$

其中，$\epsilon_i^*\sim N(0,\hat{\sigma}^2),i=1,2,\cdots,n$。该过程被重复执行 B 次，从而产生出 B 个参数 bootstrap 样本。随着 bootstrap 样本数量 B 趋于无穷，参数 bootstrap 方法的估计结果与极大似然估计趋于一致。

图 8.1 是非参数 Bootstrap 方法和参数 Bootstrap 方法的示意图。除此之外，其他合理获得与原始数据分布相近的样本的方法也属于 Bootstrap 方法，如回归模型中的残差重抽样（Resampling Residual），利用残差重抽样产生 bootstrap 样本。在式 (8.3.2) 中，ϵ_i^* 从 $\{\hat{\epsilon}_i = y_i - \boldsymbol{x}_i^{\mathrm{T}}\hat{\beta}, i = 1, \cdots, n\}$ 有放回抽样中产生。

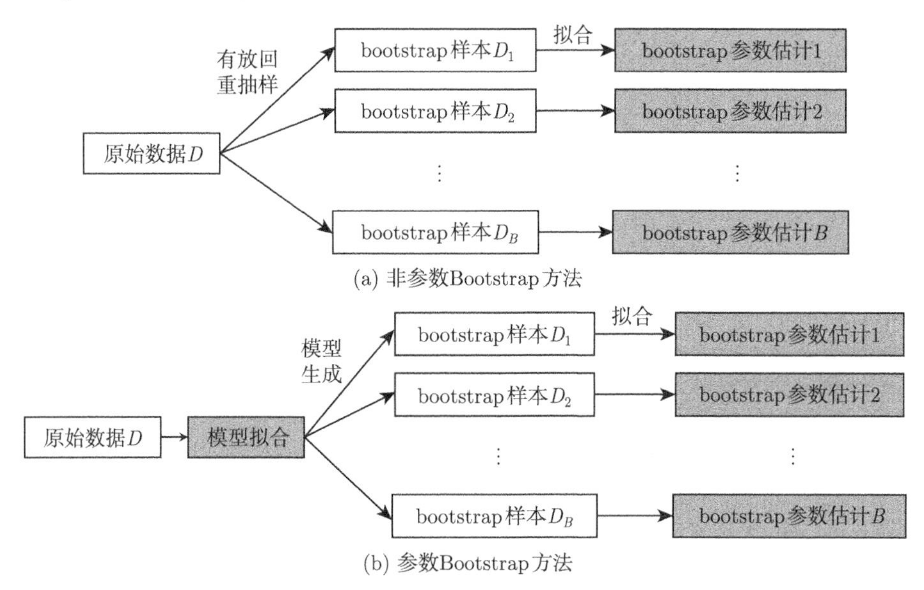

图 8.1 非参数 Bootstrap 方法和参数 Bootstrap 方法的示意图

利用极大似然估计的渐近正态性质构造置信区间，需要知道 $\boldsymbol{I}(\theta)$ 的具体表达式，但很多时候 $\boldsymbol{I}(\theta)$ 形式复杂且不容易计算（如隐马尔可夫模型的信息矩阵），这个时候 Bootstrap 方法可以更容易得到参数估计的置信区间。在一些更复杂的建模流程中，我们很难获得估计的显式表达式，在这种情况下 Bootstrap 方法依然可以帮助我们获得估计精度的度量。以岭回归估计 $\beta = (\boldsymbol{X}^{\mathrm{T}}\boldsymbol{X} + \lambda\boldsymbol{I})^{-1}\boldsymbol{X}^{\mathrm{T}}y$ 为例，对固定的 λ，可以通过“三明治”公式得到 β 估计的方差：

$$\widehat{\mathrm{Cov}(\hat{\beta})} = \hat{\sigma}^2(\boldsymbol{X}^{\mathrm{T}}\boldsymbol{X} + \lambda\boldsymbol{I})^{-1}\boldsymbol{X}^{\mathrm{T}}\boldsymbol{X}(\boldsymbol{X}^{\mathrm{T}}\boldsymbol{X} + \lambda\boldsymbol{I})^{-1} \tag{8.3.3}$$

但是，如果 λ 不是预先固定的，如由交叉验证方法确定，将很难得到 β 估计的方差。这个时候，我们可以使用 Bootstrap 方法，对每个 bootstrap 样本都使用交叉验证法选择 λ，然后再得到基于 bootstrap 样本的岭回归估计。Bootstrap 方法将会同时考虑数据的不确定性和选择 λ 的不确定性，获得参数估计的精度度量，如标准差和置信区间等。

例 8.1 Bootstrap 方法模拟仿真

本例中我们产生数据，在三阶样条回归的设定下，对非参数 Bootstrap 方法和参数 Bootstrap 方法进行模拟仿真，获得均值函数的置信区间（见图 8.2）。

```
## 非参数 Bootstrap
n = 100
x = np.random.rand(n,1)
err = np.random.standard_t(3,(n,1))*0.4
y = np.sin(2*np.pi*x) + err

B = 1000
xi1 = 0.33
xi2 = 0.67
c = np.ones((n,1))
u = np.linspace(0,1,100).reshape(100,1)
cu = np.ones((100,1))
xiu1 = (u - xi1)**3*(u - xi1>0)
xiu2 = (u - xi2)**3*(u - xi2>0)
U = np.hstack((cu,u,u**2,u**3,xiu1,xiu2))

estf = np.zeros((100,B))
for j in range(B):
    #id = np.random.random_integers(0,99,(100,))
    id = np.random.randint(0,100,(100,))
    nx = x[id]
    ny = y[id]
    n1 = ((nx - xi1)*(nx - xi1>0))**3
    n2 = ((nx - xi2)*(nx - xi2>0))**3
    X = np.hstack((c,nx,nx**2,nx**3,n1,n2))
    beta = la.inv(X.T.dot(X)).dot(X.T).dot(ny)
    est = U.dot(beta)
    estf[:,j] = est.ravel()

qt975 = np.percentile(estf,97.5,axis = 1)
qt025 = np.percentile(estf,2.5,axis = 1)
qt050 = np.percentile(estf,50,axis = 1)
plt.plot(x,y,'o')
plt.plot(u,qt975,'--')
plt.plot(u,qt025,'--')
plt.plot(u,qt050,'k-')

## 参数 bootstrap
#模型估计
k1 = ((x - xi1)*(x - xi1>0))**3
k2 = ((x - xi2)*(x - xi2>0))**3
X = np.hstack((c,x,x**2,x**3,k1,k2))
```

```
beta_ols = la.inv(X.T.dot(X)).dot(X.T).dot(y)
yhat = X.dot(beta_ols)
mse = np.mean((y - yhat)**2)
estf = np.zeros((100,B))
for j in range(B):
    nx = x
    ny = yhat + np.random.randn(100,1)*mse**(0.5)
    k1 = ((nx - xi1)*(nx - xi1>0))**3
    k2 = ((nx - xi2)*(nx - xi2>0))**3
    X = np.hstack((c,nx,nx**2,nx**3,k1,k2))
    beta = la.inv(X.T.dot(X)).dot(X.T).dot(ny)
    est = U.dot(beta)
    estf[:,j] = est.ravel()

qt975 = np.percentile(estf,97.5,axis = 1)
qt025 = np.percentile(estf,2.5,axis = 1)
qt050 = np.percentile(estf,50,axis = 1)
plt.plot(x,y,'o')
plt.plot(u,qt975,'--')
plt.plot(u,qt025,'--')
plt.plot(u,qt050,'k-')
```

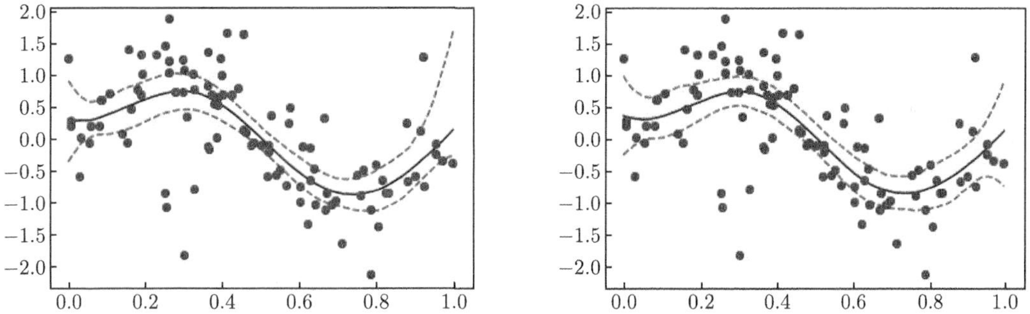

(a) 非参数Bootstrap方法的模拟仿真

(b) 参数Bootstrap方法的模拟仿真

图 8.2　Bootstrap 方法的模拟仿真

8.4　KL 距离和信息论相关概念

我们在介绍 AIC 时使用了 KL 距离（Kullback-Leibler Divergence，又称为 KL 散度或相对熵）。KL 距离和统计学的极大似然估计、EM 算法、变分推断等也有很大联系，是一个重要的概念。KL 距离在机器学习中的应用十分广泛，如决策树中的信息增益准则、深度学习中的变分自编码等。我们在这里介绍 KL 距离和与它密切相关的一些概念。

8.4.1 KL 距离和熵

KL 距离起源于信息论，可以度量两个分布之间的差异程度，我们在第 7 章介绍 AIC 原理的时候已经给出了 KL 距离具体的定义。对于两个分布密度 $p(x)$ 和 $q(x)$，KL 距离的数学表达式为：

$$\mathrm{KL}(p||q)=\int p(x)\log\frac{p(x)}{q(x)}\mathrm{d}x=-\int p(x)\log\frac{q(x)}{p(x)}\mathrm{d}x \tag{8.4.1}$$

根据定义，$\mathrm{KL}(p||q)$ 是从分布 q 到分布 p 的 KL 距离，而 $KL(q||p)$ 是从分布 p 到分布 q 的 KL 距离。我们容易看到 $\mathrm{KL}(p||q)\neq\mathrm{KL}(q||p)$，因此 KL 距离没有对称性，不是通常意义下的距离度量。根据 Jensen 不等式，可以得到 $\mathrm{KL}(p||q)\geqslant 0$，当且仅当两个分布完全相同，即 $q(x)=p(x)$ 对任意 x 成立时，$\mathrm{KL}(p||q)=0$。

熵和交叉熵是和 KL 距离相关的两个概念，对分布 $p(x)$，熵（entropy）的定义为：

$$H(p)=-\int p(x)\log p(x)\mathrm{d}x \tag{8.4.2}$$

对分布 $p(x)$ 和 $q(x)$，交叉熵（cross entropy）的定义为：

$$H(p||q)=-\int p(x)\log q(x)\mathrm{d}x \tag{8.4.3}$$

显然，$H(p||p)=H(p)$。熵在这里是分布离散程度或随机变量不确定性的度量，如在离散随机变量 X 服从 [0,1] 两点分布的例子中，概率为 0.5 时熵值最大，概率为 0 或 1 时熵值最小；在正态分布中，方差越大，熵值越大。

如果我们可以把 KL 距离分解为交叉熵和熵的差，则有：

$$\begin{aligned}\mathrm{KL}(p||q)&=-\int p(x)\log q(x)\mathrm{d}x+\int p(x)\log p(x)\mathrm{d}x && (8.4.4)\\&=H(p||q)-H(p) && (8.4.5)\end{aligned}$$

如果我们假设 $p(x)$ 是 x 的真实分布，$q(x)$ 是 x 的某个模型近似，这时可以把 $\mathrm{KL}(p||q)$ 解释为使用 $q(x)$ 表示实际分布 $p(x)$ 的信息损失（information loss），也称为信息增益（information gain）。通过最小化 $\mathrm{KL}(p||q)$ 可以求解模型 $q(x)$。极大似然估计可以由最小化 KL 距离导出。假设分布 $q(x)$ 具有参数形式 $q(x)=q(x|\theta)$。由 KL 距离分解式 (8.4.4)，第 2 项不含有参数 θ，因此最小化 KL 距离等价于最小化交叉熵（等价于最大化负的交叉熵），即：

$$\hat{\theta}=\max_{\theta}\int p(x)\log q(x|\theta)\mathrm{d}x=E_{x\sim p(x)}\log q(x|\theta) \tag{8.4.6}$$

上式期望通过样本均值计算，假设来自$p(x)$的观测样本为$(x_1, \cdots, x_N)$，则求解最小交叉熵：

$$\hat{\theta} = \max_{\theta} \frac{1}{N} \sum_{i=1}^{N} \log q(x_i|\theta) \tag{8.4.7}$$

可以得到极大似然估计 $\hat{\theta}$。

8.4.2　KL 距离和互信息

KL 距离可以定义两个变量的互信息（mutual information）。对于两个随机变量 x 和 y，假设它们的联合分布是 $p(x,y)$，边际分布分别是 $p(x)$ 和 $p(y)$，x 和 y 的互信息定义为边际分布乘积到联合分布的 KL 距离：

$$I(x,y) = \mathrm{KL}[p(x,y)||p(x)p(y)] \tag{8.4.8}$$

$$= \int\int p(x,y) \log \frac{p(x,y)}{p(x)p(y)} \mathrm{d}x\mathrm{d}y \tag{8.4.9}$$

显然，$I(x,y) = I(y,x)$。由 KL 距离的性质可知互信息非负，当且仅当 $p(x,y) = p(x)p(y)$，即 x 和 y 互相独立时，$I(x,y) = 0$。由于 $p(x,y) = p(x)p(y|x)$，则有：

$$I(x,y) = \int p(x) \left[\int p(y|x) \log \frac{p(y|x)}{p(y)} \mathrm{d}y\right] \mathrm{d}x \tag{8.4.10}$$

$$= E_x\{\mathrm{KL}\left[p(y|x)||p(y)\right]\} \tag{8.4.11}$$

从贝叶斯角度，把 $p(y)$ 看成先验分布，$p(y|x)$ 看成后验分布，互信息是先验分布到后验分布的期望 KL 距离。在深度学习中，把 x 看成输入层，y 看成输出层，互信息度量了输入层到输出层的信息传递。

此外，互信息也可以表示为熵和条件熵之差。分布 $p(y|x)$ 的条件熵定义为：

$$\mathrm{CH}[p(y|x)] = -\int\int p(y,x) \log p(y|x) \mathrm{d}y\mathrm{d}x \tag{8.4.12}$$

$$= \int p(x) \left[-\int p(y|x) \log p(y|x) \mathrm{d}y\right] \mathrm{d}x \tag{8.4.13}$$

$$= E_x H[p(y|x)] \tag{8.4.14}$$

即条件熵是条件分布的熵的期望。容易导出：

$$I(x,y) = H[p(y)] - \mathrm{CH}[p(y|x)] = H[p(x)] - \mathrm{CH}[p(x|y)] \tag{8.4.15}$$

互信息 $I(x,y)$ 是熵 $H[p(y)]$ 减去条件熵 $\mathrm{CH}[p(y|x)]$ 的差值。考虑上式第一个等号，由于 $I(x,y) \geqslant 0$，可以得到 $H[p(y)] \geqslant \mathrm{CH}[p(y|x)]$。由于熵度量了 y 的不确定性，我们看到引入变量 x 的信息后，随机变量 y 的不确定性下降，互信息是这种不确定性降低的值。决策树算法中的信息增益概念与本节的互信息定义一致。在一些决策树算法（如 C4.5）中，使用信息增益来确定选择变量进行区间切分。

8.5 EM 算法

EM 算法（Expectation-Maximization algorithm，期望–最大算法）是一种对缺失数据的似然函数求极值的通用算法。在具有潜变量（latent variable）的模型中，如混合模型和隐马尔可夫模型，直接求解似然函数比较困难。如果我们把潜变量看成缺失数据，并在样本中加入缺失数据组成完整数据，则完整数据的似然函数（全似然函数，completed likelihood）求解往往会变得简单。EM 算法在 E 步中给定当前的参数估计，计算带缺失数据的全似然函数的期望值。在 M 步中求全似然函数的极值，更新参数估计。两个步骤不断迭代直到 EM 算法收敛。

假设观测数据 x 的对数似然函数为 $\ell(\theta|x)$，记潜变量数据或缺失数据为 z，完整数据为 (x,z)。记完整数据的对数似然函数为 $\ell(\theta|x,z)$。由条件密度展开式得到：

$$p(x,z|\theta)=q(z|x,\theta)f(x|\theta)$$

其中，$p(x,z|\theta)$ 是 (x,z) 的联合密度，$q(z|x,\theta)$ 是缺失数据 z 的条件密度，$f(x|\theta)$ 是观测数据的密度。于是有：

$$\ell(\theta|x)=\log f(x|\theta)=\ell(\theta;x,z)-\ell(\theta;z|x) \tag{8.5.1}$$

其中，$\ell(\theta;x,z)=\log p(x,z|\theta)$ 是全对数似然函数，$\ell(\theta;z|x)=\log q(z|x,\theta)$。在等式（8.5.1）的两边对 z 求期望，设 z 服从某个分布 $q^*(z)$，注意到等号左边不含 z，于是得到：

$$\ell(\theta|x)=\int q^*(z)\log p(x,z|\theta)\mathrm{d}z-\int q^*(z)\log q(z|x,\theta)\mathrm{d}z \tag{8.5.2}$$

在 EM 算法中，一般令 $q^*(z)=q(z|x,\theta^k)$，θ^k 是第 k 次迭代的参数，并记等式（8.5.2）右边第一项为 $\mathrm{Q}(\theta|\theta^k)$，称为 Q 函数，则有：

$$\mathrm{Q}(\theta|\theta^k)=\int q(z|x,\theta^k)\log p(x,z|\theta)\mathrm{d}z \tag{8.5.3}$$

在 E 步中，我们对完整数据的对数似然函数求期望，即计算 Q 函数。在 M 步中，给定 θ^k 求 Q 函数的极大值，则有：

$$\theta^{k+1}=\arg\max \mathrm{Q}(\theta|\theta^k) \tag{8.5.4}$$

因此，$\mathrm{Q}(\theta^{k+1}|\theta^k)\geqslant \mathrm{Q}(\theta^k|\theta^k)$。根据 Jensen 不等式，容易验证：

$$\int q(z|x,\theta^k)\log q(z|x,\theta^{k+1})\mathrm{d}z\leqslant\int q(z|x,\theta^k)\log q(z|x,\theta^k)\mathrm{d}z \tag{8.5.5}$$

因此，$\ell(\theta^{k+1}|x)\geqslant\ell(\theta^k|x)$，这就是 EM 算法的单调上升性质（ascent property）。

8.5.1　EM 算法与变分推断和 MM 算法

EM 算法也可以放到变分推断（见本书 9.4 节）和 MM 算法的框架中理解。在变分推断中，我们把式（8.5.2）写为：

$$\ell(\theta|x)=\int q^*(z)\log\frac{p(x,z|\theta)}{q^*(z)}\mathrm{d}z-\int q^*(z)\log\frac{q(z|x,\theta)}{q^*(z)}\mathrm{d}z \tag{8.5.6}$$

$$=\mathcal{L}[q^*(z),\theta,x]+\mathrm{KL}[q^*(z)||q(z|x,\theta)] \tag{8.5.7}$$

由于第 2 项的 KL 散度非负，$\mathcal{L}[q^*(z),\theta,x]$ 可以看成是对数似然函数为 $\ell(\theta|x)$ 的下界。我们可以不断提升下界来实现 $\ell(\theta|x)$ 的优化。给定参数 $\theta=\theta^k$，当 $q^*(z)=q(z|x,\theta^k)$ 时，KL 散度为 0，下界达到最大值，即对数似然函数为 $\ell(\theta^k|x)$。给定 $q^*(z)=q(z|x,\theta^k)$ 时，优化 $\mathcal{L}[q(z|x,\theta^k),\theta]$ 等同于 EM 算法中在 M 步计算 Q 函数并求极大值，得到 $\theta=\theta^{k+1}$。由于 $\mathcal{L}[q(z|x,\theta^k),\theta^{k+1},x]\geqslant\mathcal{L}[q(z|x,\theta^k),\theta^k,x]$，而且 $\mathrm{KL}[q(z|x,\theta^k)||q(z|x,\theta^{k+1})\geqslant 0$，可以得到 EM 算法的单调上升性质 $\ell(\theta^{k+1}|x)\geqslant\ell(\theta^k|x)$。

MM 算法（Minorize-Maximization algorithm）是一种利用凸函数性质迭代求极值的优化方法。对于求目标函数极大值，其通过不断构造并优化下界函数来实现目标函数的优化。对目标函数 $\ell(\theta)$，它的下界函数 $g(\theta|\theta^k)$ 需要满足以下两个条件：

（1）对任意 θ，$g(\theta|\theta^k)\leqslant\ell(\theta)$；

（2）$g(\theta^k|\theta^k)=\ell(\theta^k)$。

令 $\theta^{k+1}=\arg\max g(\theta|\theta^k)$，则有：

$$\ell(\theta^{k+1})\geqslant g(\theta^{k+1}|\theta^k)\geqslant g(\theta^k|\theta^k)=\ell(\theta^k) \tag{8.5.8}$$

因此，MM 算法具有单调上升性质。在等式（8.5.7）中，令 $q^*(z)=q(z|x,\theta^k)$，显然 $\mathcal{L}(q[z|x,\theta^k),\theta]$ 是 MM 算法意义下，目标函数 $\ell(\theta|x)$ 的下界函数。由此可以得到 EM 算法是 MM 算法的一个特例。

8.5.2　高斯混合模型的 EM 算法

回顾第 3 章多元高斯混合模型的定义，假设观测数据 $\boldsymbol{X}=\{x_i,i=1,\cdots,N\}$，$\boldsymbol{x}_i$ 是独立同分布的样本，服从：

$$f(x|\theta)=\sum_{k=1}^{K}\pi_k\phi(x;\mu_k,\Sigma_k) \tag{8.5.9}$$

其中，$\theta=\{(\pi_k,\mu_k,\Sigma_k),k=1,\cdots,K\}$。高斯混合模型的对数似然函数可以写为：

$$\ell(\theta;X)=\sum_{i=1}^{N}\log\left[\sum_{k=1}^{K}\pi_k\phi(\boldsymbol{x}_i;\mu_k,\Sigma_k)\right] \tag{8.5.10}$$

在 EM 算法中，引入潜变量 $\boldsymbol{z}_i=(z_{i1},\cdots,z_{iK})$，其中：

$$z_{ik}=\begin{cases}1, & x_i \text{ 属于第 } k \text{ 个子模型/成分}\\ 0, & x_i \text{ 不属于第 } k \text{ 个子模型/成分}\end{cases} \tag{8.5.11}$$

于是，完整数据为 $\{(\boldsymbol{x}_i,\boldsymbol{z}_i),i=1,2,\cdots,N\}$，完整数据的对数似然函数为：

$$L(\theta)=\log\left\{\prod_{i=1}^{N}\prod_{k=1}^{K}[\pi_k\phi(\boldsymbol{x}_i|\mu_k,\Sigma_k)]^{z_{ik}}\right\} \tag{8.5.12}$$

$$=\sum_{i=1}^{N}\sum_{k=1}^{K}z_{ik}\left[\log\pi_k+\log\phi(\boldsymbol{x}_i|\mu_k,\Sigma_k)\right] \tag{8.5.13}$$

在 EM 算法的 E 步中，给定观测数据 $\boldsymbol{X}$ 和上一次迭代中 θ 的估计值（或是首次迭代时的初始值），计算 z_{ik} 的期望，记为 r_{ik}，则有：

$$r_{ik}=\frac{\hat{\pi}_k\phi(\boldsymbol{x}_i;\hat{\mu}_k,\hat{\Sigma}_k)}{\sum_{l=1}^{K}\hat{\pi}_l\phi(\boldsymbol{x}_i;\hat{\mu}_l,\hat{\Sigma}_l)} \tag{8.5.14}$$

用 r_{ik} 替换 $L(\theta)$ 中的 z_{ik}，得到完整对数似然函数的期望。这个期望值有时也称为 Q 函数，则有：

$$\mathrm{Q}(\theta)=\sum_{i=1}^{N}\sum_{k=1}^{K}r_{ik}\log\pi_k+\sum_{i=1}^{N}\sum_{k=1}^{K}r_{ik}\log\phi(\boldsymbol{x}_i|\mu_k,\Sigma_k) \tag{8.5.15}$$

在 M 步中，通过最大化 Q 函数来更新参数 θ。在约束 $\sum_{k=1}^{K}\pi_k=1$ 下，π_k 的更新为：

$$\hat{\pi}_k=\frac{1}{N}\sum_{i=1}^{N}r_{ik} \tag{8.5.16}$$

μ_k 和 Σ_k 的更新为：

$$\hat{\mu}_k=\frac{\sum_{i=1}^{N}r_{ik}\boldsymbol{x}_i}{\sum_{i=1}^{N}r_{ik}} \tag{8.5.17}$$

$$\hat{\Sigma}_k=\frac{\sum_{i=1}^{N}r_{ik}(\boldsymbol{x}_i-\hat{\mu}_k)(\boldsymbol{x}_i-\hat{\mu}_k)^T}{\sum_{i=1}^{N}r_{ik}} \tag{8.5.18}$$

容易看出，如果令 $\pi_k=1/K$，$\Sigma_k=\epsilon\boldsymbol{I}$，$\boldsymbol{I}$ 是单位矩阵，我们不需要更新 π_k 和 Σ_k。则 E 步变为：

$$r_{ik}=\frac{\exp(-||\boldsymbol{x}_i-\mu_k||^2/2\epsilon)}{\sum_{l=1}^{K}\exp(-||\boldsymbol{x}_i-\mu_l||^2/2\epsilon} \tag{8.5.19}$$

当 $\epsilon \to 0$ 时，

$$r_{ik} = \begin{cases} 1, & k = \arg\min_j ||\boldsymbol{x}_i - \mu_j||^2 \\ 0, & k \neq \arg\min_j ||\boldsymbol{x}_i - \mu_j||^2 \end{cases} \tag{8.5.20}$$

EM 算法的 M 步与 k 均值算法中每个类中心的更新步骤相同，此时高斯混合模型的 EM 算法退化为 k 均值算法。

例 8.2 混合模型 EM 算法的模拟仿真

本例中我们编写一个混合模型 EM 算法的函数，并进行模拟仿真。

```
import scipy.stats as st
n = 100
x1 = np.random.randn(n,1)*0.5 + 0.7
x2 = np.random.randn(n,1)*0.8 - 1.2
x = np.vstack((x1,x2)).ravel()
plt.hist(x,20)

def em_mixture1(x,K,mu,sigma2,p,tol=0.001,max_it = 200):
    n = len(x);
    f = np.zeros((n,K))
    r = np.zeros((n,K))
    iter, diff = 0, 1
    loglike = -np.inf
    while np.abs(diff)>tol and iter < max_it:
        loglike_old = loglike
        for k in range(K):
            f[:,k] = st.norm.pdf(x,mu[k],np.sqrt(sigma2[k]))
        for k in range(K):
            r[:,k] = p[k]*f[:,k]/f.dot(p)
            mu[k] = np.sum(x*r[:,k])/np.sum(r[:,k])
            sigma2[k] = np.sum((x-mu[k])**2*r[:,k])/np.sum(r[:,k])
        p = np.mean(r,axis = 0)
        iter = iter + 1
        loglike = np.sum(np.log(f.dot(p)))
        diff = loglike - loglike_old
    return mu, sigma2,p,iter,loglike

K = 2
mu = np.array([1.0,-1.0])
sigma2 = np.array([1.0,1.0])
p = np.array([0.5,0.5])
mu, sigma2,p,iter,loglike = em_mixture1(x,K,mu,sigma2,p)
```

8.5.3 隐马尔可夫模型的 EM 算法

EM 算法是隐马尔可夫模型最常用的估计方法，也称为 Baum-Welch 算法。设 $y^{\mathrm{T}}=\{y_t,t=1,2,\cdots,T\}$ 为隐马尔可夫模型的一组有限样本观测数据。则观测数据的似然函数为：

$$L(\boldsymbol{\delta},\boldsymbol{\theta},\boldsymbol{\Gamma})=\boldsymbol{\delta}P(y_1|\boldsymbol{\theta})\boldsymbol{\Gamma}\cdots\boldsymbol{\Gamma}P(y_T|\boldsymbol{\theta})\mathbf{1}' \tag{8.5.21}$$

$$=\sum_{\{S_1,S_2,\cdots,S_t\}}\delta_{S_1}\times p_{S_1}(y_1|\theta_{S_1})\prod_{t=2}^{T}\gamma_{S_{t-1},S_t}\times\prod_{t=2}^{T}p_{S_t}(y_t|\theta_{S_t}) \tag{8.5.22}$$

如果隐藏状态序列能被观测，则联合概率密度函数为：

$$P(\boldsymbol{Y}^{\mathrm{T}},\boldsymbol{S}^{\mathrm{T}})=\delta_{S_1}\times p_{S_1}(y_1|\theta_{S_1})\times\prod_{t=2}^{T}\gamma_{S_{t-1},S_t}\times\prod_{t=2}^{T}p_{S_t}(y_t|\theta_{S_t}) \tag{8.5.23}$$

由于隐状态 S_t 是缺失的，在 EM 算法中，引入相关的潜变量 $\boldsymbol{z}_t=(z_{t1},\cdots,z_{tS})$，其中：

$$z_{tk}=\begin{cases}1, & S_t=k\\ 0, & S_t\neq k\end{cases} \tag{8.5.24}$$

则基于完整数据 $\{(y_t,\boldsymbol{z}_t),t=1,\cdots,T\}$，式 (8.5.23) 又可以写为：

$$\prod_{k=1}^{S}[\delta_k\times p_k(y_1|\theta_k)]^{z_{1k}}\times\prod_{j=1}^{S}\prod_{k=1}^{S}\prod_{t=2}^{T}[\gamma_{jk}]^{z_{t-1,j}z_{tk}}\times\prod_{k=1}^{S}\prod_{t=2}^{T}[p_k(y_t|\theta_k)]^{z_{tk}} \tag{8.5.25}$$

对上式取对数得到完整对数似然函数为：

$$\begin{aligned}\mathcal{L}=&\sum_{k=1}^{S}z_{1k}\log(\delta_k)+\sum_{t=2}^{T}\sum_{j=1}^{S}\sum_{k=1}^{S}z_{t-1,j}z_{tk}\log\gamma_{jk}\\&+\sum_{t=2}^{T}\sum_{k=1}^{S}z_{tk}\log[p_k(y_t|\theta_k)]\end{aligned} \tag{8.5.26}$$

其中，δ_k 是初始概率 $P(S_1=k)$，γ_{jk} 是 $(t-1)$ 时刻的转移概率 $P(S_t=k|S_{t-1}=j)$，$p_k(y_t|\theta_k)$ 是给定 $S_t=k$ 时 Y_t 的输出概率。

在 EM 算法的 E 步，我们在给定完整的观测序列 $\{y_t\}$ 和上一次迭代中 $(\boldsymbol{\delta},\boldsymbol{\theta},\boldsymbol{\Gamma})$ 的估计值（或首次迭代时的初始值）的条件下，计算 z_{tk} 和 $z_{t-1,j}z_{tk}$ 的期望，并分别记为 r_{tk} 和 h_{tjk}。其中，r_{tk} 是给定整个观测序列的条件下在 t 时刻处于状态 k 的条件概率，h_{tjk} 是给定整个观测序列的条件下在 $(t-1)$ 时刻处于状态 j 且在 t 时刻处于状态 k 的条件概率。具体来说，r_{tk} 和 h_{tjk} 可以通过第 3 章介绍的向前算法和向后算法由式 (3.5.16) 和式 (3.5.17) 计算得到，即：

$$\begin{aligned}r_{tk}&=\alpha_{tk}\beta_{tk}/L(\boldsymbol{\delta},\boldsymbol{\theta},\boldsymbol{\Gamma})\\h_{tjk}&=\alpha_{t-1,j}\gamma_{jk}p_k(y_t|\theta_k)\beta_{tk}/L(\boldsymbol{\delta},\boldsymbol{\theta},\boldsymbol{\Gamma})\end{aligned} \tag{8.5.27}$$

可以通过第 3 章介绍的正则化替换方法来防止计算下溢的问题。于是，代入 r_{tk} 和 h_{tjk} 得到完整对数似然函数的期望：

$$
\begin{aligned}
E(\mathcal{L}) =& \sum_{k=1}^{S} r_{1k} \log(\delta_k) + \sum_{t=2}^{T}\sum_{j=1}^{S}\sum_{k=1}^{S} h_{tjk} \log \gamma_{jk} \\
&+ \sum_{t=1}^{T}\sum_{k=1}^{S} r_{tk} \log(p_k(y_t|\theta_k)) \\
=& \ell_1(\boldsymbol{\delta}) + \ell_2(\boldsymbol{\Gamma}) + \ell_3(\boldsymbol{\theta})
\end{aligned} \tag{8.5.28}
$$

在 M 步中，通过最大化完整对数似然函数来更新参数。最大化式 (8.5.28) 中的 $E(\mathcal{L})$，可以拆分成三部分进行，即分别最大化 $\ell_1(\boldsymbol{\delta})$，$\ell_2(\boldsymbol{\Gamma})$ 和 $\ell_3(\boldsymbol{\theta})$。在 $\sum_{k=1}^{S} \delta_k = 1$ 的约束下，最大化 $\ell_1(\boldsymbol{\delta})$ 可以得到：

$$
\hat{\delta}_j = \frac{r_{1j}}{\sum_{k=1}^{S} r_{1k}} \tag{8.5.29}
$$

在 $\sum_{k=1}^{S} \gamma_{jk} = 1$ 的约束下，最大化 $\ell_2(\boldsymbol{\Gamma})$ 可以得到：

$$
\hat{\gamma}_{jk} = \frac{\sum_{t=2}^{\mathrm{T}} h_{tjk}}{\sum_{t=2}^{\mathrm{T}} r_{t-1,j}} \tag{8.5.30}
$$

最大化 $\ell_3(\boldsymbol{\theta})$ 可以得到：

$$
\hat{\boldsymbol{\theta}} = \arg\max \ell_3(\boldsymbol{\theta}) \tag{8.5.31}
$$

估计值依赖于 $\ell_3(\boldsymbol{\theta})$ 中密度函数 $p_k(y_t|\theta_k)$ 的选择。在一些情形下，最大化 $\ell_3(\boldsymbol{\theta})$ 存在显式解；在某些情形下，最大化 $\ell_3(\boldsymbol{\theta})$ 没有显式解，则可以通过牛顿法、梯度下降法或其他更合适的数值算法得到近似最优解。E 步和 M 步迭代直至似然函数收敛，即得到模型参数估计值。

例 8.3　隐马尔可夫模型估计的模拟仿真

本例中我们编写隐马尔可夫模型 EM 算法的相关程序，并进行模拟仿真。

```
from scipy.stats import norm
from sklearn.cluster import KMeans
from scipy import special,stats

def Forward_Backward_Algorithm(pi, PP, trans):
    T,S = PP.shape
    alpha = np.zeros((T,S))        #向前概率
    beta  = np.zeros((T,S))        #向后概率
    coef  = np.zeros((T,1))        #正则化系数
    alpha[0,:] = pi.T.dot(np.diag(PP[0,:]))
    coef[0,0]  = 1/np.sum(alpha[0,:])
```

```
    alpha[0,:] = alpha[0,:]*coef[0,0]          #估计正则化
    for t in np.arange(1, T):
        alpha[t,:] = alpha[[t-1],:].dot(trans).dot(np.diag(PP[t,:]))
        coef[t,0]  = 1/np.sum(alpha[t,:])
        alpha[t,:] = alpha[t,:]*coef[t,0]
    beta[T-1,:] = coef[T-1,0]
    for t in reversed(np.arange(0, T-1)):
        beta[t,:] = (trans.dot(np.diag(PP[t+1,:])).dot(beta[[t+1],:].T)).T
        beta[t,:] = beta[t,:]*coef[t,0]
    return alpha, beta, coef

def Baum_Welch_Algorithm(d, S):
    # d: T*1  S: 隐状态个数
    T = len(d)
    kmeans_model = KMeans(S)                    # k均值方法获取初始值
    model_result = kmeans_model.fit(d)
    mean_ini  = np.sort(model_result.cluster_centers_ ,0)
    sigma_ini = 0.1*np.ones((S,1))
    pi_ini    = 0.5*np.ones((S,1))
    trans_ini = 0.5*np.ones((S,S))
    PP = norm.pdf(d, loc=mean_ini.ravel(), scale=sigma_ini.ravel()**(0.5))
    alpha, beta, coef = Forward_Backward_Algorithm(pi_ini, PP, trans_ini)
    LT_old = -np.sum(np.log(coef))
    #算法主体
    tol, max_it, diff = 0.001, 10, 100
    it  = 0
    while diff > tol and it < max_it:
        r = np.zeros((T,S))
        h = np.zeros((T-1, S, S))
        for t in np.arange(T-1):
            h[t] = alpha[[t],:].T*trans_ini*PP[t+1,:]*beta[t+1,:]
        r[0:-1,:] = np.sum(h,2)
        r[-1,:] = alpha[-1,:]/np.sum(alpha[-1,:])
        #参数估计
        pi_hat = r[0]
        trans_hat = h.sum(0) / r[0:-1,:].sum(0).reshape(S,1)
        mean_hat, sigma_hat = np.zeros((S, 1)), np.zeros((S,1))
        for j in np.arange(S):
            mean_hat[j]  = r[:,[j]].T.dot(d)/np.sum(r[:,j])
            sigma_hat[j] = r[:,[j]].T.dot((d - mean_hat[j])**2)/np.sum(r[:,
                j])
        #计算似然函数
```

```
        PP = norm.pdf(d, loc=mean_hat.ravel(), scale=sigma_hat.ravel()
            **(0.5))
        alpha, beta, coef = Forward_Backward_Algorithm(pi_hat, PP,
            trans_hat)
        LT_new = -np.sum(np.log(coef))
        diff = np.abs(LT_new - LT_old)
        LT_old, trans_ini, mean_ini, sigma_ini = LT_new, trans_hat,
            mean_hat, sigma_hat
        it += 1
    return mean_hat, sigma_hat, pi_hat, trans_hat, LT_new, alpha[-1,:]

## 模拟
T     = 200
S     = 2
pi    = np.array([0.5,0.5])
trans = np.array([[0.3,0.7],[0.6,0.4]])
mean  = np.array([-1,1])
sigma = np.array([0.08,0.08])
states = np.arange(1, S+1)              #状态
state_seq   = np.zeros(T)               #隐状态序列
state_seq[0] = np.random.choice(states, p = np.ravel(pi))
for t in np.arange(1,T):
    state_seq[t] = np.random.choice(states,
    p = trans[states.tolist().index(state_seq[t-1]),:])
observed_seq = np.zeros((T, 1))         #观测序列
for t in range(T):
    state_index     = states.tolist().index(state_seq[t])
    observed_seq[t] = np.random.randn()*sigma[state_index]**0.5 + mean[
        state_index]
mean_hat, sigma_hat, pi_hat, trans_hat, LT, alpha_T =
    Baum_Welch_Algorithm(observed_seq, S)
```

8.5.4　案例分析：收益率序列隐状态预测

[目标和背景]

本例中，我们对沪深 300 指数 1 339 天的收益率序列采用隐马尔可夫模型进行分析，检验其在实际问题中的预测能力。在实际操作中，为了令序列更为贴近对输出概率的正态分布假设，可以事先进行 box-cox 变换，将收益率序列由一个尖峰厚尾分布转换为正态分布。

[解决方案和程序]

令训练集长度为 $T_{\text{train}} = 250$，在时间点 t，对 $(t - T_{\text{train}})$ 和 $(t-1)$ 之间的 T_{train} 个样本

进行拟合，得到参数估计。则时间点 t 的预测状态概率分布为：

$$P(S_t = k|\boldsymbol{Y}^{(t-1)}) = \frac{\hat{\boldsymbol{\alpha}}_t \hat{\boldsymbol{\Gamma}}_{\cdot k}}{L(\hat{\boldsymbol{\delta}}, \hat{\boldsymbol{\theta}}, \hat{\boldsymbol{\Gamma}})} \tag{8.5.32}$$

其中，$\boldsymbol{Y}^{(t-1)}$ 是到时间点 $(t-1)$ 为止的历史序列，$\boldsymbol{\Gamma}_{\cdot k}$ 是转移概率矩阵 $\boldsymbol{\Gamma}$ 的第 k 列。时间点 t 的“真实”状态可以通过对 $(t - T_{\text{train}})$ 和 t 之间的样本拟合并采用维特比算法（Viterbi algorithm）解码得到。我们对收益率序列进行滚动预测，便可以得到预测的准确率。在本例中，我们首先给出维特比算法的程序，然后进行实证分析，使用过去 250 天的数据拟合隐马尔可夫模型并预测下一个时间点的隐状态。在滚动时间窗口的分析中，正确预测“真实”状态占比接近 70%。

```
def Viterbi_Algorithm(d, pi , trans , mean , sigma):
    T, S = len(d), len(pi)
    V = [{}]
    path = {}
    PP = np.zeros((T,S))
    for i in range(S):
        PP[:,i] = norm.pdf(d.ravel(), loc = mean[i], scale = sigma[i
            ]**(0.5))
    emit = PP/np.sum(PP,1).reshape(T,1)
    for i in range(S):
        V[0][i] = pi[i] * emit[0,i]
        path[i] = [i]
    for t in range(1,T):
        V.append({})
        newpath = {}
        for i in range(S):
            (prob, state) = max([(V[t-1][y0] * trans[y0,i] * emit[t,i], y0)
                 for y0 in range(S)])
            V[t][i] = prob
            newpath[i] = path[state] + [i]
        path = newpath
    (prob, state) = max([(V[T - 1][y], y) for y in range(S)])
    return (prob, path[state])

## 实证分析
index_path = r'D:\data\SZ399300.TXT'
index300 = pd.read_table(index_path,\
    encoding = 'cp936',header = None)
idx = index300[:-1]
idx.columns = ['date','o','h','l','c','v','to']
```

```
idx.index = idx['date']
idx['rt'] = idx['c'].pct_change()
idx.dropna(inplace=True)
# boxcox转换
y = (idx['rt'] + np.abs(idx['rt'].min())+0.01)*100
lam_range = np.linspace(-2,5,100)
llf = np.zeros(lam_range.shape, dtype=float)
for i,lam in enumerate(lam_range):
    llf[i] = stats.boxcox_llf(lam, y)
lam_best = lam_range[llf.argmax()]
y_boxcox = special.boxcox1p(y, lam_best)
d = y_boxcox.values.reshape(len(idx),1)

training = 250
S = 3
i = 0
real = []
pred = []
while i+training < len(d):
    print(i)
    d_t = d[i:i+training,:]
    mean_hat, sigma_hat, pi_hat, trans_hat, LT, alpha_T =
        Baum_Welch_Algorithm(d_t, S)
    pp = alpha_T.reshape(1,S).dot(trans_hat)
    #状态预测
    pred.append(np.argmax(pp.ravel()))
    # 采用viterbi算法获取真实状态
    d_t2 = d[i:i+training+1,:]
    mean_hat, sigma_hat, pi_hat, trans_hat, LT, alpha_T =
        Baum_Welch_Algorithm(d_t2, S)
    prob,path = Viterbi_Algorithm(d_t2, pi_hat, trans_hat, mean_hat,
        sigma_hat)
    real.append(path[-1])
    i += 1
result = pd.DataFrame(index=idx.iloc[training:,:].index)
result['real'] = real
result['pred'] = pred
accuracy = np.sum(result['real'] == result['pred'])/len(result)
```

本章习题

1. 在线性回归模型式 (8.1.6) 中，如果误差项来自拉普拉斯分布，求 β 的极大似然估计。

2. 在逻辑回归模型中，对似然比检验进行模拟仿真，并画出检验的功效函数。

3. 参考例 8.1，编写 Residual Bootstrap 模拟仿真程序。

4. 使用 Bootstrap 方法求逻辑回归的置信区间。

5. 使用 Bootstrap 方法求岭回归和 Lasso 参数的置信区间，其中惩罚参数 λ 由交叉验证法选取。

6. 推导 $\mathrm{KL}(p||q) \geqslant 0$。

7. 验证式 (8.5.5)，并证明 EM 算法的单调上升性质。

8. 在 EM 算法中，推导式 (8.5.14) 和式 (8.5.16)。

9. 编写混合多元正态模型的 EM 算法。

第 9 章 贝叶斯方法

贝叶斯统计推断是统计学的一个重要分支，在多个领域有广泛的应用，包括很多学科。我们多少都有听说或了解统计学里的频率学派和贝叶斯学派的分歧和争论。这些分歧往深了说，涉及客观世界如何理解和描述，但实际上主要体现在模型假设上。频率学派把未知参数看作常量，把样本看作随机变量；贝叶斯学派把样本和未知参数都看作随机变量。本章不讨论这些分歧和假设的合理性，而是基于贝叶斯的假设，着重介绍贝叶斯推断中的有效方法，如拒绝抽样法、Metropolis-Hastings 抽样算法、MCMC 法、变分贝叶斯方法等。

9.1 贝叶斯定理

9.1.1 事件的贝叶斯公式

贝叶斯定理又称为贝叶斯准则或贝叶斯公式。假设两个事件 A 和 B，事件 A 发生的概率不为 0，则给定事件 A，事件 B 发生的条件概率为：

$$P(B|A)=\frac{P(B\bigcap A)}{P(A)}=\frac{P(A|B)P(B)}{P(A)} \tag{9.1.1}$$

以上是贝叶斯定理的一种简单形式。假设样本空间 $\Omega=\bigcup_{j=1}^{K}B_j$，则根据全概率公式：

$$P(A)=\sum_{j=1}^{K}P(A|B_j)P(B_j) \tag{9.1.2}$$

贝叶斯公式可以写为：

$$P(B_j|A)=\frac{P(B_j\bigcap A)}{P(A)}=\frac{P(A|B_j)P(B_j)}{\sum_{j=1}^{K}P(A|B_j)P(B_j)} \tag{9.1.3}$$

例 9.1 三门问题

三门问题（Monty Hall problem）出自美国电视游戏节目*Let's Make a Deal*的一个游戏项目。在游戏中，参赛者会看见 3 扇关闭了的门，已知其中一扇门的后面有一辆汽车，另外两扇门后面各藏有一只山羊。根据游戏规则，如果选中后面有车的那扇门就可以赢得该汽车。当参赛者随机选定了一扇门，但没有打开它的时候，主持人会任意开启剩下两扇门的其中一扇，发现是一只山羊，这时，主持人会问参赛者要不要换另一扇仍然关上的门。

是否换另一扇门取决于换了之后能否增加参赛者赢得汽车的概率。如果概率增加了，则替换是有必要的。是否换门在当时普通参与者中产生很大的争议，这个问题的根源在于“主持人会任意开启剩下两扇门的其中一扇”是一个不准确的、带有迷惑性的描述。事实上只有参与者选中的是车的时候，主持人才能够任意开启剩下的其中一扇门；如果参与者选中的是山羊，那么主持人为了使节目可以继续，只能选择打开剩下两扇门中背后是山羊的那扇。

我们使用贝叶斯推断来分析这个问题。车在任意一扇门背后的概率为 $P(C=i)=1/3, i=1,2,3$。假设参赛者选择了 1 号门，用 A_2 和 A_3 分别代表主持人打开了 2 号门和 3 号门，则有：

$$P(\mathrm{A}_2|C=1)=P(\mathrm{A}_3|C=1)=1/2$$

$$P(\mathrm{A}_2|C=3)=P(\mathrm{A}_3|C=2)=1$$

$$P(\mathrm{A}_2|C=2)=P(\mathrm{A}_3|C=3)=0$$

根据贝叶斯公式，在已知 2 号门是山羊的条件下，换另一扇门并且赢得汽车的概率为：

$$P(C=3|\mathrm{A}_2)=\frac{P(\mathrm{A}_2|C=3)\times P(C=3)}{\sum_{i=1}^{3}P(\mathrm{A}_2|C=i)\times P(C=i)}=\frac{1\times 1/3}{1/2\times 1/3+1/3}=2/3 \tag{9.1.4}$$

类似地，我们可以得到不换门并且赢得汽车的概率 $P(C=1|\mathrm{A}_2)=1/3$。因此，根据贝叶斯公式的计算结果，参赛者应该选择换另一扇门。

9.1.2 随机变量的贝叶斯公式

接下来我们来看一下随机变量的贝叶斯公式。假设 Y 是离散的随机变量，$P(Y=k)=\pi_k, k=1,\cdots,K$，$\boldsymbol{X}$ 是连续的随机变量，则：

$$P(Y=k|\boldsymbol{X}=x)=\frac{f_{\boldsymbol{X}|Y=k}(x)P(Y=k)}{f_{\boldsymbol{X}}(x)}=\frac{\pi_k f_{\boldsymbol{X}|Y=k}(x)}{\sum_{j=1}^{K}\pi_j f_{\boldsymbol{X}|Y=j}(x)} \tag{9.1.5}$$

这就是我们在推导贝叶斯分类器的时候使用的贝叶斯定理在离散的 Y 和连续的 $\boldsymbol{X}$ 情形下的形式。类似地，我们可以推导出贝叶斯定理在离散的 X 和连续的 $\boldsymbol{Y}$ 情形下的形式。假设 X 是离散的随机变量，$P(X=k)=\pi_k, k=1,\cdots,K$，$\boldsymbol{Y}$ 是连续的随机变量，则：

$$P(\boldsymbol{Y}=y|X=k)=\frac{P(X=k|\boldsymbol{Y}=y)f_{\boldsymbol{Y}}(y)}{P(X=k)} \tag{9.1.6}$$

对于两个连续的随机变量 $\boldsymbol{X} \sim f_{\boldsymbol{X}}(x), \boldsymbol{Y} \sim f_{\boldsymbol{Y}}(y)$，则 $\boldsymbol{Y}|\boldsymbol{X}$ 的条件密度可以写为：

$$f_{\boldsymbol{Y}|\boldsymbol{X}}(y|x) = \frac{f_{\boldsymbol{X}|\boldsymbol{Y}}(x|y)f_{Y}(y)}{f_{\boldsymbol{X}}(x)} = \frac{f_{\boldsymbol{X}|\boldsymbol{Y}}(x|y)f_{\boldsymbol{Y}}(y)}{\int f_{\boldsymbol{X}|\boldsymbol{Y}}(x|y)f_{\boldsymbol{Y}}(y)\mathrm{d}y} \tag{9.1.7}$$

其中，$f_{\boldsymbol{X}|\boldsymbol{Y}}(x|y)$ 是 $\boldsymbol{X}|\boldsymbol{Y}$ 的条件密度。

在贝叶斯统计分析中，我们假设模型的参数 θ 具有（连续）先验分布 $p(\theta)$，我们利用贝叶斯公式 (9.1.7)，计算给定数据 $\boldsymbol{X}$ 后，$\theta|\boldsymbol{X}$ 的条件分布（又称为 θ 的后验分布）为：

$$p(\theta|\boldsymbol{X}) = \frac{p(\boldsymbol{X}|\theta)p(\theta)}{\int p(\boldsymbol{X}|\theta)p(\theta)\mathrm{d}\theta} \tag{9.1.8}$$

由于分母不含有 θ，上式也可以写为：

$$p(\theta|\boldsymbol{X}) \propto p(\boldsymbol{X}|\theta)p(\theta) \tag{9.1.9}$$

预测分布（predictive distribution）是给定观测数据集 $\boldsymbol{X}$ 下，一个未观测到的数据 x^* 的分布，记为 $p(x^*|\boldsymbol{X})$。根据后验分布我们可以得到贝叶斯后验预测分布为：

$$\hat{p}(x^*|\boldsymbol{X}) = \int p(x^*|\theta, \boldsymbol{X})p(\theta|\boldsymbol{X})\mathrm{d}\theta \tag{9.1.10}$$

贝叶斯后验预测分布可以考虑到参数估计的不确定性，很多时候比使用 $p(x^*|\hat{\theta}_{\mathrm{mle}})$ 具有更好的预测效果。

9.2 贝叶斯视角下的频率方法

本节通过贝叶斯的视角，给出频率学派方法中的极大似然估计、Bootstarp 方法及正则化方法的贝叶斯解释。由贝叶斯公式，$p(\theta|\boldsymbol{X}) \propto p(\boldsymbol{X}|\theta)p(\theta)$。在参数的先验分布是均匀分布的情形下，$p(\theta) = 1$，后验分布的极大值（Maximum A Posteriori，MAP，又称为后验众数）就是极大似然估计。即使参数 θ 的定义域是 $(-\infty, \infty)$，我们依然可以设 $p(\theta) = 1$，如果 $\int p(\boldsymbol{X}|\theta)p(\theta)\mathrm{d}\theta$ 有限，后验分布可以合理定义（well-defined）。$p(\theta) = 1$ 是一种非正常的先验分布（improper prior），不满足定义域积分为 1 的条件，在这里我们把它看成一种无信息的先验分布。而极大似然估计可以看成无信息先验分布下的后验众数。

考虑一个线性回归模型：

$$\boldsymbol{y} = \boldsymbol{X}\boldsymbol{\beta} + \epsilon \tag{9.2.1}$$

其中，$\epsilon \sim N(0, \sigma^2)$，且 σ^2 已知。假设 $\boldsymbol{\beta}$ 的先验分布为：

$$\boldsymbol{\beta} \sim N(0, \tau\boldsymbol{\Sigma}^{-1}) \tag{9.2.2}$$

则根据贝叶斯定理，得到 $\boldsymbol{\beta}$ 的后验分布为：

$$\boldsymbol{\beta}|\boldsymbol{X}, Y \propto \exp\left(\frac{1}{2\sigma^2}||y-\boldsymbol{X}\boldsymbol{\beta}||^2-\frac{\tau}{2}\boldsymbol{\beta}^{\mathrm{T}}\boldsymbol{\Sigma}\boldsymbol{\beta}\right) \tag{9.2.3}$$

进一步计算发现 $\boldsymbol{\beta}$ 的后验分布也是正态分布 $N(\mu^*, \boldsymbol{\Sigma}^*)$，其中：

$$\begin{aligned}\mu^* &= (\boldsymbol{X}^{\mathrm{T}}\boldsymbol{X}+\frac{\sigma^2}{\tau}\boldsymbol{\Sigma})^{-1}\boldsymbol{X}^{\mathrm{T}}y \\ \boldsymbol{\Sigma}^* &= \sigma^2(\boldsymbol{X}^{\mathrm{T}}\boldsymbol{X}+\frac{\sigma^2}{\tau}\boldsymbol{\Sigma})^{-1}\end{aligned} \tag{9.2.4}$$

我们看到，如果 $\boldsymbol{\Sigma}=\boldsymbol{I}$，则后验均值的形式与岭回归相同，因此岭回归可以看成是参数具有标准正态先验分布 $\boldsymbol{\beta} \sim N(0, \tau I)$ 的后验众数（posterior mode）。类似地，Lasso 可以看成参数具有 Laplace 先验分布的后验众数。

如果令 $\tau \to \infty$，则贝叶斯后验分布与参数形式的 Bootstrap 分布相同，因此，在这个例子中，Bootstrap 方法可以看成是在先验分布 $\boldsymbol{\beta} \sim N(0, \tau\Sigma)$, $\tau \to \infty$ 时的一种后验分布。$\tau \to \infty$ 时，$\boldsymbol{\beta} \sim N(0, \tau\Sigma)$ 是一种无信息的先验分布。通常认为，Bootstrap 方法可以近似看成一种无信息的先验分布下的后验分布估计。

我们除了关注参数估计，也对预测某个变量感兴趣，如预测 Y。一种自然的想法是把多个模型的预测结果综合起来，这就是模型平均（model averaging）。在理论上可以证明，存在最优模型权重，使得模型平均方法的期望预测误差小于单个模型的预测误差。模型平均在实际应用中是一种很常见的有效方法，尤其是非参数模型的平均，如我们将在第 10 章介绍的 Bagging 和随机森林方法。对贝叶斯方法来说，模型平均是一种自然的做法，称为贝叶斯模型平均（Bayesian Model Averaging，BMA），这也是贝叶斯方法在应用中取得成功和优势的主要原因之一。假设 D 是观测数据，ζ 是某个感兴趣的预测变量，有 K 个候选模型 $M_1, \cdots, M_K$，则：

$$P(\zeta|D)=\sum_{k=1}^{K}P(\zeta|D, M_k)P(M_k|D) \tag{9.2.5}$$

如果感兴趣的预测变量 ζ 是响应变量 Y 的期望，则：

$$E(Y|D)=\sum_{k=1}^{K}P(Y|D, M_k)P(M_k|D) \tag{9.2.6}$$

其中，计算 $P(M_k|D)$ 的一种方法是第 7 章介绍的贝叶斯信息准则 BIC。记模型 M_k 的 BIC 值为 BIC_k，则第 k 个模型的后验概率 $P(M_k|D)$ 可以近似计算为：

$$\exp(-0.5\mathrm{BIC}_k)/\sum_{j=1}^{K}\exp(-0.5\mathrm{BIC}_j) \tag{9.2.7}$$

此外，我们也可以通过 9.3.3 节介绍的蒙特卡洛抽样方法（如 Metropolis-Hastings 抽样）来获得 $P(M_k|D)$。

9.3 抽样方法

后验分布通常十分复杂，我们只有在一些简单设定下才能够推导出后验分布的完整形式，但很多时候也难以计算后验分布中分母的积分值。这时我们引入一些抽样方法，不需要知道积分值也可以从后验分布进行抽样，然后利用抽样分布来进行统计推断。在本节中，我们介绍拒绝抽样法和马尔可夫链蒙特卡洛（Monte Carlo Markov Chain, MCMC）方法。

9.3.1 拒绝抽样法

拒绝抽样（Rejection Sampling）又称为接受-拒绝抽样，是一种简单高效的抽样方法。考虑从某个分布 $f(x)$ 中抽样，$f(x)$ 的形式已知但不一定满足积分等于 1，也就是说，假设 $f(x) = ch(x)$，$h(x)$ 已知但 c 可以是未知的。实际问题中，$f(x)$ 是难以直接抽样的。我们从一个相对容易抽样的分布 $q(x)$ 中产生样本，如 $q(x)$ 是正态分布的或均匀分布的。如果存在一个正数 M 满足条件：

$$\sup_x \frac{h(x)}{q(x)} < M < \infty \tag{9.3.1}$$

则拒绝抽样算法（见图 9.1(a)）描述如下：

（1）抽样 $X \sim q$，$U \sim \text{Uniform}[0, 1]$；

（2）如果 $U \leqslant \dfrac{h(X)}{Mq(X)}$，则接受 X，否则拒绝 X。

可以证明，从拒绝抽样算法中接受的样本服从分布 $f(x)$。由于：

$$P(X \leqslant x|X\text{被接受}) = P\left[X \leqslant x|U \leqslant \frac{h(X)}{Mq(X)}\right] = \frac{P\left[X \leqslant x, U \leqslant \dfrac{h(X)}{Mq(X)}\right]}{P\left[U \leqslant \dfrac{h(X)}{Mq(X)}\right]} \tag{9.3.2}$$

其中，分母可以化为：

$$P\left[U \leqslant \frac{h(X)}{Mq(X)}\right] = \mathrm{E}_q\left\{P\left[U \leqslant \frac{h(X)}{Mq(X)}\right]|X\right\} = \mathrm{E}_q\left[\frac{h(X)}{Mq(X)}|X\right] = \frac{1}{cM} \tag{9.3.3}$$

类似可得，$P\left[X \leqslant x, U \leqslant \dfrac{h(X)}{Mq(X)}\right] = \dfrac{\int_{-\infty}^{x} f(x)\mathrm{d}x}{cM}$。于是：

$$P(X \leqslant x|X\text{被接受}) = P\left[X \leqslant x|U \leqslant \frac{h(X)}{Mq(X)}\right] = \int_{-\infty}^{x} f(x)\mathrm{d}x \tag{9.3.4}$$

9.3.2 案例分析: 期权隐含分布估计 (续 2)

[目标和背景]

在第 6 章学习局部回归的例子中，我们使用局部二次回归估计获取期权价格对执行价的二阶导数。由于直接使用该估计不能保证密度函数非负且积分为 1，我们这里使用拒绝抽样法和核密度估计法解决这些问题。

[解决方案和程序]

首先使用拒绝抽样法抽样，得到服从“分布”估计（积分不为 1）的样本。然后对抽样样本进一步使用核密度估计法得到一个完整的密度估计，如图 9.1(b) 所示。核密度估计法得到的分布可以保证密度函数非负且积分为 1。

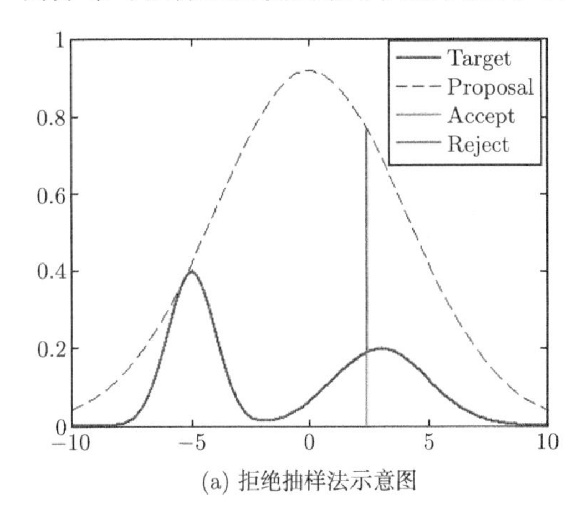

(a) 拒绝抽样法示意图

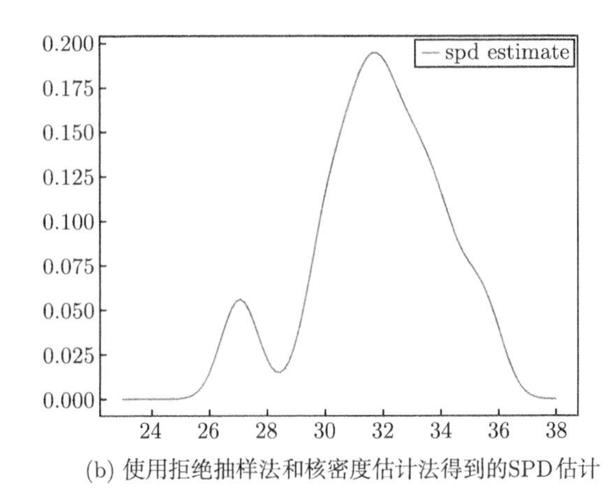

(b) 使用拒绝抽样法和核密度估计法得到的SPD估计

图 9.1 拒绝抽样法

```
## 拒绝抽样
from scipy import interpolate
hx = 2*fu[:,2]  #数据fu和u来自7.3.1节案例分析
M = max(hx)
sample = []

iter = 0
N = 1000
interp = interpolate.interp1d(u, hx, kind='linear')
while len(sample)<N:
    iter = iter + 1
    X = (36-23)*np.random.random() + 23
    U = np.random.random()
    h_X = interp(X)
```

```
    if U < h_X/M:
        sample.append(X)

sample = np.asarray(sample)

u2 = np.linspace(23,38,100)
h = 1.06*np.std(sample)*N**(-0.2)
fx = ourkde(sample,h,u2)  # ourkde()函数来自第3章例3.1
plt.plot(u2,fx,'-')
```

9.3.3 Metropolis-Hastings 抽样算法

Metropolis-Hastings 算法是一个基于马尔可夫链的蒙特卡洛（MCMC）算法，最早由蒙特波利斯（Metropolis）等人（1953）提出，是统计学中极其重要的方法之一，对贝叶斯统计的发展起了巨大推动作用。传统马尔可夫链的理论研究关注平稳分布 $\pi(x)$ 存在的条件，以及转移概率迭代后收敛到平稳分布的条件。在连续状态空间情形下，转移概率 $P(x,y)=p(y|x)$ 也称为转移核函数，是一个描述由状态 x 转移到状态 y 的条件概率密度。对于一条观测到或生成的马尔可夫链 $(X_1,X_2,\cdots)$，以及状态空间的一个子集 A，有：

$$P(X_n\in A|X_{n-1}=x)=\int_A p(y|x)\mathrm{d}y \tag{9.3.5}$$

马尔可夫链的平稳分布 $\pi(x)$ 满足：

$$\pi(y)=\int P(x,y)\pi(x)\mathrm{d}x \tag{9.3.6}$$

马尔可夫链理论表明，如果转移概率 $P(x,y)$ 具有非周期性和正常返性，且满足可逆性：

$$\pi(x)P(x,y)=\pi(y)P(y,x) \tag{9.3.7}$$

则该马尔可夫过程具有唯一的平稳分布 $\pi(x)$。其中，非周期性意味着状态空间不存在某种划分，使得马尔可夫链访问该划分空间是系统性的或可预测的；常返意味着状态空间正概率的子集将被无数次访问。

MCMC 算法是在假定平稳分布 $\pi(x)$ 已知（或差一个规范化常数）的情形下，解决如何构造一个转移矩阵为 $P(x,y)$ 的马尔可夫链，使得该马尔可夫链的平稳分布恰好是 $\pi(x)$。假设我们能找到这样的转移矩阵，则从马尔可夫链到达收敛之后开始采样，获得的采样集合可以近似认为服从平稳分布 $\pi(x)$。

Metropolis-Hastings 算法是一种重要的 MCMC 算法。我们使用一个候选的转移函数 $q(x,y)$ 来生成马尔可夫链。如果 $q(x,y)$ 恰好满足：

$$\pi(x)q(x,y)=\pi(y)q(y,x) \tag{9.3.8}$$

则可逆性就实现了。一般来说上面的等式不一定成立，于是我们引入接受率函数 $a(x,y)$，使得：

$$\pi(x)q(x,y)a(x,y)=\pi(y)q(y,x)a(y,x) \tag{9.3.9}$$

一个直观的选择是 $a(x,y)=\pi(y)q(y,x)$，$a(y,x)=\pi(x)q(x,y)$，但这个选择可能会导致接受率低，马尔可夫链收敛到平稳分布的时间过长，不能处理规范化常数未知的情形。一个有效的改进是将 $a(x,y)$ 和 $a(y,x)$ 同时等比例放大，直到最大的一个值为 1，这等价于：

$$a(x,y)=\min\left[1,\frac{\pi(y)q(y,x)}{\pi(x)q(x,y)}\right] \tag{9.3.10}$$

Metropolis-Hastings 算法的具体步骤如下：

（1）初始化 $t=0$，选择初始状态 x_0；

（2）迭代

① 从候选分布 $q(x_t,y)$ 中随机生成一个候选状态 y；

② 计算接受率 $a(x,y)=\min\left[1,\dfrac{\pi(y)q(y,x)}{\pi(x)q(x,y)}\right]$；

③ 获取下一个状态 x_{t+1}：

a. 从 $[0,1]$ 上的均匀分布中生成一个随机数 u；

b. 如果 $u\leqslant a(x,y)$，那么接受新的状态，并设 $x_{t+1}=y$；

c. 如果 $u>a(x,y)$，那么拒绝新的状态，并设 $x_{t+1}=x_t$。

通常为了计算方便，避免出现一些极大数或极接近 0 的数，我们也会比较 $\log(u)$ 和 $\log a(x,y)$。马尔可夫链收敛后，得到的状态序列将服从平稳分布 $\pi(x)$。由于 Metropolis-Hastings 得到的马尔可夫链存在停留在某个状态一段时间的可能性，因此抽样中会有一些重复样本，这些重复样本是不可删除的。出现重复样本在 Bootstrap 抽样中也是正常的。马尔可夫链在状态 x 处停留的概率为：

$$r(x)=1-\int q(x,y)a(x,y)\mathrm{d}y \tag{9.3.11}$$

Metropolis 抽样

当候选的转移函数 q 满足 $q(x,y)=q(y,x)$ 时，接受率化简为：

$$a(x,y)=\min\left[1,\frac{\pi(y)}{\pi(x)}\right] \tag{9.3.12}$$

这时 Metropolis-Hastings 算法又称为 Metropolis 算法。例如，q 是正态密度函数，$q(x,y)=N(y;x,\sigma^2)$，即 y 由均值是 x、方差是 σ^2 的正态分布中抽样产生。例 9.2 利用模拟仿真实现了 Metropolis 抽样生成拉普拉斯分布随机数，得到抽样的样本 Histogram，如图 9.2(a) 所示。

例 9.2 Metropolis 抽样仿真 (生成拉普拉斯分布随机数)

```
## 生成拉普拉斯分布的随机样本
chain = [0]
B = 1000000
for j in range(B):
    v0 = chain[j]
    e = np.random.randn()*0.5
    v1 = v0 + e
    ratio = np.exp(-np.abs(v1))/np.exp(-np.abs(v0))
    if np.random.rand()<ratio:
        chain.append(v1)
    else:
        chain.append(v0)

plt.hist(chain,60)
```

分块 Metropolis-Hastings 算法

当参数的维数较高时，直接使用 Metropolis-Hastings 算法的效率低下，而且寻找合适的候选分布 q 也比较困难。这时候可以将高维参数分块，每块可以是一维的也可以是多维的。记参数分块为 $\boldsymbol{x}=(x_1,x_2,\cdots,x_p)$，$\boldsymbol{x}_{-j}$ 是参数去掉第 j 块后的剩余部分，$\boldsymbol{x}_{-j}=(x_1,\cdots,x_{j-1},x_{j+1},\cdots,x_p)$。这时我们从目标分布 $\pi(\boldsymbol{x})$ 中容易得到 $\boldsymbol{x}_j$ 的条件分布 $\pi(\boldsymbol{x}_j|\boldsymbol{x}_{-j})$。分块 Metropolis-Hastings 算法把 $\boldsymbol{x}_{-j}$ 当成已知，对 $\pi(\boldsymbol{x}_j|\boldsymbol{x}_{-j})$ 依次实现 Metropolis-Hastings 抽样。在每次迭代中，从候选分布 q 中产生 y_j，然后计算接受率：

$$a(\boldsymbol{x}_j,y_j)=\min\left[1,\frac{\pi(y_j|\boldsymbol{x}_{-j})q(y_j,\boldsymbol{x}_j)}{\pi(\boldsymbol{x}_j|\boldsymbol{x}_{-j})q(\boldsymbol{x}_j,y_j)}\right]$$

Gibbs 抽样

在使用分块 Metropolis-Hastings 算法的时候，如果条件分布 $\pi(\boldsymbol{x}_j|\boldsymbol{x}_{-j})$ 可以直接抽样，我们可以设定候选分布就是条件分布，即 $q(\boldsymbol{x}_j,y_j)=\pi(y_j|\boldsymbol{x}_{-j})$。这时 $q(\boldsymbol{x}_j,y_j)$ 不依赖 $\boldsymbol{x}_j$，因此 $q(y_j,\boldsymbol{x}_j)=\pi(\boldsymbol{x}_j|\boldsymbol{x}_{-j})$，分块 Metropolis-Hastings 算法化简为 Gibbs 抽样。容易验证，Gibbs 抽样的接受率 $a(\boldsymbol{x}_j,y_j)$ 为 1，即抽样的效率达到最大。

在使用分块 Metropolis-Hastings 算法的过程中，有时一部分条件分布可以使用 Gibbs 抽样，而另一部分条件分布不能使用 Gibbs 抽样，这样设计出来的算法是 Metropolis 抽样和 Gibbs 抽样的混合。我们将这些混合的算法统一称为 Metropolis-Hastings 算法。

例 9.3 MCMC 模拟仿真（简单线性回归）

下面我们以使用简单线性回归模型为例。模型形式为 $Y\sim N(\alpha+\beta X,1/\tau)$，可以写为：

$$Y=\alpha+\beta X+\epsilon \tag{9.3.13}$$

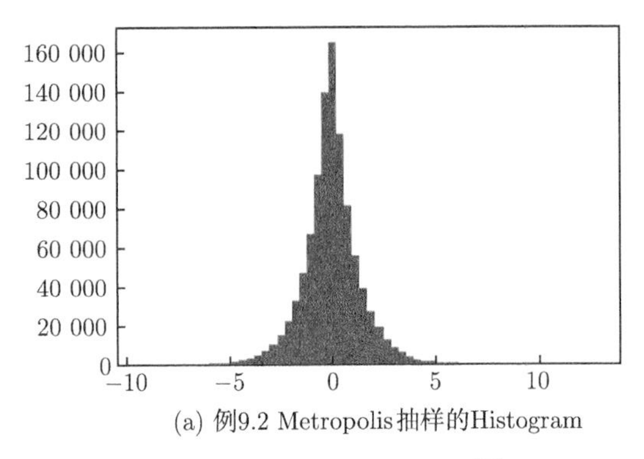

(a) 例9.2 Metropolis抽样的Histogram

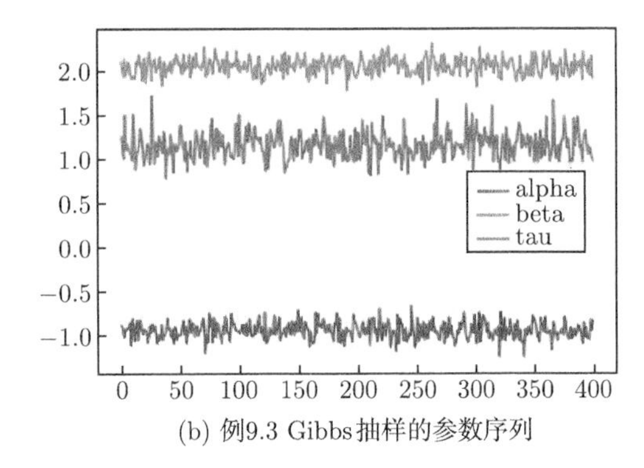

(b) 例9.3 Gibbs抽样的参数序列

图 9.2 Metropolis 抽样示例

其中，$\epsilon \sim N(0,1/\tau)$。在贝叶斯框架中，参数服从某个分布，我们假定参数 α、β、τ 的共轭先验分布为：

$$\alpha \sim N(\mu_\alpha, 1/\tau_\alpha) \tag{9.3.14}$$

$$\beta \sim N(\mu_\beta, 1/\tau_\beta) \tag{9.3.15}$$

$$\tau \sim \text{Gamma}(a,b) \propto \tau^{a-1}\exp(-\tau/b) \tag{9.3.16}$$

其中，τ_α、τ_β、a、b 为给定的数值。假设观测数据为 $\boldsymbol{y}=(\boldsymbol{y}_1,\cdots,y_N)$，$\boldsymbol{x}=(x_1,\cdots,x_N)$，则似然函数为：

$$L(\alpha,\beta,\tau|\boldsymbol{y},\boldsymbol{x}) = \prod_{i=1}^{N}\frac{\sqrt{\tau}}{\sqrt{2\pi}}\exp\left[-\frac{\tau}{2}(y_i-\alpha-\beta x_i)^2\right] \tag{9.3.17}$$

由此我们写出参数 α、β、τ 的后验分布：

$$\text{posterior}(\alpha,\beta,\tau|\boldsymbol{y},\boldsymbol{x}) \propto L(\alpha,\beta,\tau|\boldsymbol{y},\boldsymbol{x}) \times \text{prior}(\alpha,\beta,\tau) \tag{9.3.18}$$

$$\propto \tau^{a+\frac{N}{2}-1}\exp\left[-\frac{\tau}{b}-\frac{\tau}{2}\sum_{i=1}^{N}(y_i-\alpha-\beta x_i)^2\right] \tag{9.3.19}$$

$$\times \exp\left[-\frac{\tau_\alpha}{2}(\alpha-\mu_\alpha)^2-\frac{\tau_\beta}{2}(\beta-\mu_\beta)^2\right] \tag{9.3.20}$$

使用分块 Metropolis-Hastings 算法的思路，通过计算化简，得到每个参数的条件分布如下：

$$\alpha|\beta,\tau,\boldsymbol{x},\boldsymbol{y} \sim N\left[\frac{\tau_\alpha\mu_\alpha+\tau\sum_i(y_i-\beta x_i)}{\tau_\alpha+\tau N}, 1/(\tau_\alpha+\tau N)\right] \tag{9.3.21}$$

$$\beta|\alpha,\tau,\boldsymbol{x},\boldsymbol{y} \sim N\left[\frac{\tau_\beta\mu_\beta+\tau\sum_i(y_i-\alpha)x_i}{\tau_\beta+\tau\sum_i x_i^2}, 1/(\tau_\beta+\tau\sum_i x_i^2)\right] \tag{9.3.22}$$

$$\tau|\alpha,\beta,\boldsymbol{x},\boldsymbol{y} \sim \text{Gamma}\left[a+\frac{N}{2}, b+\sum_i\frac{(y_i-\alpha-\beta x_i)^2}{2}\right] \tag{9.3.23}$$

利用模拟仿真在简单线性回归中验证 Gibbs 抽样方法，得到的参数抽样序列如图 9.2(b) 所示，具体代码如下：

```
## MCMC / Gibbs 抽样
#生成模拟数据
n = 100
x = np.random.randn(n,1)
err = np.random.randn(n,1)*0.7
y = -1 + 2*x  + err
plt.plot(x,y,'.')

class mcmctoy:
    mcmc_len = []
    N = []
    alpha = []
    beta = []
    tau = []
    tau_alpha = [] # mu_alpha = 0
    tau_beta = []  # mu_beta = 0
    a = []; b = []
    y = []; x = []

    def get_initial(self):
        self.alpha.append(np.random.randn()*3**0.5)
        self.beta.append(np.random.randn()*3**0.5)
        self.tau.append(np.random.gamma(0.1,10,))
        self.N = len(self.y)

    def update_alpha(self):
            inv_var = self.tau_alpha + self.tau[-1] * self.N
            mu = (self.tau[-1] * np.sum(self.y - self.beta[-1] * self.x))/
                inv_var
            self.alpha.append(np.random.normal(mu, 1 / np.sqrt(inv_var)))

    def update_beta(self):
            inv_var = self.tau_beta + self.tau[-1] * np.sum(self.x * self.x
                )
            mu = (self.tau[-1] * np.sum( (self.y - self.alpha[-1]) * x))/
                inv_var
            self.beta.append(np.random.normal(mu, 1 / np.sqrt(inv_var)))

    def update_tau(self):
```

```
            a2 = self.a + self.N / 2
            res = self.y - self.alpha[-1] - self.beta[-1] * self.x
            b2 = self.b + np.sum(res * res) / 2
            tau_rnd = np.random.gamma(a2, 1 / b2)
            self.tau.append(tau_rnd)

    def mcmc_main(self):
        self.get_initial()
        for i in range(self.mcmc_len):
            self.update_alpha()
            self.update_beta()
            self.update_tau()

    def mcmc_plot(self):
        plt.plot(self.alpha)
        plt.plot(self.beta)

m1 = mcmctoy()
m1.mcmc_len = 5000
m1.x = x
m1.y = y
m1.a = 0.1
m1.b = 10
m1.tau_alpha = 1
m1.tau_beta = 1
m1.mcmc_main()
m1.mcmc_plot()
```

9.3.4 重要性抽样

前面介绍的拒绝抽样法和 Metropolis-Hastings 抽样法可以解决已知分布形式（或可相差一个常数）的情形下的样本生成问题。重要性抽样（Importance Sampling）的目标是不同的，它主要通过模拟数据解决函数的积分求解问题。假设我们想求期望 $E_f[g(X)]$ 并考虑蒙特卡洛求解方法，其中 $X \sim f(x)$。如果直接产出服从分布 $f(x)$ 的样本比较困难，而产生服从分布 $q(x)$ 的样本比较容易，则根据等式：

$$E_f[g(X)] = E_q[f(X)g(X)/q(X)] \tag{9.3.24}$$

可以产生服从分布 $q(x)$ 的样本 $X_i \sim q(x), i = 1 \cdots, N$，然后利用大数定律：

$$\hat{\mu} = \frac{1}{N}\sum_{i=1}^{N} f(X_i)g(X_i)/q(X_i) \tag{9.3.25}$$

可知在 (9.3.24) 期望存在的前提下，$\hat{\mu} \to E_f[g(X)]$。重要性抽样可以用来解决极小概率事件相关的估计和计算。例如，在 Z 服从标准正态分布时使用蒙特卡洛法估计 $P(Z > 4.5)$，由于 $Z > 4.5$ 是极小概率事件，直接从正态分布抽样会导致估计精确度不高。此时，我们可以从其他分布中抽样，使用重要性抽样方法来得到估计。$P(Z > 4.5)$ 的真实值约为 3.398×10^{-6}，而重要性抽样可以得到准确估计。

例 9.4 重要性抽样估计概率模拟仿真

本例中我们使用重要性抽样估计正态分布的尾部概率。

```
N = 100000
X0 = np.random.randn(N,)
mu0 = np.sum(X0>4.5)/N                    #无法得到准确估计

M = 20
X = np.random.rand(N,)*M + 4.5
mu2 = np.sum(st.norm.pdf(X,0,1))*M/N  #得到准确估计
print(mu2)
```

假设 $f(x) = ch(x)$，$h(x)$ 已知但 c 未知，根据 $E_q[f(X)/q(X)] = 1$ 和大数定律，则有：

$$\frac{1}{N}\sum_{i=1}^{N} f(X_i)/q(X_i) \to 1 \tag{9.3.26}$$

得到比例重要性抽样估计（ratio importance sampling estimator）：

$$\hat{\mu} = \frac{\frac{1}{N}\sum_{i=1}^{N} f(X_i)g(X_i)/q(X_i)}{\frac{1}{N}\sum_{i=1}^{N} f(X_i)/q(X_i)} = \frac{\frac{1}{N}\sum_{i=1}^{N} h(X_i)g(X_i)/q(X_i)}{\frac{1}{N}\sum_{i=1}^{N} h(X_i)/q(X_i)} \tag{9.3.27}$$

重要性抽样的另一个用途是在不增加抽样的条件下估计不同的分布下的期望。例如，求期望 $E_{f_1}[g(X)]$、$E_{f_2}[g(X)]$ 或更多分布下的期望，仅仅需要从 $q(x)$ 中产生一次抽样样本。另一个例子，考虑在例 9.3 中，如果我们改变了参数 α, β 的先验分布（如将 α、β 都改为服从 $U(-30, 30)$ 的均匀分布），则可以使用原来的先验分布得到的 Gibbs 样本，直接利用重要性抽样得到新的先验分布对应的后验均值，不需要重新运行 Gibbs 抽样或 Metropolis-Hastings 抽样程序。

9.3.5 蒙特卡洛标准误

对于重要性抽样，蒙特卡洛标准误用来度量真实期望和它的估计之间的差别。抽样数量越大，则估计越准确。根据式 (9.3.25)，容易得到：

$$\mathrm{Var}(\hat{\mu}) = \frac{1}{N}\mathrm{Var}[f(X)g(X)/q(X)] \tag{9.3.28}$$

其中，$X \sim q(x)$。蒙特卡洛标准误（Monte Carlo Standard Error）定义为 $\text{Std}(\hat{\mu}) = \text{Std}[f(X)g(X)/q(X)]/\sqrt{N}$。在 Metropolis-Hastings 抽样中，假设得到的后验分布的抽样序列为 $\theta_1, \cdots, \theta_N$，$\theta_i \sim \pi(\theta|X)$。此时，后验均值的蒙特卡洛标准误是 $\hat{\sigma}_\theta/\sqrt{N}$。

蒙特卡洛标准误一般会随着 N 的增大而趋于 0。实际我们使用蒙特卡洛标准误来决定抽样的数量，例如，蒙特卡洛标准误小于千分之一或万分之一时结束抽样。

9.4 变分推断

MCMC 是一种从后验分布进行抽样的技术，通过抽样分布来进行统计推断。MCMC 的一个主要问题是计算量很大，很难用于处理数据量很大的问题。变分推断（variational inference）是一种利用优化方法来近似求解贝叶斯后验分布的技术，具有模型偏差，但计算量一般比 MCMC 要少。变分推断基于优化方法，可以更方便地引入分布式计算和随机梯度算法，能更快地处理大规模数据。

此外，对于一些特定问题，如混合模型（Mixture model），直接应用 MCMC 也会产生标签变换（label switching）问题，需要引入更多的技术来规避。变分推断在这类问题上也有很好的表现。

9.4.1 基于平均场的变分推断

在贝叶斯分析中，参数 $\boldsymbol{\theta}$ 也是随机变量，我们的目标是求解 $p(\boldsymbol{\theta}|\boldsymbol{x})$。根据 $p(\boldsymbol{x},\boldsymbol{\theta}) = p(\boldsymbol{\theta}|\boldsymbol{x})p(\boldsymbol{x})$，并设 $\boldsymbol{\theta}$ 服从某个近似分布 $q^*(\boldsymbol{\theta})$，则有：

$$\log p(\boldsymbol{x}) = \log p(\boldsymbol{x},\boldsymbol{\theta}) - \log p(\boldsymbol{\theta}|\boldsymbol{x}) \tag{9.4.1}$$

$$= \log \frac{p(\boldsymbol{x},\boldsymbol{\theta})}{q^*(\boldsymbol{\theta})} - \log \frac{p(\boldsymbol{\theta}|\boldsymbol{x})}{q^*(\boldsymbol{\theta})} \tag{9.4.2}$$

在等式的两边对 $\boldsymbol{\theta}$ 求期望，注意到等号左边不含 $\boldsymbol{\theta}$，于是得到：

$$\log p(\boldsymbol{x}) = \int q^*(\boldsymbol{\theta}) \log \frac{p(\boldsymbol{x},\boldsymbol{\theta})}{q^*(\theta)} \mathrm{d}\boldsymbol{\theta} - \int q^*(\boldsymbol{\theta}) \log \frac{p(\boldsymbol{\theta}|\boldsymbol{x})}{q^*(\boldsymbol{\theta})} \mathrm{d}\boldsymbol{\theta} \tag{9.4.3}$$

$$= \mathcal{L}[q^*(\boldsymbol{\theta}), \boldsymbol{x}] + \text{KL}[q^*(\boldsymbol{\theta})||p(\boldsymbol{\theta}|\boldsymbol{x})] \tag{9.4.4}$$

由于第 2 项的 KL 散度非负，$\mathcal{L}[q^*(\boldsymbol{\theta}), \boldsymbol{x}]$ 可以看成是对数密度函数 $\log p(\boldsymbol{x})$ 的下界。变分贝叶斯通过一个近似概率分布 $q^*(\boldsymbol{\theta})$ 逼近真实的后验分布 $p(\boldsymbol{\theta}|\boldsymbol{x})$。我们可以不断提升下界来实现 $q^*(\boldsymbol{\theta})$ 的逼近，即使 $\text{KL}[q^*(\boldsymbol{\theta})||p(\boldsymbol{\theta}|\boldsymbol{x})]$ 最小。在介绍 EM 算法的时候我们也从变分推断的框架中进行分析。在式 (8.5.7) 中，$\boldsymbol{x}$ 是观测数据，z 是潜变量数据或缺失数据，$\boldsymbol{\theta}$ 是未知参数。式 (8.5.7) 中 z 的地位相当于贝叶斯变分推断中的 $\boldsymbol{\theta}$。

假如直接令 $q^*(\boldsymbol{\theta}) = p(\boldsymbol{\theta}|\boldsymbol{x})$，则 KL 距离为 0，但这个解的价值不大，并没有具体求解。在变分推断中，一种常用的方法称为平均场（mean field）方法，假设 $\boldsymbol{\theta} = (\theta_1, \cdots, \theta_p)$ 中的各个参数相互独立，则有：

$$q^*(\boldsymbol{\theta}) = \prod_{j=1}^{p} q_j(\theta_j) \tag{9.4.5}$$

平均场方法将 $q^*(\boldsymbol{\theta})$ 限制在可分解的分布范围，可以更方便求解 $q^*(\boldsymbol{\theta})$。

在平均场假设下，下界 $\mathcal{L}[q^*(\boldsymbol{\theta}), \boldsymbol{x}]$ 可以进一步展开计算，凑成一个负 KL 距离的形式，即：

$$\mathcal{L}[q^*(\boldsymbol{\theta}), \boldsymbol{x}] = -\mathrm{KL}\left\{q_j(\theta_j)|| \exp[p^*(\boldsymbol{x}, \theta_j)]\right\} + \mathrm{const} \tag{9.4.6}$$

其中，const 是一个与 $q^*(\boldsymbol{\theta})$ 无关的量，且有：

$$p^*(\boldsymbol{x}, \boldsymbol{\theta}_j) = \int \log p(\boldsymbol{x}, \boldsymbol{\theta}) \prod_{k \neq j} [q_k(\theta_k) \mathrm{d}\theta_k] \tag{9.4.7}$$

于是，在给定 $q_k(\theta_k), k \neq j$，最大化下界 $\mathcal{L}[q^*(\boldsymbol{\theta}), \boldsymbol{x}]$ 时求解 $q_j(\theta_j)$，可得：

$$q_j(\theta_j) \propto \exp\left\{\int \log p(\boldsymbol{x}, \boldsymbol{\theta}) \prod_{k \neq j} [q_k(\theta_k) \mathrm{d}\theta_k]\right\} \tag{9.4.8}$$

这意味着分布 q_j 的最优解可以通过计算联合分布对数关于 $\prod_{k \neq j} q_k(\theta_k)$ 的期望来求解。

我们可以注意到式 (9.4.6) 对所有 $j = 1, \cdots, p$ 均成立。这时我们可以迭代更新 $q_j(\theta_j)$，直到下界 $\mathcal{L}[q^*(\boldsymbol{\theta}), \boldsymbol{x}]$ 收敛。由此得到基于平均场假设的变分推断算法描述如下。

（1）初始化 $q_j(\theta_j)$。

（2）迭代 $t = 0, 1, 2, \cdots$ 直到收敛

① 对 $j = 1, \cdots, p$，更新 $q_j(\theta_j) \propto \int \log p(\boldsymbol{x}, \boldsymbol{\theta}) \prod_{k \neq j} [q_k(\theta_k) \mathrm{d}\theta_k]$；

② 计算下界 $\mathcal{L}[q^*(\boldsymbol{\theta}), \boldsymbol{x}]$ 并检查是否收敛。

变分推断的主要优点在于计算快捷和可扩展性，能处理大规模数据。基于平均场假设的算法具有收敛性保证是变分推断的另一个优点。但是，平均场假设参数之间互相独立，如果实际参数之间并不独立，变分推断得到后验分布的估计是有偏的。

9.4.2　变分推断算法示例

本节将介绍两个变分推断的例子，分别是简单均值模型和线性回归模型。

1. 简单均值模型

假设观测数据 $x = \{\boldsymbol{x}_i, i = 1, 2, \cdots, N\}$ 是来自总体 $\boldsymbol{X}$ 的一组随机样本，满足：

$$\boldsymbol{x}_i = \boldsymbol{\mu} + \sqrt{\boldsymbol{\tau}^{-1}} \epsilon_i, i = 1, 2, \cdots, N \tag{9.4.9}$$

其中，ϵ_i 服从标准正态分布，$\boldsymbol{x}_i \sim N(\boldsymbol{\mu}, \boldsymbol{\tau}^{-1})$。

首先给定 $\boldsymbol{\mu}$ 和 $\boldsymbol{\tau}$ 两个参数的先验分布 $p(\mu, \tau)$。在贝叶斯分析中，如果先验分布和后验分布具有相同的分布形式（也称为共轭分布，conjugate distribution），则可以有一些计算上的便利。这个例子里的共轭分布是 $p(\boldsymbol{\mu}, \boldsymbol{\tau}) = p(\boldsymbol{\tau})p(\boldsymbol{\mu}|\boldsymbol{\tau})$，其中：

$$p(\boldsymbol{\tau}) = \mathrm{Ga}(\boldsymbol{\tau} \mid a_0, b_0) \tag{9.4.10}$$

$$p(\boldsymbol{\mu} \mid \boldsymbol{\tau}) = \phi\left[\boldsymbol{\mu} \mid \rho_0, (\boldsymbol{\tau}\lambda_0)^{-1}\right] \tag{9.4.11}$$

Ga 和 ϕ 分别是伽玛分布和正态分布的密度函数。a_0、b_0 是伽玛分布的形状参数和比率参数，ρ_0 是正态分布的均值，λ_0 是与正态分布方差有关的参数。注意到先验分布 $p(\boldsymbol{\mu}, \boldsymbol{\tau})$ 中 $\boldsymbol{\mu}$ 和 $\boldsymbol{\tau}$ 不是独立的，这个分布又称为正态-伽玛分布。由于 $p(\boldsymbol{\mu}, \boldsymbol{\tau})$ 是共轭分布，则 $p(\boldsymbol{\mu}, \boldsymbol{\tau}|\boldsymbol{x})$ 也是一个正态-伽玛分布。

在变分推断中，由平均场假设，引入 $\boldsymbol{\mu}$ 和 $\boldsymbol{\tau}$ 独立的分布 $q(\boldsymbol{\mu}, \boldsymbol{\tau}) = q(\boldsymbol{\mu})q(\boldsymbol{\tau})$。由于真实后验分布 $p(\boldsymbol{\mu}, \boldsymbol{\tau}|\boldsymbol{x})$ 是正态-伽玛后验分布，其中 $\boldsymbol{\mu}$ 和 $\boldsymbol{\tau}$ 不独立，所以 $q(\boldsymbol{\mu}, \boldsymbol{\tau})$ 只能是 $p(\boldsymbol{\mu}, \boldsymbol{\tau}|\boldsymbol{x})$ 的一个近似。根据公式 (9.4.8)，经烦琐但并不困难的数学推导可得，$\boldsymbol{\mu}$ 和 $\boldsymbol{\tau}$ 的最优近似后验分布为：

$$q(\mu) = \phi(\boldsymbol{\mu}|\boldsymbol{\mu}_N, \lambda_N^{-1}) \tag{9.4.12}$$

$$q(\tau) = \mathrm{Ga}(\boldsymbol{\tau}|a_N, b_N) \tag{9.4.13}$$

其中，ϕ 是正态分布密度函数，$\bar{\boldsymbol{x}} = \sum_{i=1}^{N} \boldsymbol{x}_i/N$，则有：

$$\boldsymbol{\mu}_N = \frac{\lambda_0\mu_0 + N\bar{\boldsymbol{x}}}{\lambda_0 + N} \tag{9.4.14}$$

$$\lambda_N = (\lambda_0 + N)E_{\tau\sim q(\tau)}(\tau) = (\lambda_0 + N)\frac{a_N}{b_N} \tag{9.4.15}$$

$a_N = a_0 + (N+1)/2$，则有：

$$b_N = b_0 + \frac{1}{2}E_{\boldsymbol{\mu}\sim q(\boldsymbol{\mu})}\left[(\boldsymbol{\mu} - \mu_0)^2 + \frac{1}{2}\sum_{i=1}^{N}(\boldsymbol{x}_i - \boldsymbol{\mu})^2\right] \tag{9.4.16}$$

$$= b_0 + \frac{1}{2}\left[(\lambda_0 + n)(\lambda_n^{-1} + \boldsymbol{\mu}_N^2) - (2\lambda_0\mu_0 + n\bar{\boldsymbol{x}})\boldsymbol{\mu}_N + \sum_{i=1}^{N}\boldsymbol{x}_i^2 + \lambda_0\mu_0^2\right] \tag{9.4.17}$$

在这个例子中，$\boldsymbol{\mu_N}$ 和 a_N 可以一次性计算，而 λ_N 和 b_N 互相依赖，需要迭代计算直到收敛。收敛准则可以使用式 (9.4.4) 中的变分下界 $\mathcal{L}[q^*(\boldsymbol{\theta}), \boldsymbol{x}]$。（见本章习题 8）

2. 线性回归模型

假设观测数据 $\{(\boldsymbol{x}_i, y_i), i=1,2,\cdots,N\}$ 是来自总体 $(\boldsymbol{X}, Y)$ 的一组随机样本，其中，$\boldsymbol{X}$ 是 p 维解释变量，Y 是响应变量，该数据满足：

$$y_i = \boldsymbol{x}_i^{\mathrm{T}}\boldsymbol{\beta} + \sqrt{\boldsymbol{\tau}^{-1}}\epsilon_i, \quad i=1,2,\cdots,n \tag{9.4.18}$$

其中，$\boldsymbol{\beta}$ 为 $p\times 1$ 维回归系数，ϵ_i 服从标准正态分布，$y_i \sim N(x_i^{\mathrm{T}}\beta, \tau^{-1})$。

首先给定 $\boldsymbol{\beta}$ 和 $\boldsymbol{\tau}$ 两个参数的先验分布 $p(\boldsymbol{\beta},\boldsymbol{\tau}) = p(\boldsymbol{\beta}|\boldsymbol{\alpha})p(\boldsymbol{\alpha})p(\boldsymbol{\tau})$，其中：

$$p(\boldsymbol{\alpha}) = \mathrm{Ga}(\boldsymbol{\alpha}|a_0, b_0) \tag{9.4.19}$$

$$p(\boldsymbol{\beta}|\boldsymbol{\alpha}) = \boldsymbol{\varPhi}_p(\boldsymbol{\beta}|0, \boldsymbol{\alpha}^{-1}\boldsymbol{I}_{p\times p}) \tag{9.4.20}$$

$$p(\boldsymbol{\tau}) = \mathrm{Ga}(\boldsymbol{\tau}|c_0, d_0) \tag{9.4.21}$$

$\varPhi_p$ 和 Ga 分别代表 p 维正态分布和伽玛分布的密度函数。a_0、c_0 是伽玛分布的形状参数，b_0 和 d_0 是伽玛分布的比率参数。$\boldsymbol{\beta}$ 的先验均值是 0，表示一种压缩估计；$\boldsymbol{\alpha}$ 是压缩参数，代表压缩的程度，其本身也是由超参数 a_0、b_0 定义的一个分布。除了以上的先验分布，我们也可以考虑使用其他的分布（如正态–伽玛分布）作为先验分布，并进一步推导出后验分布。

由平均场假设，引入 $\boldsymbol{\alpha}$、$\boldsymbol{\beta}$、$\boldsymbol{\tau}$ 互相独立的分布 $q(\boldsymbol{\beta},\boldsymbol{\alpha},\boldsymbol{\tau}) = q(\boldsymbol{\beta})q(\boldsymbol{\alpha})q(\boldsymbol{\tau})$。根据公式 (9.4.8)，经推导可得，$\boldsymbol{\alpha}$、$\boldsymbol{\beta}$、$\boldsymbol{\tau}$ 的最优近似后验分布为：

$$q(\boldsymbol{\alpha}) = \mathrm{Ga}\big(\boldsymbol{\alpha} \mid a_N, b_N\big) \tag{9.4.22}$$

$$q(\boldsymbol{\beta}) = \varPhi_p(\boldsymbol{\beta} \mid \boldsymbol{\mu}_N, \varLambda_N^{-1}) \tag{9.4.23}$$

$$q(\boldsymbol{\tau}) = \mathrm{Ga}\big(\boldsymbol{\tau} \mid c_N, d_N\big) \tag{9.4.24}$$

记 $\boldsymbol{X} = (\boldsymbol{x}_1,\cdots,\boldsymbol{x}_N)^{\mathrm{T}}$，$\boldsymbol{y} = (y_1,\cdots,y_N)^{\mathrm{T}}$，则有：

$$a_N = a_0 + \frac{p}{2} \tag{9.4.25}$$

$$b_N = b_0 + \frac{1}{2}E_{\boldsymbol{\beta}\sim q(\boldsymbol{\beta})}(\boldsymbol{\beta}^{\mathrm{T}}\boldsymbol{\beta}) = b_0 + \frac{1}{2}\left(\boldsymbol{\mu}_N^{\mathrm{T}}\boldsymbol{\mu}_N + \mathrm{Tr}(\varLambda_N^{-1})\right) \tag{9.4.26}$$

$$\varLambda_N = E_{\tau\sim q(\tau)}(\tau)\boldsymbol{X}^{\mathrm{T}}\boldsymbol{X} + E_{\boldsymbol{\alpha}\sim q(\boldsymbol{\alpha})}(\boldsymbol{\alpha})\boldsymbol{I} = \frac{c_N}{d_N}\boldsymbol{X}^{\mathrm{T}}\boldsymbol{X} + \frac{a_N}{b_N}\boldsymbol{I} \tag{9.4.27}$$

$$\boldsymbol{\mu}_N = \varLambda_N^{-1}E_{\boldsymbol{\tau}\sim q(\boldsymbol{\tau})}(\boldsymbol{\tau})\boldsymbol{X}^{\mathrm{T}}y = \frac{c_N}{d_N}\varLambda_N^{-1}\boldsymbol{X}^{\mathrm{T}}\boldsymbol{y} \tag{9.4.28}$$

$$c_N = c_0 + \frac{N}{2} \tag{9.4.29}$$

$$\begin{aligned} d_N &= \frac{1}{2}E_{\boldsymbol{\beta}\sim q(\boldsymbol{\beta})}(\boldsymbol{y} - \boldsymbol{X}\boldsymbol{\beta})^2 + d_0 \\ &= \frac{1}{2}\boldsymbol{y}^{\mathrm{T}}\boldsymbol{y} - \boldsymbol{\mu}_N^{\mathrm{T}}\boldsymbol{X}^{\mathrm{T}}\boldsymbol{y} + \frac{1}{2}\boldsymbol{\mu}_N^{\mathrm{T}}\boldsymbol{X}^{\mathrm{T}}\boldsymbol{X}\boldsymbol{\mu}_N + d_0 \end{aligned} \tag{9.4.30}$$

在这个例子中，a_N 和 c_N 可以一次性计算，而 b_N、Λ_N、$\boldsymbol{\mu}_N$、d_N 互相依赖，需要迭代计算直到收敛，可以将迭代过程中变分下界变化很小作为收敛准则。在计算变分下界的过程中，我们记 $\theta=(\boldsymbol{\alpha},\boldsymbol{\beta},\boldsymbol{\tau})$，$\psi$ 是 0 阶的 polygamma 函数（也称为 digamma 函数），$\psi(x)=\mathrm{Ga}'(x)/\mathrm{Ga}(x)$。给定 $q(\boldsymbol{\beta})$、$q(\boldsymbol{\alpha})$、$q(\boldsymbol{\tau})$，变分下限 $\mathcal{L}[q(\boldsymbol{\theta}),\boldsymbol{y}]$ 的具体计算如下：

$$
\begin{aligned}
\mathcal{L}[q(\boldsymbol{\theta}),\boldsymbol{y})] =&E_{\boldsymbol{\theta}\sim q(\boldsymbol{\theta})}[\ln p(\boldsymbol{y},\boldsymbol{\theta})]-E_{\boldsymbol{\theta}\sim q(\boldsymbol{\theta})}(\ln p(\boldsymbol{\theta}|\boldsymbol{y}))\\
=&E_{\boldsymbol{\theta}\sim q(\boldsymbol{\theta})}[\ln p(\boldsymbol{y}|\boldsymbol{\theta})]+E_{\boldsymbol{\alpha}\sim q(\boldsymbol{\alpha})}E_{\boldsymbol{\beta}\sim q(\boldsymbol{\beta})}[\ln p\,(\boldsymbol{\beta}|\boldsymbol{\alpha})]\\
&+E_{\boldsymbol{\alpha}\sim q(\boldsymbol{\alpha})}[\ln p\,(\alpha)]+E_{\boldsymbol{\tau}\sim q(\boldsymbol{\tau})}[\ln p\,(\boldsymbol{\tau})]\\
&-E_{\boldsymbol{\alpha}\sim q(\boldsymbol{\alpha})}[\ln q(\alpha)]-E_{\boldsymbol{\beta}\sim q(\boldsymbol{\beta})}[\ln q(\boldsymbol{\beta})]-E_{\boldsymbol{\tau}\sim q(\boldsymbol{\tau})}[\ln q(\boldsymbol{\tau})]
\end{aligned}
\tag{9.4.31}
$$

其中，有：

$$
\begin{aligned}
E_{\boldsymbol{\theta}\sim q(\boldsymbol{\theta})}[\ln p(\boldsymbol{y}|\boldsymbol{\theta})] =&\frac{N}{2}[\psi(c_N)-\ln d_N-\ln 2\pi]\\
&-\frac{c_N}{2d_N}\boldsymbol{y}^{\mathrm{T}}\boldsymbol{y}+\frac{c_N}{d_N}\boldsymbol{\mu}_N^{\mathrm{T}}\boldsymbol{X}^{\mathrm{T}}\boldsymbol{y}-\frac{c_N}{2d_N}\mathrm{Tr}\left[\boldsymbol{X}^{\mathrm{T}}\boldsymbol{X}(\boldsymbol{\mu}_N\boldsymbol{\mu}_N^{\mathrm{T}}+\Lambda_N^{-1})\right]\\
E_{\boldsymbol{\alpha}\sim q(\boldsymbol{\alpha})}E_{\boldsymbol{\beta}\sim q(\boldsymbol{\beta})}[\ln p\,(\boldsymbol{\beta}|\boldsymbol{\alpha})] =&\frac{p}{2}[\psi(a_N)-\ln b_N]-\frac{p}{2}\ln 2\pi-\frac{a_N}{2b_N}\left[\boldsymbol{\mu}_N^{\mathrm{T}}\boldsymbol{\mu}_N+\mathrm{Tr}(\Lambda_N^{-1})\right]\\
E_{\boldsymbol{\alpha}\sim q(\boldsymbol{\alpha})}[\ln p\,(\boldsymbol{\alpha})] =&a_0\ln b_0-\ln\boldsymbol{\Gamma}(a_0)+(a_0-1)[\psi(a_N)-\ln b_N]-\frac{b_0a_N}{b_N}\\
E_{\boldsymbol{\tau}\sim q(\boldsymbol{\tau})}[\ln p\,(\boldsymbol{\tau})] =&c_0\ln d_0-\ln\boldsymbol{\Gamma}(c_0)+(c_0-1)[\psi(c_N)-\ln d_N]-\frac{d_0c_N}{d_N}\\
E_{\boldsymbol{\beta}\sim q(\boldsymbol{\beta})}[\ln q(\boldsymbol{\beta})] =&-\frac{p}{2}(1+\ln 2\pi)-\frac{1}{2}\ln|\Lambda_N^{-1}|\\
E_{\boldsymbol{\alpha}\sim q(\boldsymbol{\alpha})}[\ln q(\boldsymbol{\alpha})] =&-a_N+\ln b_N-\ln\boldsymbol{\Gamma}(a_N)+(a_N-1)\psi(a_N)\\
E_{\boldsymbol{\tau}\sim q(\boldsymbol{\tau})}[\ln q(\boldsymbol{\tau})] =&-c_N+\ln d_N-\ln\boldsymbol{\Gamma}(c_N)+(c_N-1)\psi(c_N)
\end{aligned}
$$

可以参考 TAPAS 的 Matlab 程序给出对应的 Python 计算过程。

例 9.5　线性回归变分推断的模拟仿真

本例中，我们改写一个用于线性回归变分推断的函数，并进行变分推断模拟仿真。

```
import numpy as np
import numpy.linalg as la
import scipy.special as sp
## 本程序源自对TAPAS Matlab 程序的改写
def vblm(y,X,a_0,b_0,c_0,d_0):
    n,p = X.shape
    mu_n      = np.zeros((p,1))
    Lambda_n = np.eye(p)
    a_n , b_n , c_n , d_n  = a_0 , b_0 , c_0 , d_0
```

```
    F         = -np.inf
    iter, diff, tol    = 0, 100, 0.0001
    max_it = 30
    a_n = a_0 + p/2
    c_n = c_0 + n/2
    while diff > tol and iter < max_it:
        Lambda_n = a_n/b_n*np.eye(p) + c_n/d_n*X.T.dot(X)
        mu_n = c_n/d_n*la.inv(Lambda_n).dot(X.T).dot(y)
        b_n = b_0 + 1/2 * (mu_n.T.dot(mu_n) + np.trace(la.inv(Lambda_n)))
        d_n = d_0 + 1/2*(y.T.dot(y)-2*mu_n.T.dot(X.T).dot(y)+\
              np.trace(X.T.dot(X).dot(mu_n.dot(mu_n.T)+la.inv(Lambda_n))))
        F_old = F
        J = n/2*(sp.digamma(c_n)-np.log(d_n))\
          - n/2*np.log(2*np.pi)\
          -1/2*c_n/d_n*y.T.dot(y)+c_n/d_n*mu_n.T.dot(X.T).dot(y)\
          -1/2*c_n/d_n*np.trace(X.T.dot(X).dot(mu_n.dot(mu_n.T)\
          +la.inv(Lambda_n))) \
          -p/2*np.log(2*np.pi)+n/2*(sp.digamma(a_n)-np.log(b_n)) \
          -1/2*a_n/b_n*(mu_n.T.dot(mu_n)+np.trace(la.inv(Lambda_n)))\
          +a_0*np.log(b_0)-sp.gammaln(a_0)+(a_0-1)*(sp.digamma(a_n)\
          -np.log(b_n))-b_0*a_n/b_n \
          +c_0*np.log(d_0)-sp.gammaln(c_0)+(c_0-1)*(sp.digamma(c_n)\
          -np.log(d_n))-d_0*c_n/d_n
        H = p/2*(1+np.log(2*np.pi))\
          +0.5*np.log(la.det(la.inv(Lambda_n)))\
          +a_n-np.log(b_n)+sp.gammaln(a_n)+(1-a_n)*sp.digamma(a_n)\
          +c_n-np.log(d_n)+sp.gammaln(c_n)+(1-c_n)*sp.digamma(c_n)
        F = J + H
        diff = F - F_old
    return mu_n,Lambda_n,a_n,b_n,c_n,d_n

X = np.random.rand(400,3)
beta = np.array([[1],[2],[3]])
y = X.dot(beta) + 0.3*np.random.randn(400,1)
mu_n,Lambda_n,a_n,b_n,c_n,d_n = vblm(y,X,10,1,10,1)
```

本章习题

1. 具体说明 Lasso 如何作为参数具有 Laplace 先验分布的后验众数。
2. 在拒绝抽样法中，证明 $P\left[X \leqslant x, U \leqslant \dfrac{h(X)}{Mq(X)}\right] = \dfrac{\int_{-\infty}^{x} f(x)\mathrm{d}x}{cM}$。

3. 验证 Gibbs 抽样的接受率为 1。

4. 说明式 (9.3.24) 积分存在的条件。

5. 在例 9.3 中，如果参数 $\boldsymbol{\alpha}$、$\boldsymbol{\beta}$ 的先验分布变为 $U(-30,30)$ 的均匀分布（$\boldsymbol{\tau}$ 的先验分布不变），使用原来的先验分布下得到的 Gibbs 样本，利用重要性抽样得到新的先验分布对应的后验均值。

6. 计算例 9.3 和例 9.4 中的蒙特卡洛标准误。

7. 验证式 (9.4.6) 和式 (9.4.8)。

8. 计算简单均值模型的变分下界 $\mathcal{L}[q^*(\boldsymbol{\theta}),\boldsymbol{x}]$。

第10章 树和树的集成

尽管近年来深度学习已经成为主流趋势，并在多个场景取得最优效果，但这些优异表现依赖于大量的训练数据和高速的计算性能。在训练数据的规模中等或偏小、计算资源有限的情形下，一些传统数据挖掘和机器学习方法仍有非常好的表现。其中，决策树的集成算法是在深度学习时代仍然十分出色的算法。本章将介绍决策树（包括回归树和分类树）以及两种重要的树的集成方法，即随机森林和 Boosting Tree（提升树）。

10.1 回归树和分类树

分类树和回归树（Classification And Regression Tree，CART）是由著名统计学家里奥·布雷曼（Leo Breiman）引入的一种决策树学习方法，属于有监督学习。决策树除了 CART，还有早期的 ID3、改进版 C4.5、C5.0 等。本章主要介绍回归树和分类树的生成和剪枝方法。

10.1.1 回归树

对于连续型响应变量，考虑学习模型一般写为 $Y=f(X)+\epsilon$。假设观测数据为 $(\boldsymbol{x}_i,y_i),i=1,2,\cdots,N$，其中，$\boldsymbol{x}_i=(x_{i1},x_{i2},\cdots,x_{ip})$。回归树本质上是一种对 f 的局部常数估计的非参数方法，有：

$$f(x)=\sum_{m=1}^{M}c_mI(x\in R_m) \tag{10.1.1}$$

其中，$R_1,R_2,\cdots,R_m$ 是输入空间（自变量 X 观测值的取值范围）的一个划分，c_m 是一个常数，在平方损失 $||Y-f(X)||^2$ 最小准则下，有：

$$\hat{c}_m=\frac{1}{N_m}\sum_{\mathbf{x}_i\in R_m}y_i \tag{10.1.2}$$

其中，N_m 为区间 R_m 中观测样本的个数，$N=\sum_m N_m$。

对比第 6 章的样条方法可以看到，回归树形式上是一种最简单的 0 阶常数样条，而且没有考虑节点的连续性和光滑性。在第 6 章介绍的传统统计学非参数方法中，对输入空间的划分基本上是用极其简单的方式进行处理。例如，样条方法一般是等间隔划分输入空间，或者按观测排序划分输入空间。回归树和分类树特殊的地方在于对输入空间的划分，是使用一种递归式的二分法来进行划分的。

下面我们介绍回归树的生成和剪枝。

我们首先介绍回归树的生成。根据切分变量 X_j 和切分点 s，将输入空间切分为以下两个区间：

$$R_1(j,s)=\{\boldsymbol{X}|X_j\leqslant s\},\quad R_2(j,s)=\{\boldsymbol{X}|X_j>s\} \tag{10.1.3}$$

变量 j 和切分点 s 可以由如下准则选取：

$$\min_{j,s}\left[\min_{c_1}\sum_{\boldsymbol{x}_i\in R_1(j,s)}(y_i-c_1)^2+\min_{c_2}\sum_{\boldsymbol{x}_i\in R_2(j,s)}(y_i-c_2)^2\right] \tag{10.1.4}$$

对应最小值的 (j,s) 可以通过简单的搜索算法获得。在寻找到最佳切分后，我们把输入空间切分成两个子空间，然后分别对这两个子空间使用同样的方法进行切分，如此递归进行，直到达成某个条件，如切分空间总数（叶子节点）达到某个上限值，或者每个叶子节点包含的观测值小于某个下限值。切分停止时我们得到的树记为 T_0，如图 10.1 所示，对应的空间切分如图 10.2 所示。

然后我们需要对树 T_0 进行剪枝。Weakest link pruning 是一种自下而上，从叶子节点开始到根节点的剪枝方法。首先移除 T_0 的一个非叶子节点（内部节点），移除后该内部节点将变成一个叶子节点，得到子树 T_1。内部节点的选择方法基于以下最小化准则。

$$\frac{\mathrm{RSS}(T_1)-\mathrm{RSS}(T_0)}{|T_0|-|T_1|} \tag{10.1.5}$$

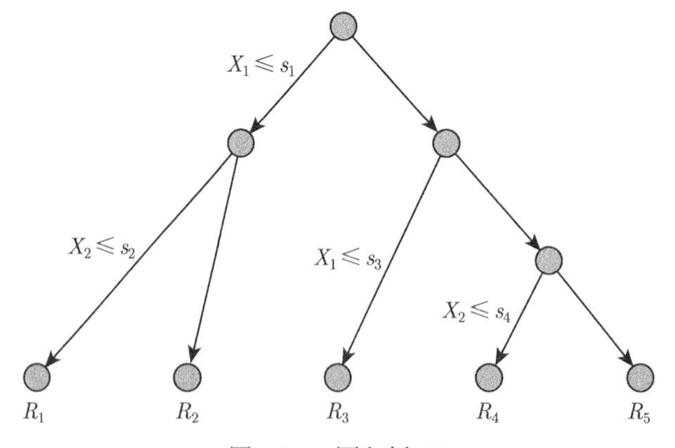

图 10.1　回归树 T_0

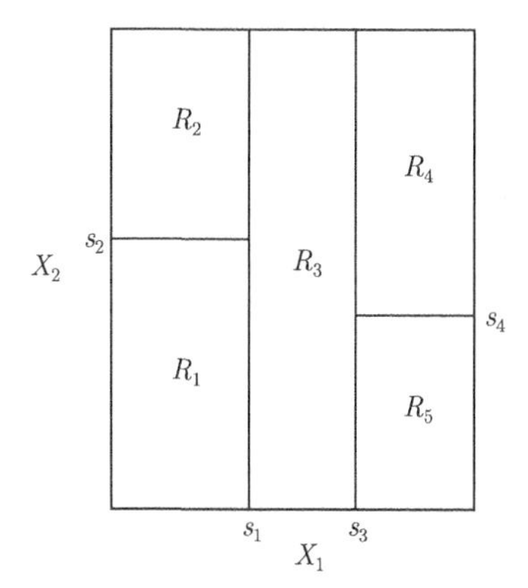

图 10.2 回归树 T_0 的切分空间

其中，RSS 表示样本内的残差平方和，$|T|$ 表示一棵树叶子节点的数量。然后，我们以同样方法对 T_1 以及后续子树进行剪枝，直到剩下根节点的树，记为 T_r。由此得到树序列 $T_0 \supset T_1 \supset \cdots \supset T_r$。一般情况下，如树的分裂来自以上递归二分法，每次切分都降低训练误差，基于式 (10.1.5) 选出的内部节点都是靠近叶子节点的（$|T_0|-|T_1|=1$），不会选出更靠近根节点的内部节点，因此有些算法实现中没有遍历所有内部节点，而是仅遍历连接叶子节点的内部节点。

可以证明，weakest link pruning 得到的树序列是 cost complexity 剪枝的解。在 cost complexity 剪枝中，最小化：

$$\ell_\lambda(T)=\sum_{m=1}^{|T|}\sum_{\boldsymbol{x}_i\in R_m}(y_i-\hat{c}_m)^2+\lambda|T| \tag{10.1.6}$$

其中，$\lambda|T|$ 是对树的大小的惩罚，λ 是惩罚参数，$\hat{c}_m$ 由式 (10.1.2) 定义。显然，$\lambda=0$ 时，得到 T_0；$\lambda=\infty$ 时，得到 T_r，即输入空间没有划分。$\hat{f}$ 是所有观察值 y_i 的简单平均。在 λ 从 0 变大的过程中，式 (10.1.6) 的解落在 weakest link pruning 的树序列 $T_0 \supset T_1 \supset \cdots \supset T_r$ 中。最优的子树可以使用交叉验证法（见 7.1.2 节）从树序列中选取（见本章习题 1）。

10.1.2 分类树

对于响应变量是离散的情形，分类树的思路和做法与回归树类似，也包含树的生成和剪枝。在树的生成和剪枝的过程中，我们需要把平方损失替换为其他适合离散变量的损失函数。在分类树中损失函数由节点纯洁度（purity）加权组成，纯洁度可以有不同的度量，纯洁度数值小表示叶子节点中观测值类别相同的程度较高。

1. 分类树的损失函数

记叶子节点 m 对应的划分空间为 R_m，R_m 中的样本量为 N_m。节点 m 的观测样本中类别 k 所占的比例为：

$$\hat{p}_{mk}=\frac{1}{N_m}\sum_{\mathbf{x}_i\in R_m}I(y_i=k) \tag{10.1.7}$$

则节点 m 的类别预测的经验分布是 $(\hat{p}_{m1},\cdots,\hat{p}_{mK})$。令 $\hat{k}_m$ 是该区域所有类别中比例最大的一类，即 $\hat{k}_m=\arg\max_k\hat{p}_{mk}$，作为划分空间 R_m 的类别预测。常用的分类损失函数包括错误分类率、基尼系数（Gini index）和交叉熵（见图 10.3）。对于切分空间 R_m，这 3 个损失函数为：

（1）错误分类率：$1-\hat{p}_{m\hat{k}_m}$

（2）基尼系数：$\sum_{k=1}^{K}\hat{p}_{mk}(1-\hat{p}_{mk})$

（3）交叉熵：$-\sum_{k=1}^{K}\hat{p}_{mk}\log\hat{p}_{mk}$

在类别数 $K=2$ 时，假设 p 是第 2 类的概率，则错误分类率、基尼系数、交叉熵损失函数分别可以写为：$1-\max(p,1-p)$，$2p(1-p)$，$-p\log p-(1-p)\log(1-p)$。在这里交叉熵对应的是“熵”的定义（也是分布 $(p,1-p)$ 到自身的交叉熵）。在类别随机变量的不确定性最大，即 $p=0.5$ 时，交叉熵达到最大值；p 接近 0 或 1 时，交叉熵取值接近 0。类似地，基尼系数在 $p=0.5$ 时达到最大值；p 接近 0 或 1 时取值接近 0。由于交叉熵的计算涉及对数，计算量大于基尼系数，在实践中更倾向于使用基尼系数作为损失函数。

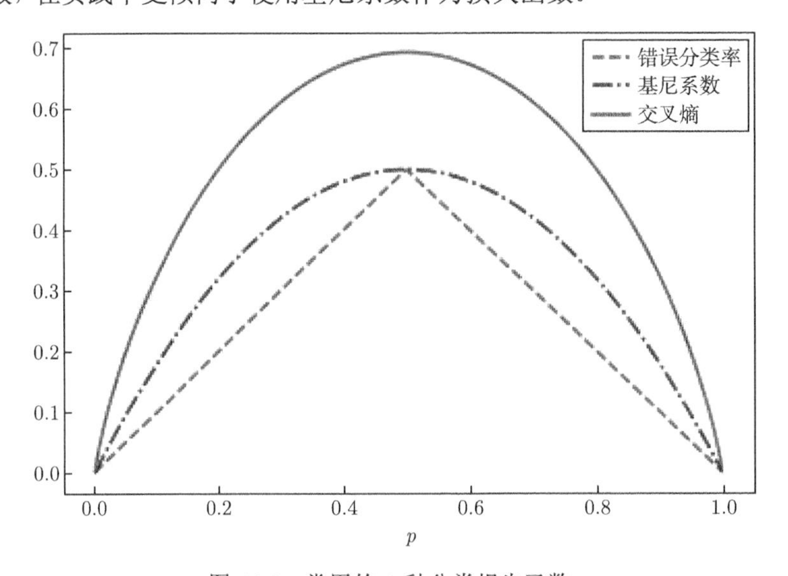

图 10.3　常用的 3 种分类损失函数

错误分类率对应 0-1 损失函数，它不是一个凸函数，而且不可导。相对于错误分类率，基尼指数和交叉熵是可导的，因而更适合进行数值优化。如图 10.3 所示，p 从 0 或 1 往 0.5 移动的过程中，基尼系数和交叉熵数值初始的增大速度较错误分类率更快，即基尼系数和交叉

熵损失在 p 接近 0 或 1 时对纯洁度更敏感。此外，由于基尼系数可以进一步写为：

$$\sum_{k=1}^{K} \hat{p}_{mk}(1-\hat{p}_{mk}) = \sum_{k \neq k'} \hat{p}_{mk}\hat{p}_{mk'} \tag{10.1.8}$$

它可以解释为对来自分布 $(\hat{p}_{m1}, \cdots, \hat{p}_{mK})$ 的一个随机样本，使用该分布进行预测时的错误分类率的期望。在实际应用中，基尼系数和交叉熵通常用于分类树的生成，而错误分类率通常用于分类树的剪枝。

2. 分类树的生成和剪枝

下面我们以基尼系数为损失函数，具体描述分类树的生成过程。考虑切分变量 j 和切分点 s，将输入空间切分为以下两个区间：

$$R_1(j,s) = X|X_j \leqslant s, \quad R_2(j,s) = X|X_j > s \tag{10.1.9}$$

对应样本量为 N_1, N_2。变量 j 和切分点 s 可以由如下准则选取：

$$\min_{j,s}\left[\frac{N_1}{N}\sum_{k=1}^{K}\hat{p}_{1k}(1-\hat{p}_{1k}) + \frac{N_2}{N}\sum_{k=1}^{K}\hat{p}_{2k}(1-\hat{p}_{2k})\right] \tag{10.1.10}$$

其中，$\hat{p}_{1k}, \hat{p}_{2k}$ 由式 (10.1.7) 定义。对应最小值的 (j,s) 可以通过简单的搜索算法获得。使用递归完成分类树的生成，直到预设的停止条件成立。

以错误分类率为损失函数，在剪枝过程中，对应的 Cost complexity 目标函数为：

$$\ell_\lambda(T) = \sum_{m=1}^{|T|} N_m(1-\max_k \hat{p}_{mk}) + \lambda|T| = \ell(T) + \lambda|T| \tag{10.1.11}$$

其中，λ 为惩罚参数。给定 λ，如果两棵大小不同的树具有相同的 $\ell_\lambda(T)$，则我们倾向于选择叶子节点数量较少的树。当 λ 由 0 变大时，解落在 weakest link pruning 的树序列中。该序列可由如下算法得到。

首先移除 T_0 的一个非叶子节点（内部节点），移除后该内部节点将变成一个叶子节点 t^*，得到子树 T_1。图 10.4 是对应图 10.1 的一个剪枝示例。然后基于以下最小化准则选择需要移除的内部节点：

$$\frac{\ell(T_1) - \ell(T_0)}{|T_0| - |T_1|} \tag{10.1.12}$$

对子树 T_1 及后续子树使用同样过程直到 T_0 根节点，得到树序列 $T_0 \supset T_1 \supset \cdots \supset T_r$。

准则 (10.1.12) 有一个等价表达式。以 T_0 到 T_1 的剪枝为例，记以叶子节点 t_1^* 为根节点的树为 T_1^*（即 T_0 被移除的部分，但包括 t_1^*），则显然有 $|T_0| - |T_1| = |T_1^*| - 1$。此外，$\ell(T_1) - \ell(T_0) = \ell(t_1^*) - \ell(T_1^*)$，其中，$\ell(t_1^*) = N_1^*(1 - \max_k \hat{p}_k^*)$ 表示叶子节点 t_1^* 处（一个切

分区间）的损失，$\ell(T_1^*)$ 表示 T_1^* 中叶子节点的加权损失和。因此，内部节点的选择准则可以写为：

$$\frac{\ell(t_1^*) - \ell(T^*)}{|T_1^*| - 1} \tag{10.1.13}$$

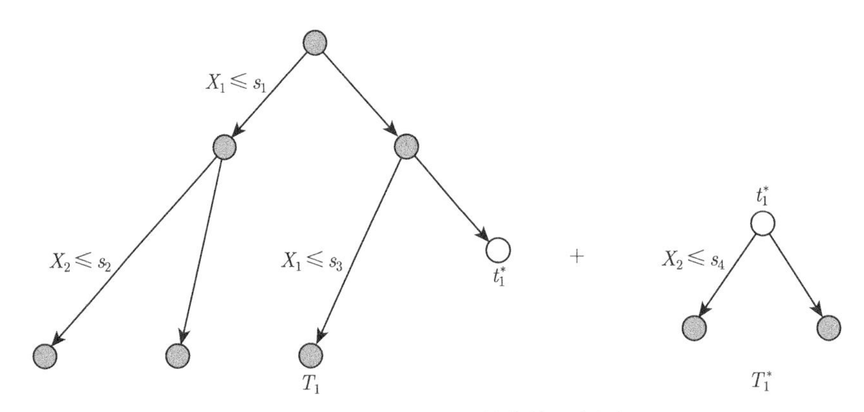

图 10.4　对应图 10.1 的剪枝示意图

为了找到子树序列和 λ 的对应，注意到 $\ell_\lambda(T_1) > \ell_\lambda(T_0)$，则有：

$$\ell_\lambda(T_1) - \ell_\lambda(T_0) = \ell(t_1^*) - \ell(T_1^*) + \lambda(1 - |T_1^*|) \tag{10.1.14}$$

当 $\lambda_1 = (\ell(t_1^*) - \ell(T_1^*)/|T_1^*| - 1)$ 时，$\ell_{\lambda_1}(T_1) = \ell_{\lambda_1}(T_0)$，$T_0$ 和子树 T_1 的 cost complexity 目标函数相等，可将 λ_1 设为子树 T_1 对应的惩罚参数。

分类树和回归树的剪枝和选择算法总结如下。

（1）初始化生成 T_0，设 $\lambda_0 = 0$。

（2）迭代 $k = 1, 2, \cdots$，直到子树仅包含一个根节点

① 从 T_{k-1} 树中选择内部节点 t_k^*，使得 $\lambda(t_k^*) \equiv \dfrac{\ell(t_k^*) - \ell(T^*)}{|T_k^*| - 1}$ 最小，其中 T_k^* 是以 t_k^* 为根节点的树；

② 对 T_{k-1} 剪枝，移除 T_k^* 中除 t_k^* 之外的节点，得到 T_k；

③ 设 $\lambda_k = \lambda(t_k^*)$。

（3）获得剪枝树序列 $T_0 \supset T_1 \supset \cdots \supset T_r$，以及对应的 $\lambda_0 \leqslant T_1 \supset \cdots \supset T_r$。

（4）使用交叉验证法来选择子树和 λ。

3. 信息增益

其他类型的决策树（如 C3.0 和 C4.5）在树的生长过程中使用了信息增益（information gain）的概念。决策树中的信息增益实际是由切分前类别经验分布和切分后条件分布定义的互信息（见 8.4 节）组成的。假设在未切分输入空间中，样本量为 N，类别的经验分布是

$\tilde{\boldsymbol{p}}=(\tilde{\boldsymbol{p}}_1,\cdots,\tilde{\boldsymbol{p}}_K)$。切分之后，原输入空间分为两个子空间 R_1 和 R_2，样本量为 N_1,N_2。在两个子空间中，类别的经验分布可重新计算，得到 $\hat{\boldsymbol{p}}_1=(\hat{p}_{11},\cdots,\hat{p}_{1K})$ 和 $\hat{\boldsymbol{p}}_2=(\hat{p}_{21},\cdots,\hat{p}_{2K})$。回顾第 8 章互信息的定义，信息增益可由下式计算：

$$\text{Information Gain}\equiv I(\boldsymbol{x},\boldsymbol{y})=H[p(\boldsymbol{y})]-\text{CH}[p(\boldsymbol{y}|\boldsymbol{x})] \tag{10.1.15}$$

对应到这里的情形，$\boldsymbol{y}$ 是服从经验分布 $\hat{\boldsymbol{p}}$ 的随机变量，$H[p(\boldsymbol{y})]=-\sum_{k=1}^{K}\tilde{\boldsymbol{p}}_k\log\tilde{\boldsymbol{p}}_k$。而 $\boldsymbol{x}$ 表示从 R_1 和 R_2 映射到 N_1/N 和 N_2/N 的随机变量，条件分布 $\boldsymbol{y}|\boldsymbol{x}_{R1}$ 和 $\boldsymbol{y}|\boldsymbol{x}_{R2}$ 对应 $\hat{\boldsymbol{p}}_1$ 和 $\hat{\boldsymbol{p}}_2$。于是有：

$$\text{CH}[p(\boldsymbol{y}|\boldsymbol{x})]=E_{\boldsymbol{x}}H[p(\boldsymbol{y}|\boldsymbol{x})]=-N_1/N\sum_{k=1}^{K}\hat{\boldsymbol{p}}_{1k}\log\hat{\boldsymbol{p}}_{1k}-N_2/N\sum_{k=1}^{K}\hat{\boldsymbol{p}}_{2k}\log\hat{\boldsymbol{p}}_{2k} \tag{10.1.16}$$

由于决策树是非参数估计，生长到一定程度后都会出现偏差较小而方差较大的问题，我们需要考虑结合降低方差的方法。树的集成是降低单棵树方差的有效方法，这其中的两类最成功的应用包括随机森林和提升树，我们将在接下来的章节中讲述这些方法。

10.2　Bagging 和随机森林

10.2.1　Bagging

Bagging（Bootstrap Aggregating 的简写）是一种集成学习和模型平均方法，用于改进机器学习方法的稳健性和精度，降低模型预测的方差。如果我们对 Bootstrap 方法有基本了解，那么 Bagging 方法是很容易理解的。第 8 章中我们介绍了 Bootstrap 方法用来获得参数估计的置信区间和分布的信息。Bootstrap 方法可以通过有放回的重抽样，产生多个样本量与原始数据量相同的 bootstrap 样本并重新估计模型。Bagging 方法利用了这些 bootstrap 样本得到估计模型，主要关注点是模型的预测而不是参数估计的精度度量。以决策树为例，对于回归问题，Bagging 集成预测是所有 B 个 Bootstrap 回归树在输入点 x 处预测值的平均值；对于分类问题，Bagging 集成分类树选取在 B 个 Bootstrap 分类树中获得最多“投票”的类。

Bagging 过程中生成的每个决策树都是同分布的。由于多个同分布的决策树平均化后的数学期望与任意单个决策树的数学期望相同，因此 Bagging 估计不会改进原决策树的偏差。要理解 Bagging 估计对方差的改进，应注意到 B 个独立同分布，方差为 σ^2 的随机变量平均值的方差是 σ^2/B。如果随机变量只是同分布的，且两两之间具有正相关系数 ρ，则随机变量平均值的方差为：

$$\rho\sigma^2+\frac{1-\rho}{B}\sigma^2 \tag{10.2.1}$$

Bagging 通过在输入数据中引入 Bootstrap 的方式增加不确定性，降低决策树之间的相关性，从而实现对方差的改进。

对于一些已经比较稳健的方法（如线性回归模型）且满足方差小而偏差较大，Bagging 能够提供的改进是有限的，有时可能还会降低这些模型的性能。从 Bootstrap 和贝叶斯的关系来看，Bootstrap 得到的参数估计近似于一种无信息的先验分布下的后验估计，也接近于极大似然估计。从这个意义上看，对线性模型引入 Bootstrap 平均不会获得很大的改进。

但是，Bagging 对一些不够稳健的方法有较大改进，如决策树、神经网络这种方差较大的非参数和高度非线性方法。对于决策树，首先 Bagging 通过 Bootstrap 引入随机性可以降低估计方差。Bagging 产生改进的另一个理由是可能会改善决策树在相邻划分区间或决策边界的跳跃问题，这一点在只有一个特征的回归树的情形下能比较直观地看出。此外，对于分类问题，相关性不高的弱分类器的“投票”式集成可以明显提高分类性能。Bagging 这类模型平均的方法在不够稳健的方法上的成功应用也反过来回应了贝叶斯方法的优势。由于贝叶斯方法本身就自带模型平均，因此应用到复杂的建模过程中往往会较频率方法有更好的性能。

10.2.2 随机森林

随机森林（Random Forest）是对 Bagging 方法在决策树中的一个重要改进。具体来说，当对一个 Bootstrap 数据集生成决策树时，Bagging 用全部 p 个输入变量来确定最优切分变量和切分点，而随机森林随机地选取 m 个（$m \leqslant p$）输入变量来确定最优切分变量和切分点。通常 m 的取值为 $\sqrt{p}$、$\log p$、$p/3$，甚至可以更小。除了在输入数据中引入 Bootstrap 增加不确定性之外，随机森林还通过在输入特征中增加随机性的方式进一步降低 Bootstrap 决策树之间的相关性，然后使用多棵低相关的决策树的平均决策结果进行预测。与 Bagging 类似，对于回归问题，随机森林的预测是所有 B 个 Bootstrap 回归树在输入点 x 处预测值的平均值；对于分类问题，随机森林的预测是所有 B 个 Bootstrap 分类树中在输入点 x 处预测类别获得最多“投票”的类，即预测类别的众数。

随机森林算法描述如下。

（1）初始化参数 B、n_0。

（2）迭代 $b = 1, 2, \cdots, B$

① 从 p 个输入变量中随机选取 m 个变量；

② 从训练数据集中抽取容量为 N 的 bootstrap 样本，该样本只取① 中的 m 个变量；

③ 通过递归二分法生成分类树或回归树 T_b，直到 T_b 叶子节点包含的观测值少于 n_0。

（3）获得全部决策树 $\{T_b, b = 1, 2, \cdots, B\}$。

（4）对于回归问题，随机森林的预测是 $\{T_b, b = 1, 2, \cdots, B\}$ 在输入点 x 处预测值的平均值；对于分类问题，随机森林的预测是 $\{T_b, b = 1, 2, \cdots, B\}$ 在输入点 x 处预测类别的众数。

通常情况下，随机森林在 Bootstrap 数据集生成决策树时不需要剪枝操作，训练过程很快。同时，随机森林的算法简单，非常适合并行计算，实现进一步加速。

我们对训练集使用了随机且有放回的抽样的 bootstrap 样本。所以对于每棵决策树，每个样本没有被抽样的概率是 $[(N-1)/N]^N$。当 N 较大时，大约有 36.8% 没有被抽样的数据，称为袋外数据（out of bag sample）。袋外数据可以帮助我们估计泛化误差。通常的做法是对每一个观测数据，把不包含该数据的 bootstrap 样本所生成的决策树的平均预测值与该数据的响应变量求预测误差（损失），然后取所有数据计算预测误差的均值。

以回归树和平方损失函数为例，泛化误差的估计方法如下：

$$\widehat{\text{Err}} = \frac{1}{N}\sum_{i=1}^{N}\left[y_i - \frac{1}{|C_{-i}|}\sum_{b\in C_{-i}} T_b(x_i)\right]^2 \tag{10.2.2}$$

其中，C_{-i} 是所有不包含第 i 个数据的 bootstrap 样本的集合，$|C_{-i}|$ 是 C_{-i} 集合的元素个数。基于袋外数据估计泛化误差的效果类似于 N 折交叉验证法，也就是留一交叉验证。随机森林是集成学习，袋外数据估计泛化误差则体现了集成估计，这与非集成学习使用 bootstrap 样本和袋外数据估计泛化误差（如 7.1.3 节描述）是不一样的，后者效果类似于 2 折或 3 折交叉验证法。

随机森林还可以获得变量重要性的度量。这里我们简述基于随机扰动的一种变量重要性的计算方法。对于 bootstrap 样本所生成的第 t 棵决策树，首先使用袋外数据计算预测误差 errOOB_t。然后，把第 j 个变量在观测样本的序随机打乱，而其他特征不变，再次计算预测误差 errOOB_t^*。通常扰乱后的预测误差变大，预测精度下降。可以把多棵树平均预测精度的下降幅度当成第 j 个变量的重要性度量，则有：

$$\text{VI}(j) = \frac{1}{B}\sum_{t=1}^{B}|\text{errOOB}_t - \text{errOOB}_t^*| \tag{10.2.3}$$

平均下降幅度越小，说明变量重要性越低。

另一种更通用的变量重要性的计算方法是基于决策树分裂生长的过程中由该变量切分空间导致纯洁度的下降幅度的平均值。以分类树和交叉熵损失为例，第 j 个变量的变量重要性是分类树生长过程中使用第 j 个变量进行空间切分时导致的信息增益之和。而随机森林的变量重要性是所有决策树信息增益之和的平均值。假设第 b 棵决策树 T_b 有 N_b^* 个内部节点，则有：

$$\text{VI}(j) = \frac{1}{B}\sum_{b=1}^{B}\sum_{t=1}^{N_b^*}\text{IG}_{tb} \times I[\text{split}(t) = X_j] \tag{10.2.4}$$

其中，$I(\text{split}(t) = X_j)$ 是示性函数，表示决策树 T_b 的内部节点 t 依据变量 X_j 进行下一步空间切分。信息增益 IG_{tb} 可由式 (10.1.15) 计算。

对每一个变量都可以求出重要性度量，从而得到特征重要性排序。在实践中变量的重要性也被用来进行变量选择。一种做法是把特征变量按重要性由大到小排序，每次选择前 k 个变量建立随机森林，并记录泛化误差的估计。泛化误差最小的随机森林对应的变量可以看成解释力度最高的变量。另外，也可以从重要性排序靠前的 m 个变量中，使用类似线性回归的向前法逐步建立随机森林，每步中随机森林的特征变量按某个准则（如最小泛化误差）增加一个，直到和上一步相比泛化误差增加时停止。

10.3 提升树 Boosting Trees

10.3.1 AdaBoost

Boosting Trees（提升树）是另一种决策树的集成方法，在数据挖掘和机器学习中应用十分广泛。Boosting 的出发点是通过对弱分类器进行组合来提升性能，构造一个强分类器。AdaBoost.M1 算法第一次实现了弱分类器的组合提升，并取得了非常好的性能。对输出为 {-1,1}的弱分类器 $G_k(x)$，AdaBoost.M1 算法具体如下。

（1）初始化观测样本权重 $w_i = 1/N, i = 1, 2, \cdots, N$。

（2）迭代 $k = 1, 2, \cdots, K$

① 对训练数据使用权重 w_i 拟合分类器 $G_k(x)$；

② 计算：

$$\mathrm{err}_k = \frac{\sum_{i=1}^N w_i I[y_i \neq G_k(x_i)]}{\sum_{i=1}^N w_i} \tag{10.3.1}$$

③ 计算 $\alpha_k = \log[(1 - \mathrm{err}_k)/\mathrm{err}_k]$；

④ 更新权重 $w_i \leftarrow w_i \cdot \exp\{\alpha_k \cdot I[y_i \neq G_k(x_i)]\}, i = 1, 2, \cdots, N$；

（3）输出：

$$\hat{G}(x) = \mathrm{sign}\left[\sum_{k=1}^K \alpha_k G_k(x)\right] \tag{10.3.2}$$

随后，费里德曼（Friedman）等人（2000）给出了 AdaBoost.M1 算法的解释，即该算法拟合了一个可加模型 $f_K(x) = \sum_{k=1}^K \alpha_k G_k(x)$，对应目标函数是可加模型在指数损失下的一类 forward stagewise 解。对 $k = 1, 2, \cdots, K$，逐步求解：

$$\left[\hat{\alpha}_k, \hat{G}_k(x)\right] = \arg\min \sum_{i=1}^N \exp\{-y_i \times [f_{k-1}(x_i) + \alpha_k G_k(x)]\} \tag{10.3.3}$$

最后得到的解 $\hat{\alpha}_k, \hat{G}_k(x)$ 与 AdaBoost.M1 算法每步计算的 $\alpha_k, G_k(x)$ 相同。

另一项重要研究最小角回归表明，Boosting 和 L1 正则化有紧密关系，使用 Forward stagewise 的效果与使用 L1 正则的效果接近。基于这些工作，Friedman 等学者提出了梯度提升决策树（GBDT）算法，这是深度学习出现之前最好的机器学习方法之一。陈天奇等学者（2014）提出的 XGBoost 方法是对 GBDT 算法的一种重要改进，是当前非深度学习方法中最出色的机器学习方法。本节将主要介绍 GBDT 和 XGBoost 这两个著名的算法。

10.3.2 梯度提升树 GBDT

梯度提升树（Gradient Boosting Decision Tree，GBDT）是一种可加结构的树的集成。一般有可加结构的提升树 $f_K(x)$ 可以写为：

$$f_K(x) = \sum_{k=1}^{K} T_k(x, \theta_k) \tag{10.3.4}$$

其中，$T_k(x, \theta_k)$ 是决策树，有：

$$T_k(x, \theta_k) = \sum_{m=1}^{M_k} c_{mk} I(x \in R_{mk}) \tag{10.3.5}$$

参数 $\theta_m = \{(R_{mk}, c_{mk}), m = 1, \cdots, M_k\}$ 表示该决策树的区间划分和对应参数。在提升树中，使用逐步向前法获得 $T_1(x, \theta_1), T_2(x, \theta_2), \cdots, T_K(x, \theta_K)$。记 $f_0 = 0$, 每步估计 θ_m 的目标函数为：

$$\ell(\theta_k) = \sum_{i=1}^{N} l[y_i, f_{k-1}(x_i) + T_k(x_i, \theta_k)] \tag{10.3.6}$$

在平方损失 $l(y, f) = (y - f)^2$ 时，在式 (10.3.6) 中求解 θ_m 等同于将 $r_i = y_i - f_{k-1}(x_i)$ 设为响应变量然后求解单棵回归树。对于 y 取值为 $\{-1, 1\}$ 的二分类问题，在平方损失 $l(y, f) = \exp(-yf)$ 时，在式 (10.3.6) 中求解 θ_m 可以通过 AdaBoost.M1 算法来实现。此时，AdaBoost 中的弱分类器 $G_k(x) = T_k(x, \theta_k)$。

对于其他损失函数 ℓ，直接求解式 (10.3.6) 是比较困难的。此外，使用式 (10.3.6) 求解 θ_m 仍然过于贪婪或激进，可能达不到更好的性能。Fridman 等人把求解目标函数的梯度下降方法应用到函数空间中近似求解最优函数，提出使用式 (10.3.6) 以 $f(x) = f_{m-1}(x)$ 的梯度作为响应变量然后求解单棵回归树。对式 (10.3.6) 做一阶泰勒展开近似，则有：

$$\ell(\theta_k) \approx \sum_{i=1}^{N} \{l[y_i, f_{k-1}(x_i)] + g_{ik} T_k(x_i, \theta_k)\} = \sum_{i=1}^{N} [g_{ik} T_k(x_i, \theta_k)] + \text{const} \tag{10.3.7}$$

其中，const 是与求解无关的量，则有：

$$g_{ik} = \left. \frac{\partial \ell[y_i, f(x_i)]}{\partial f(x_i)} \right|_{f(x) = f_{m-1}(x)} \tag{10.3.8}$$

容易看出，$T_k(x_i, \theta_k)$ 接近 $-g_{ik}$ 时可以使得 $\ell(\theta_k)$ 下降。由此得到 GBDT 算法描述如下。

（1）初始化 $f_0 = \arg\min_\gamma \sum_{i=1}^{N} \ell[y_i, f_{k-1}(x_i) + \gamma]$。

（2）迭代 $k = 1, 2, \cdots, K$

① 对训练数据 (x_i)，计算损失函数的梯度：

$$g_{ik} = \left.\frac{\partial \ell[y_i, f(x_i)]}{\partial f(x_i)}\right|_{f(x)=f_{m-1}(x)}$$

② 求解回归树：

$$\sum_{i=1}^{N}[-g_{ik} - T_k(x_i, \theta_k)]^2 \tag{10.3.9}$$

得到 $\hat{\theta}_m = \{(\hat{R}_{mk}, \hat{c}_{mk}), m = 1, \cdots, M_k\}$。

③ 保留 $\{\hat{R}_{mk}, m = 1, \cdots, M_k\}$，重新估计 c_{mk}：

$$\tilde{c}_{mk} = \arg\min_{\gamma} \sum_{x_i \in \hat{R}_{mk}} \ell[y_i, f_{k-1}(x_i) + \gamma] \tag{10.3.10}$$

④ 更新 $f_k(x) = f_{k-1}(x) + \sum_{m=1}^{M_k} \tilde{c}_{mk} I(x \in \hat{R}_{mk})$。

（3）输出 $f(x) = f_M(x)$。

每棵树的叶子节点数一般不会很大，通常在 4~8 之间。GBDT 中的变量重要性可以通过式 (10.2.4) 计算。引入一些正则化方法可以进一步提高 GBDT 的性能。一种做法是在 GBDT 算法第（2）步中的第④步更新时加入学习率，即：

$$f_k(x) = f_{k-1}(x) + \eta \sum_{m=1}^{M_k} \tilde{c}_{mk} I(x \in \hat{R}_{mk}) \tag{10.3.11}$$

其中，η 是学习率，$0 < \eta < 1$。研究表明，使用一个较小的 η 可以达到更好的性能。这种方法与线性回归中的 forward stagewise 回归类似，效果接近使用 L1 正则，可以看成是在函数空间中近似使用了 L1 正则方法。

此外，在训练过程中可以使用类似 Bagging 在每一步中使用 bootstrap 样本的思路，或随机无放回地抽取部分数据（子集抽样，Subsampling）来训练 $T_k(x_i, \theta_k)$，以降低每棵树之间的相关性，从而降低估计方差。这种子集抽样方法也称为随机梯度提升。除了子集抽样，我们可以参照随机森林在每一步中使用随机特征，进一步降低每棵树之间的相关性。这个思路在 XGBoost 中也有体现，称为 Column Subsampling。

10.3.3 XGBoost

XGBoost 是 Extreme Gradient Boosting 的简写，是对 GBDT 算法的一种高效改进。与 GBDT 相比，XGBoost 对目标函数展开到二阶，并显式地引入正则化惩罚项。在树的生成方面，XGBoost 与 GBDT 类似，但增加了预剪枝的处理，防止过拟合。XGBoost 是目前深度神经网络之外最出色的机器学习方法之一。

首先，XGBoost 沿用了 GBDT 逐步拟合的框架，每次加入一个决策树。对式 (10.3.6) 进行二阶泰勒展开近似，则有：

$$\ell(\theta_k) \approx \sum_{i=1}^{N} \left\{ l[y_i, f_{k-1}(x_i)] + g_{ik}T_k(x_i, \theta_k) + \frac{1}{2}h_{ik}[T_k(x_i, \theta_k)]^2 \right\} \tag{10.3.12}$$

其中，g_{ik} 由式 (10.3.8) 定义，则有：

$$h_{ik} = \left.\frac{\partial^2 \ell[y_i, f(x_i)]}{\partial f(x_i)^2}\right|_{f(x)=f_{m-1}(x)} \tag{10.3.13}$$

移除常数项并加入正则项 $\Omega(T_k)$，得到 XGBoost 第 k 步的目标函数为：

$$Obj(\theta_k) = \sum_{i=1}^{N} \left\{ g_{ik}T_k(x_i, \theta_k) + \frac{1}{2}h_{ik}[T_k(x_i, \theta_k)]^2 \right\} + \Omega(T_k) \tag{10.3.14}$$

XGBoost 提出了一种新的近似求解 θ_k 的方式。首先，我们把 $T_k(x, \theta_k) = \sum_{m=1}^{M_k} c_{mk} I(x \in R_{mk})$ 重新定义一个等价形式，即：

$$T_k(x, \theta_k) = c_{q(x),k} \tag{10.3.15}$$

其中，$q(x) = m \Leftrightarrow x \in R_{mk}$。假设正则项 $\Omega(T_k)$ 有如下形式：

$$\Omega(T_k) = \gamma|T_k| + \frac{1}{2}\lambda \sum_{m=1}^{M_k} c_{mk}^2 \tag{10.3.16}$$

正则项的第 1 部分是对树的大小的惩罚，第 2 项是对区间取值估计的压缩或平滑。这时，第 k 步的目标函数写为：

$$Obj(\theta_k) = \sum_{i=1}^{N} \left[g_{ik}c_{q(x),k} + \frac{1}{2}h_{ik}c_{q(x),k}^2 \right] + \gamma|T_k| + \frac{1}{2}\lambda \sum_{m=1}^{M_k} c_{mk}^2 \tag{10.3.17}$$

令 $I_{mk} = \{x_i | x_i \in R_{mk}\}$ 是第 j 个叶子节点的数据集合，$i \in I_{mk} \Leftrightarrow x_i \in R_{mk}$，上面的目标函数可以进一步化简为：

$$Obj(\theta_k) = \sum_{m=1}^{M_k} \left[\left(\sum_{i \in I_{mk}} g_{ik} \right) c_{mk} + \frac{1}{2} \left(\lambda + \sum_{i \in I_{mk}} h_{ik} \right) c_{mk}^2 \right] + \gamma|T_k| \tag{10.3.18}$$

$$= \sum_{m=1}^{M_k} \left[G_{mk} \times c_{mk} + \frac{1}{2}(\lambda + H_{mk}) \times c_{mk}^2 \right] + \gamma|T_k| \tag{10.3.19}$$

化简后的目标函数是 M_k 个独立的二次函数之和，其中，$G_{mk} = \sum_{i \in I_{mk}} g_{ik}$，$H_{mk} = \sum_{i \in I_{mk}} h_{ik}$。如果已经给定了树的区间划分 $R_{mk}, m = 1, 2, \cdots, M_k$，则 c_{mk} 的最优解为：

$$\hat{c}_{mk} = -\frac{G_{mk}}{H_{mk} + \lambda} \tag{10.3.20}$$

而目标函数的极小值为:

$$\hat{Obj}(\theta_k) = -\sum_{m=1}^{M_k} \frac{G_{mk}^2}{H_{mk}+\lambda} + \gamma|T_k| \tag{10.3.21}$$

上式第 1 项度量了 T_k 结构的好坏，值越小说明树的结构越好；第 2 项是对树的大小的惩罚。XGBoost 使用了递归二分法进行树的生长，遍历所有特征和节点选取最优的划分变量。比较的准则是在区间划分前后，目标函数 (10.3.21) 值的增益。考虑切分变量 X_j 和切分点 s，将输入空间 R_{mk} 切分为以下两个区间:

$$R_{mk1}(j,s) = \{\boldsymbol{X} \in R_{mk}|X_j \leqslant s\}, \quad R_{mk2}(j,s) = \{\boldsymbol{X} \in R_{mk}|X_j > s\} \tag{10.3.22}$$

对应数据集为 $I_{mk1} = \{x_i|x_i \in R_{mk1}\}$，$I_{mk2} = \{x_i|x_i \in R_{mk2}\}$。变量 j 和切分点 s 可以由最大化如下增益准则选取:

$$\frac{1}{2}\left(\frac{G_{mk1}^2}{H_{mk1}+\lambda} + \frac{G_{mk2}^2}{H_{mk2}+\lambda} - \frac{G_{mk}^2}{H_{mk}+\lambda}\right) - \gamma \tag{10.3.23}$$

其中，$G_{mkr} = \sum_{i\in I_{mkr}} g_{ik}$，$H_{mkr} = \sum_{i\in I_{mkr}} h_{ik}$，$r=1,2$。式 (10.3.23) 是切分后的目标函数极值增益，如果增益为负数则停止分裂，即预剪枝。XGBoost 的预剪枝是由目标函数导出的，不同于其他启发式的预剪枝方法。此外，XGBoost 在训练过程中引入类似式 (10.3.11) 的 forward stagewise 正则化方法防止过拟合，还引入了随机森林中每次随机选择部分特征的方法（Column Subsampling）来生成决策树，通过降低树的相关性来提升预测性能。

10.3.4 案例分析：股票涨跌预测（续 1）

[目标和背景]

在 5.2.3 节案例分析中，我们使用了逻辑回归方法预测了未来一天股票的涨跌概率，并根据预测结果构建了投资组合。在本例中我们利用随机森林、GBDT 和 XGBoost，预测未来一天股票的涨跌，并构建该方法对应的投资组合。

[解决方案和程序]

使用 5.2.3 节案例分析的训练样本和预测样本，把逻辑回归方法替换为本章学习过的 3 个方法，其他部分保持不变。运行程序后可以看到（见图 10.5），在预测效果和组合回报上，3 个方法相比于逻辑回归都有较大提升。其中 GBDT 和 XGBoost 的效果最好，使用 XGBoost 股票涨跌的预测和实际涨跌的相关系数大约为 0.10，可以看到比较明显的正收益回报。值得注意的是，一个好的回测效果不代表这个方法实际中的表现，在实际投资过程中我们有非常多的因素需要考虑，如资金成本、交易成本、冲击成本、涨跌停处理及合规等一系列问题。一个在模拟交易中盈利的策略在实盘中发生亏损是经常发生的。

```
## 使用 5.2.3 节案例分析的训练样本和预测样本
   X_train y_train X_test y_test  p=5
## 模型拟合
from sklearn.ensemble import GradientBoostingClassifier
from sklearn.ensemble import RandomForestClassifier
from xgboost import XGBClassifier
#clf = GradientBoostingClassifier(n_estimators=10, max_depth=5,
   min_samples_split=2, learning_rate=0.1)
#clf = RandomForestClassifier(n_estimators=10,min_samples_leaf=2)
clf = XGBClassifier(learning_rate=0.1)
clf.fit(X_train,y_train)
## 检验样本的表现
y_pred = clf.predict(X_test)
from sklearn.metrics import classification_report
print(classification_report(y_test, y_pred))
np.corrcoef([y_test,y_pred]) # Information Coefficient, IC

## 构建投资组合
holding_matrix = np.zeros((n1-p,300))
for j in range(n1-p):
    prob = clf.predict_proba(test[j:j+p,:].T)[:,1]
    long_position = prob.argsort()[-10:]
    short_position = prob.argsort()[:10]
    holding_matrix[j,long_position] = 0.05
    holding_matrix[j,short_position] = -0.05

tmp_ret = np.sum(holding_matrix*test[p:],axis = 1)
portfolio_ret = np.append(0,tmp_ret)
plt.plot(np.cumprod(1+portfolio_ret))
```

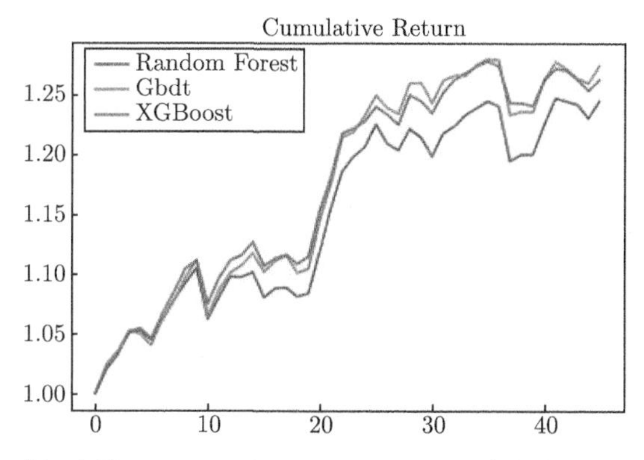

图 10.5 随机森林、GBDT 和 XGBoost 3 个方法构建投资组合的表现

本 章 习 题

1. 描述如何使用交叉验证法从树序列 $T_0 \supset T_1 \supset \cdots \supset T_r$ 中选取最优子树。

2. 推导公式 (10.2.1)。

3. 对线性回归模型进行模拟仿真，对比 Bagging 和普通 OLS 的预测效果。

4. 在 5.2.3 节案例分析中，使用其他预测指标（如 RSI、ROC 等技术指标）重新分析数据，并比较各个方法。

5. 配对排序学习。我们在这里描述一种将回归问题转化为分类问题的排序学习算法。假设模型 $Y = f(X) + \epsilon$，观测数据为 $\{(y_i, x_i), i = 1, \cdots, N\}$。在配对排序学习中，我们寻找 f^*，使得满足 $[f^*(x_i) - f^*(x_j)] \times I(y_i > y_j) > 0$ 的数据对 (i, j) 尽可能多。令 $z_{ij} = I(y_i > y_j)$，最小化：

$$\sum_{i=1}^{N} \sum_{j \neq i} \ell(z_{ij}, f^*, x_i, x_j)$$

其中，$\ell(z_{ij}, f^*, x_i, x_j) = \exp\{-z_{ij}[f^*(x_i) - f^*(x_j)]\}$。编写模拟仿真程序实现配对排序学习。

第 11 章 深度学习

深度学习一般指多层网络结构以及相应的训练方法，这些方法大部分都基于神经网络。与深度学习的概念相对的是浅层学习，我们熟悉的很多模型和算法，如 SVM、回归树、分类树及树的集成等，都属于浅层学习。尽管多层神经网络模型很早就被提出，但在 2006 年之前还没有出现系统化的高效训练方法，多层神经网络的预测效果也不如 SVM 和随机森林等统计学习方法。2006 年之后，在辛顿（Hinton），杨立昆（LeCun）、本希奥（Bengio）等一批学者的带领下，深度学习得到了迅猛发展，在图像识别、语音识别、自然语言处理、人工智能等各个方面都有非常成功的应用。深度学习通过深度网络结构逐层抽象，实现了自动特征提取，很多时候（特别是在大数据中）的效果明显超越了众多传统的学习方法。除了监督学习，深度学习还可以应用到无监督学习和强化学习这两个领域，产生了深度无监督学习和深度强化学习等新的研究方向。

深度学习方法同时包含了非线性建模、特征提取和降维 3 个特点，这是其他机器学习方法很难同时兼备的。同时，它的成功也得益于计算能力的增强和一些新的训练技巧的引入。目前深度学习的理论还不够完善，很多人将其理解为一种基于强大算力的工程方法。

由于深度学习的进展迅速，各种方法更新迭代非常快，本章不可能覆盖这个领域大部分内容。我们将沿着深度学习的发展路径，主要介绍一些这个方向发展过程中沉淀下来的有效方法，包括神经元、反向传播算法、各种网络结构，以及深度无监督学习的两个著名方法 VAE 和 GAN。此外，还将简要介绍深度学习的信息瓶颈理论。

11.1 前馈神经网络和梯度下降算法

11.1.1 神经元

神经网络和神经元是源自生命科学的概念，神经元指的是神经细胞，以及神经细胞的信息处理和信息交互功能；神经网络表示多个神经元组成的接受信息和产生反应和互动的网络。在机器学习中，神经网络指的是能模拟生物神经系统的模型，这些模型一般由多个包含输入输出和信息处理的单元组成，每个单元也称为神经元。一个经典的神经元是 1958 年由计算机学家罗森巴特（Rosenblatt）提出的感知器（Perception），其结构如下：

$$y = f(\boldsymbol{z}) = f(\boldsymbol{x}^{\mathrm{T}}\boldsymbol{w} - b) \tag{11.1.1}$$

其中，$\boldsymbol{x} = (x_1, \cdots, x_p)^{\mathrm{T}}$ 是输入信息，$\boldsymbol{w} = (w_1, \cdots, w_p)^{\mathrm{T}}$ 是权重向量，$\boldsymbol{z} = \boldsymbol{x}^{\mathrm{T}}\boldsymbol{w}$ 是输入信息汇总，f 是激活函数，且有：

$$f(u) = \begin{cases} 1, & \text{if } u > 0 \\ -1, & \text{if } u \leqslant 0 \end{cases} \tag{11.1.2}$$

感知器使用的激活函数 (11.1.2) 又称为硬阈值（hard threshold）激活函数。$y = f(\boldsymbol{z})$ 是经过激活函数处理产生的输出。b 是偏差项，类似回归模型的截距项。我们可以设置 $x_1 = 1$，这时 w_1 是通常意义下的截距项，模型可以写得更简洁，如图 11.1 所示。

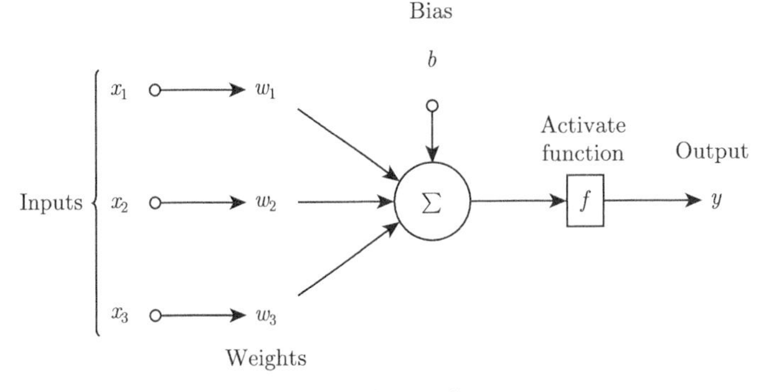

图 11.1　神经元感知器

训练样本为 $\{(\boldsymbol{x}_i, y_i), i = 1, \cdots, N\}$，假设当前感知器的输出为 $\hat{y}_i^l$，则感知器权重的迭代更新规则为：

$$\begin{aligned} \boldsymbol{w}^{(l+1)} &= \boldsymbol{w}^l + \eta(y_i - \hat{y}_i^l)\boldsymbol{x}_i^{\mathrm{T}} \\ \hat{y}_i^{(l+1)} &= f(\boldsymbol{x}_i^{\mathrm{T}}\boldsymbol{w}^{(l+1)}) \end{aligned} \tag{11.1.3}$$

其中，$\eta > 0$ 是学习率（learning rate）。从 (11.1.3) 可以看出，若 $\hat{y}_i = y_i$，即感知器对训练样本的预测正确，则权重不发生变化，否则感知器将根据预测错误的偏离程度进行权重调整。我们需要以某种顺序遍历训练样本多次，直到收敛。这个算法实际上是一个随机梯度下降法（SGD，参考 11.1.3 节），对应的目标函数是最小化：

$$-\sum_{i \in M} y_i(\boldsymbol{x}_i^{\mathrm{T}}\boldsymbol{w}) \tag{11.1.4}$$

其中，M 是错误分类点的集合。可以证明，如果两个类别是线性可分的，则感知器算法可以在有限步内收敛到一个分割超平面。支持向量机（见 5.3 节）可以看成是对感知器的改进和拓展，引入基扩张后可以有效地处理线性不可分的情形。

11.1.2 前馈神经网络

前馈神经网络 (feedforward neural networks) 是一种十分常用的神经网络，单隐含层结构如图 11.2 所示。每层神经元与下一层神经元互连，同层神经元之间不存在连接，也没有跨层的连接。在图 11.2 中，输入层神经元接受外界输入，输入层与输出层之间的神经元层又称为隐含层（hidden layer），隐含层和输出层神经元都是拥有激活函数的神经元，由输出层神经元输出结果。在一个神经网络中，输入层和输出层的结点往往是固定不变的，而隐含层的层数和每个隐含层的神经元个数是可以调节的。具有多个隐含层的神经网络就是深度神经网络，通常我们说的深度学习的概念指的是各种不同类型的深度神经网络以及其中权重的各种有效训练方法。

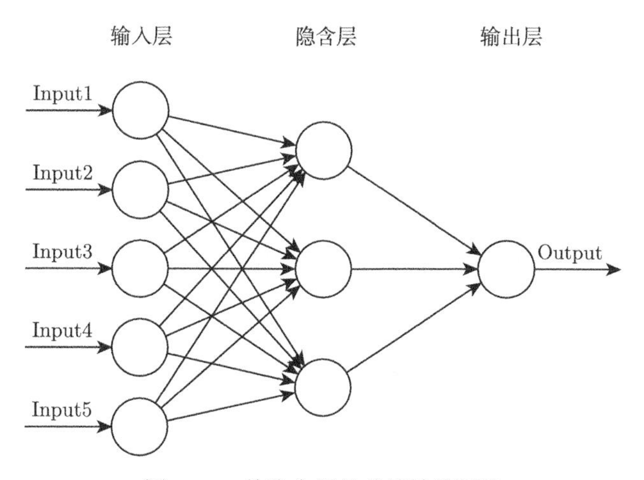

图 11.2 单隐含层的前馈神经网络

11.1.3 梯度下降算法

梯度下降（Gradient Decent）算法是神经网络训练中最常用的算法之一。给定一个训练样本 $(x_i, y_i), i = 1, 2, \cdots, n$，一般优化的目标函数可以写成最小化：

$$\ell(\boldsymbol{\theta}) = \sum_{i=1}^{n} L[y_i, f(x_i; \boldsymbol{\theta})]$$

其中，L 是某种损失函数，如平方损失或交叉熵损失。f 表示神经网络结构。$\boldsymbol{\theta}$ 是神经网络的权重参数。梯度下降算法中参数的更新过程为：

$$\boldsymbol{\theta}^{(l+1)} = \boldsymbol{\theta}^{l} - \eta\frac{\partial \ell}{\partial \boldsymbol{\theta}} \tag{11.1.5}$$

$$= \boldsymbol{\theta}^{l} - \eta\sum_{i=1}^{n}\frac{\partial L[y_i, f(x_i;\boldsymbol{\theta})]}{\partial \boldsymbol{\theta}} \tag{11.1.6}$$

其中，η 为学习率（Learning rate）。

对于样本量很少的凸优化问题，梯度下降算法可以很快达到全局最优。如果数据量太大，参数更新一次需要大量计算。随机梯度下降算法（Stochastic Gradient Decent, SGD）是梯度下降算法的随机近似，它是一种在线学习方法。随机梯度下降算法中，每次迭代只使用一个训练数据更新参数：

$$\boldsymbol{\theta}^{(l+1)} = \boldsymbol{\theta}^{l} - \eta\frac{\partial L[y_i, f(x_i;\boldsymbol{\theta})]}{\partial \boldsymbol{\theta}} \tag{11.1.7}$$

SGD 需要以某种顺序遍历训练样本多次，直到收敛。实际中，常用的一种方法称为 mini-batch SGD，其将数据分多个小批量的子集，每次取出一个子集样本 S 来更新参数：

$$\boldsymbol{\theta}^{(l+1)} = \boldsymbol{\theta}^{l} - \eta\sum_{i\in S}\frac{\partial L[y_i, f(x_i;\boldsymbol{\theta})]}{\partial \boldsymbol{\theta}} \tag{11.1.8}$$

在一些研究论文中，mini-batch 的大小设为 128 或 256。

11.1.4 反向传播算法

反向传播 (Back Propagation，简称 BP) 算法是实现梯度下降算法的有效途径，在神经网络中得到了十分广泛的应用。下面我们以单隐含层的前馈神经网络为例说明 BP 算法。

假设神经元使用 Sigmoid 激活函数 $\sigma(z) = 1/(1+e^{-z})$，输入 $\boldsymbol{x}$ 的维数是 p，隐含层的神经元个数是 K，具有单隐含层和一个线性输出单元的前馈神经网络模型可以表示为：

$$h_j = \sigma(\boldsymbol{w}_j^{\mathrm{T}}\boldsymbol{x}), j = 1, 2, \cdots, K \tag{11.1.9}$$

$$f(\boldsymbol{x}) = \boldsymbol{h}^{\mathrm{T}}\boldsymbol{\beta} = \sum_{j=1}^{K}\beta_j\sigma(\boldsymbol{w}_j^{\mathrm{T}}\boldsymbol{x}) \tag{11.1.10}$$

$$y = f(\boldsymbol{x}) + \epsilon \tag{11.1.11}$$

其中，$\boldsymbol{h} = (h_1, \cdots, h_K)^{\mathrm{T}}$，$\boldsymbol{\beta} = (\beta_1, \cdots, \beta_K)^{\mathrm{T}}$，$\boldsymbol{w}_j = (w_{j1}, \cdots, w_{jp})^{\mathrm{T}}$。我们通过最小化残差平方和来求解参数 $\boldsymbol{\theta} = (\boldsymbol{\beta}, \boldsymbol{w}_1, \cdots, \boldsymbol{w}_p)$，则有：

$$\ell(\boldsymbol{\theta}) = \sum_{i=1}^{N}\left[y_i - \sum_{j=1}^{K}\beta_j\sigma(\boldsymbol{w}_j^{\mathrm{T}}\boldsymbol{x}_i)\right]^2 \tag{11.1.12}$$

并使用梯度下降法更新参数 $\boldsymbol{\theta}$。则有：

$$\beta_j^{l+1} = \beta_j^l - \eta \frac{\partial \ell}{\partial \beta_j^l} \tag{11.1.13}$$

$$w_{jk}^{l+1} = w_{jk}^l - \eta \frac{\partial \ell}{\partial w_{jk}^l} \tag{11.1.14}$$

简单求导得到:

$$\frac{\partial \ell}{\partial \beta_j^l} = -2\sum_{i=1}^N [y_i - f^l(\boldsymbol{x}_i)]\sigma(\boldsymbol{w}_j^{(l)\mathrm{T}}\boldsymbol{x}_i) \tag{11.1.15}$$

$$\frac{\partial \ell}{\partial w_{jk}^l} = -2\sum_{i=1}^N [y_i - f^l(\boldsymbol{x}_i)]\beta_j^l\sigma'(\boldsymbol{w}_j^{(l)\mathrm{T}}\boldsymbol{x}_i)x_{ik} \tag{11.1.16}$$

其中，$\sigma'(\cdot)$ 是 $\sigma(\cdot)$ 的导函数，$f^l(\boldsymbol{x}_i) = \sum_{j=1}^K \beta_j^l \sigma(\boldsymbol{w}_j^{(l)\mathrm{T}}\boldsymbol{x}_i)$。记 $\delta_i^{(l)} = y_i - f^l(\boldsymbol{x}_i)$，此时:

$$\frac{\partial \ell}{\partial \beta_j^{(l)}} = -2\sum_{i=1}^N \delta_i^l \sigma(\boldsymbol{w}_j^{(l)\mathrm{T}}\boldsymbol{x}_i) \tag{11.1.17}$$

在反向传播算法中，我们首先根据当前的参数 $\boldsymbol{w}_j^l$ 和 β_j^l，依次算出隐含层 $\sigma(\boldsymbol{w}_j^{(l)\mathrm{T}}\boldsymbol{x}_i)$ 和残差 $\delta_i^l = y_i - f^l(\boldsymbol{x}_i)$，这个步骤称为 forward pass，是信息从输入层逐层向前传播，最后用于更新梯度下降算法中的残差项 δ_i^l。接下来根据式 (11.1.13) 和式 (11.1.15) 更新 β_j，得到 β_j^{l+1}，之后通过式 (11.1.14) 更新 $\boldsymbol{w}_j$，其中 $\dfrac{\partial \ell}{\partial w_{jk}^l}$ 的计算如下:

$$s_{ij}^l = \delta_i^l \beta_j^{(l+1)} \sigma'(\boldsymbol{w}_j^{(l)\mathrm{T}}\boldsymbol{x}_i) \tag{11.1.18}$$

$$\frac{\partial \ell}{\partial w_{jk}^l} = -2\sum_{i=1}^N s_{ij}^l x_{ik} \tag{11.1.19}$$

这个步骤称为 backward pass，误差从输出层逐层向后传播，逐层更新参数。

11.1.5 随机梯度算法的改进

在深度神经网络的训练中，发展出了一些改进型的随机梯度下降算法，可以加快算法收敛速度，如 Momentum、RMSProp、Adam 等。下面我们来简要介绍一下这些常用且高效的算法。

1. Momentum

动量（Momentum）方法对之前的梯度进行加权平均，降低少量样本计算梯度时带来的不确定性。以指数平均为例，假设 β 是指数衰减系数，∇J^l 是当前的梯度，m^l 是 ∇J^l 的指数加权平均，$m^o = 0$。则随机梯度的动量改进如下:

$$m^l = \beta m^{(l-1)} + (1-\beta)\nabla J^l \tag{11.1.20}$$

$$\boldsymbol{\theta}^{l+1} = \boldsymbol{\theta}^l - \eta\, m^l \tag{11.1.21}$$

2. RMSProp

RMSProp 方法对梯度的平方进行加权指数平均，并以这个平均值开方的倒数乘学习率作为新的学习率。ϵ 是一个正数防止分母出现 0 值。RMSProp 的学习率可以自适应调整，防止梯度在某个维度上出现大幅来回震荡，同时加大正确方向上的学习率。则有：

$$v^l = \beta v^{(l-1)} + (1-\beta)(\nabla J^l)^2 \tag{11.1.22}$$

$$\boldsymbol{\theta}^{l+1} = \boldsymbol{\theta}^l - \eta \frac{\nabla J^l}{\sqrt{v^l + \epsilon}} \tag{11.1.23}$$

3. Adam

Adam 方法结合了动量方法和 RMSProp 方法的思路，是一种非常优秀的随机梯度下降算法，在实践中应用广泛。有：

$$m^l = \beta_1 m^{(l-1)} + (1-\beta_1)\nabla J^l \tag{11.1.24}$$

$$v^l = \beta_2 v^{(l-1)} + (1-\beta_2)(\nabla J^l)^2 \tag{11.1.25}$$

$$\hat{m}^l = m^l/(1-\beta_1^l) \tag{11.1.26}$$

$$\hat{v}^l = v^l/(1-\beta_2^l) \tag{11.1.27}$$

$$\boldsymbol{\theta}^{l+1} = \boldsymbol{\theta}^l - \eta \frac{\hat{m}^l}{\sqrt{v^l + \epsilon}} \tag{11.1.28}$$

11.1.6 激活函数和梯度消失问题

感知器使用的激活函数 (11.1.2) 又称为硬阈值（hard threshold）激活函数。在神经网络中，为了更有效地训练网络参数，研究人员提出了多种有效的激活函数，我们在这里介绍 Sigmoid 函数、tanh 函数和修正线性单元 ReLU。

1. Sigmoid 函数

Sigmoid 函数也称为 Logistic 函数，形式如下：

$$\sigma(z) = \frac{1}{1+e^{-z}} \tag{11.1.29}$$

Sigmoid 函数是神经网络早期发展阶段使用频率最高的激活函数。如图 11.3 所示，它是一个光滑函数，导数为 $\sigma(z)[1-\sigma(z)]$。Sigmoid 函数的一个缺点是指数的计算比较耗时，不能适应深度学习所需的巨大计算量。Sigmoid 函数的输出不是以 0 为中心的，而是恒大于 0，这会导致使用梯度下降算法更新模型参数时可能会产生一些问题，影响算法收敛速度。例如，在使用随机梯度下降算法更新式 (11.1.12) 中的 $\boldsymbol{\beta}$ 参数时，有：

$$\frac{\partial \ell}{\partial \beta_j^l} = -2[y_i - f^l(\boldsymbol{x}_i)]\sigma(\boldsymbol{w}_j^{(l)\mathrm{T}}\boldsymbol{x}_i) \tag{11.1.30}$$

此时所有的 β_j 梯度全是同号的，全为正或全为负，梯度更新时可能会产生来回震荡（Zigzag）之类的问题，导致算法收敛慢。

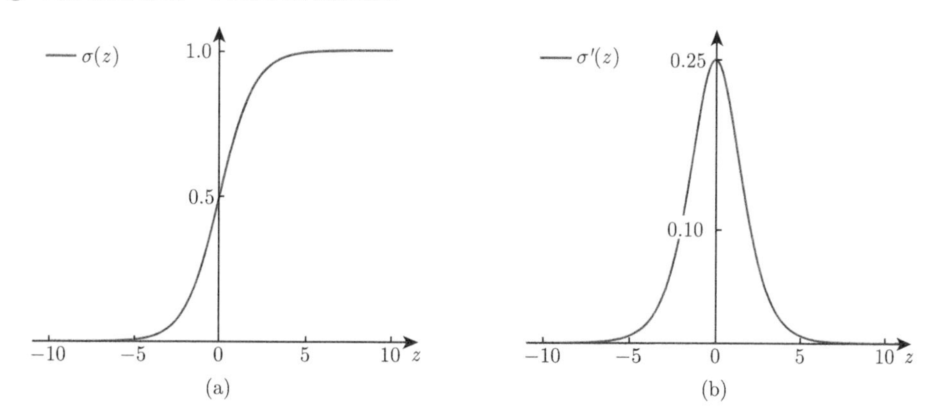

图 11.3 Sigmoid 激活函数及导函数

2. tanh 函数

tanh 函数解决了 Sigmoid 函数输出非 0 中心的问题，如图 11.4 所示，其形式为：

$$\tanh(z) = \frac{2}{1+e^{-2z}} - 1 \tag{11.1.31}$$

相较于 Sigmoid 函数，tanh 函数收敛速度更快，因为 tanh 激活函数的输出是以 0 为中心的。但指数运算耗时问题仍然存在。

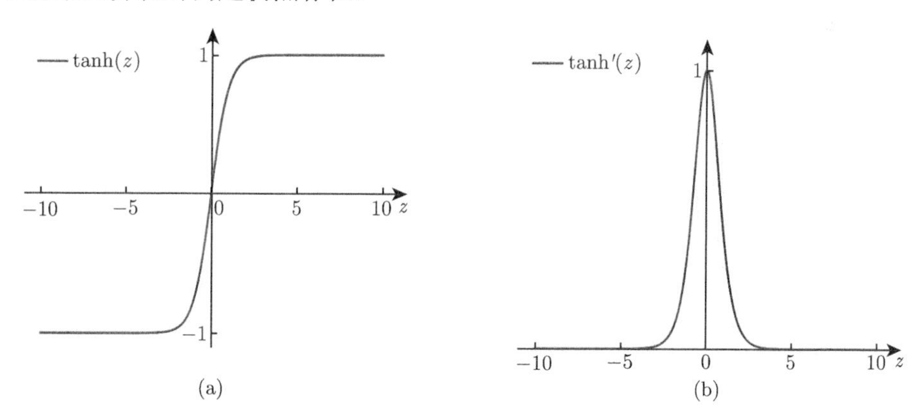

图 11.4 tanh 激活函数及导函数

此外，使用 Sigmoid 函数或 tanh 函数作为激活函数在训练多层神经网络时会导致梯度消失问题，即在使用反向传播算法时导数逐渐变为 0，网络参数很难被更新。根据图 11.3(b) 和图 11.4(b) 容易发现，Sigmoid 函数或 tanh 函数导函数在 $[-5,5]$ 之外的区间取值很小。在误差的反向传播中，下一层导数的计算需要乘以上一层的导函数，因此这将导致梯度越来越小，离输出层远的神经元参数难以更新。

3. 修正线性单元 (ReLU)

为了避免梯度消失现象的发生，奈尔（Nair）和辛顿（Hinton）(2010) 将修正线性单元（Rectified Linear Unit，ReLU）引入神经网络。ReLU 函数是极为常用的激活函数，其形式为：

$$\mathrm{ReLU}(z) = \begin{cases} z, & z > 0 \\ 0, & z \leqslant 0 \end{cases} \tag{11.1.32}$$

如图 11.5 所示，ReLU 函数是一个取最大值的函数 $\max\{0, z\}$，注意其并不是全区间可导的。ReLU 计算简单，只需要判断输入是否大于 0，神经网络使用 ReLU 的收敛速度远快于 Sigmoid 和 tanh。

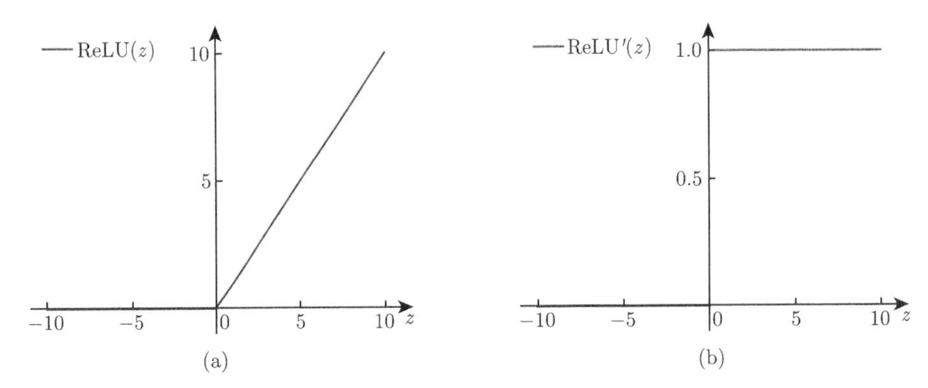

图 11.5　ReLU 激活函数及导函数

ReLU 函数解决了部分梯度消失问题，$z > 0$ 部分可以有效传递梯度。然而，ReLU 在 $z \leqslant 0$ 时，梯度为 0，导致某些神经元可能永远也不会被激活，参数无法更新，这些神经元被称作“死区”，也是梯度消失的一种表现形式。

Leaky ReLU 是解决 ReLU 死区问题的激活函数，形式为：

$$\text{Leaky ReLU}(z) = \begin{cases} z, & z > 0 \\ \alpha z, & z \leqslant 0 \end{cases} \tag{11.1.33}$$

Leaky ReLU 将 ReLU 函数中 $z \leqslant 0$ 的部分调整为 $f(z) = \alpha z$，其中 α 为 0.01 或 0.001 数量级的较小正数。参数化 ReLU（PReLU），即直接将 α 也作为一个神经网络中可以学习的参数，在训练过程中迭代更新。除此之外，值得关注的一些改进包括随机化 ReLU（RReLU）、ELU 等。

11.1.7 案例分析: 股票涨跌预测(续 2)

[目标和背景]

在 5.2.3 节和 10.3.4 节案例分析中,我们使用逻辑回归方法和树的集成方法预测了未来一天股票的涨跌概率,并根据预测结果构建投资组合。在这个数据集的分析中,随机森林、GBDT 和 XGBoost 的效果要好于线性逻辑回归,其中 XGBoost 的效果最好。本章我们进一步使用神经网络方法,根据类似之前分析的流程分析同一个数据集,由此反映神经网络方法的性能。

[解决方案和程序]

使用 5.2.3 节案例分析的训练样本和预测样本,把逻辑回归方法替换为本章的前馈神经网络,其他部分保持不变。图 11.6 显示了神经网络得到的投资组合的表现。可以看到,在预测效果和组合回报上,神经网络方法较线性逻辑回归有较大提升,但略差于 GBDT 和 XGBoost(参考图 5.2 和图 10.5)。

```
# 使用 5.2.3 节案例分析的训练样本和预测样本
  X_train y_train X_test y_test
from keras.datasets import mnist
from keras.utils import np_utils
from keras.models import Sequential
from keras.layers import Dense, Activation
from keras.optimizers import RMSprop,Adam
## 模型定义和拟合
model = Sequential([
    Dense(8, input_dim=5),
    Activation('relu'),
    Dense(8),
    Activation('relu'),
    Dense(8),
    Activation('relu'),
    Dense(1),
    Activation('sigmoid'),])
model.compile(optimizer='Adam',
              loss='binary_crossentropy',
              #loss = 'kullback_leibler_divergence',
              metrics=['binary_accuracy'])
model.fit(X_train, y_train, epochs=100, batch_size=200)

## 检验样本的表现
y_pred = model.predict(X_test)
np.corrcoef([y_test,y_pred.ravel()]) # Information Coefficient, IC
```

```
## 构建投资组合
holding_matrix = np.zeros((n1-p,300))
for j in range(n1-p):
    prob = model.predict_proba(test[j:j+5,:].T).ravel()
    long_position = prob.argsort()[-10:]
    short_position = prob.argsort()[:10]
    holding_matrix[j,long_position] = 0.05
    holding_matrix[j,short_position] = -0.05

tmp_ret = np.sum(holding_matrix*test[5:],axis = 1)
portfolio_ret = np.append(0,tmp_ret)
plt.plot(np.cumprod(1+portfolio_ret))
```

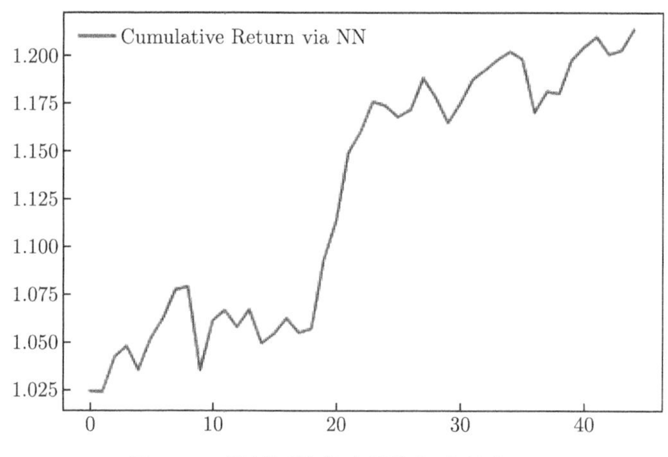

图 11.6 神经网络构建投资组合的表现

对本例有兴趣的读者还可以进一步改变网络层数和每层的神经元数量，得到不同的最终结果。一般的调参除了层数和每层的神经元数量，还包括学习率、学习率衰减速度、批量大小等。在引入更复杂的网络结构后，如 11.2 节将要介绍的 CNN、RNN、残差网络等，网络调参（包括网络结构的设计）变得更为复杂和重要。业界里，Google 公司研发的 AutoML 可以实现大数据下高效自动网络设计和调参。

11.2 网络结构

11.2.1 卷积神经网络 CNN

卷积神经网络（Convolutional Neural Networks，CNN）是一类特殊的人工神经网络，广泛应用于图像、视频、音频和文本数据，是深度学习的代表性工作之一。CNN 区别于其他神经网络模型的主要特征是卷积运算操作（convolution operators）。LeNet 是最早用于数字识别的卷积神经网络，其他代表性的卷积神经网络有 AlexNet（2012）、VGGNet（2014）、GoogLeNet（2014）等。

1. 卷积运算

以二维场景的卷积操作为例。假设输入图像（输入数据）为图 11.7 左侧的 5×5 矩阵，其对应的卷积核（convolution kernel 或 convolution filter）为一个 3×3 矩阵。

同时，假定卷积操作时每做一次卷积，卷积核移动一个像素位置，即卷积步长（stride）为 1。每一次卷积操作从图像 $(0,0)$ 像素开始，由卷积中参数与对应位置的图像像素逐位相乘后累加作为一次卷积操作结果。类似地，卷积核按照步长大小在输入图像上从左至右，自上而下依次将卷积操作进行下去，最终输出 3×3 大小的卷积特征，同时该结果将作为下一层操作的输入，如图 11.7 右侧图所示。

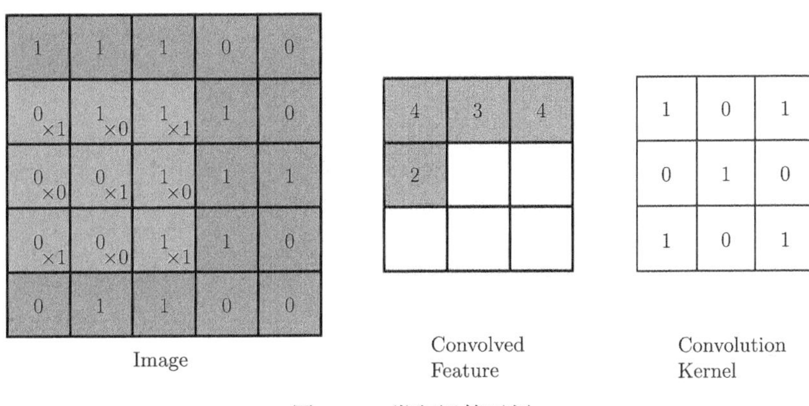

图 11.7 卷积运算示例

卷积操作对图像边缘的数据仅处理一次，这可能会导致边缘的特征提取不足。一般处理方法是在边缘填充数据 0，然后对扩展的数据使用卷积。对于一个 $n\times n$ 的图像数据，使用大小为 $k\times k$ 的卷积核进行步长为 s 的卷积操作，输出的数据是大小为 $[(n-k)/s+1]\times[(n-k)/s+1]$ 的图像数据。

2. 池化

池化（pooling）的主要作用是数据压缩，尤其是对图像输入数据进行压缩。池化的方法有最大池化（Max pooling）和平均池化（average pooling），实际使用较多的是最大池化。在图 11.8 中，一个 4×4 的数据矩阵被分割成 4 个 2×2 区间，并在每个区间中取最大值。池化操作实际上就是一种“降采样”（sub-sampling）操作，即对数据进行降维，并在一定程度上减轻过拟合问题。

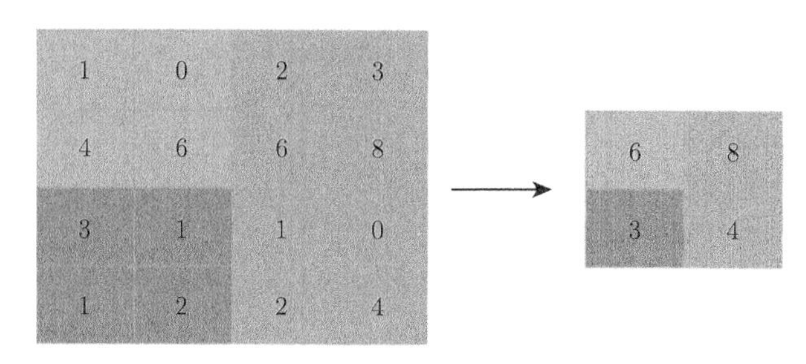

图 11.8 池化运算示例

3. 卷积结构

卷积神经网络的基础层级结构包含输入层、卷积层、激活函数层、池化层、标准化层、全连接层和输出层。

我们已经简要介绍了卷积和池化操作，激活函数层、全连接层和前面提到的传统神经网络是一致的。激活函数层把卷积层输出结果做非线性映射。一般常用的激活函数是 ReLU 及其变体（如 Leaky ReLU 等）。标准化层（Normalization Layer）的方法中最常用的是 Batch Normalization，本书将在 11.2.4 节具体介绍。

卷积神经网络的结构并不是各个层的随意组合，而是有一定规律的。各个层的排列一般按模块化设计，一个模块通常是如下形式。

（1）卷积层—激活函数层。

（2）卷积层—激活函数层—池化层。

（3）卷积层—激活函数层—池化层—标准化层。

4. LeNet

LeNet 是一个 6 层网络结构，其中包含 3 个卷积层，2 个下采样层和 1 个全连接层，如图 11.9 所示，其结构为：

输入—卷积层—池化层—卷积层—池化层—卷积层—全连接—输出

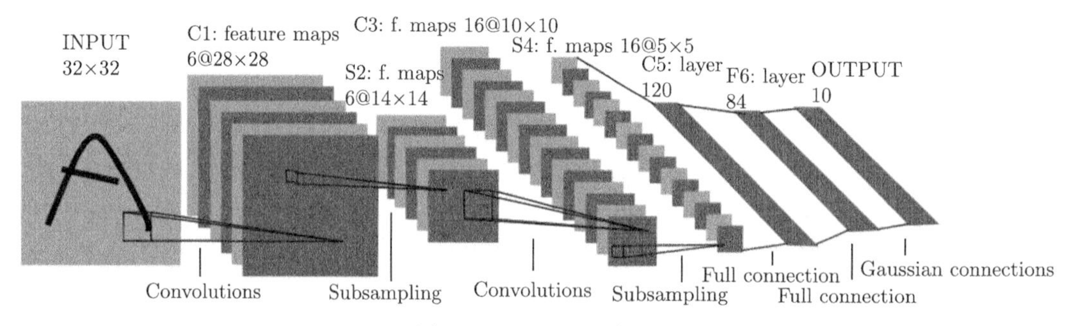

图 11.9 LeNet 示意图

5. AlexNet

AlexNet 由 Hinton 的学生阿历克斯·克里泽斯基（Alex Krizhevsky）于 2012 年提出，并以此取得了 2012 年 Imagenet 比赛冠军，充分证实了卷积神经网络的能力。AlexNet 可以看成是 LeNet 的一种更深更宽的推广。如图 11.10 所示，AlexNet 具有 8 个模块，包含 5 个卷积模块和 3 个全连接模块。

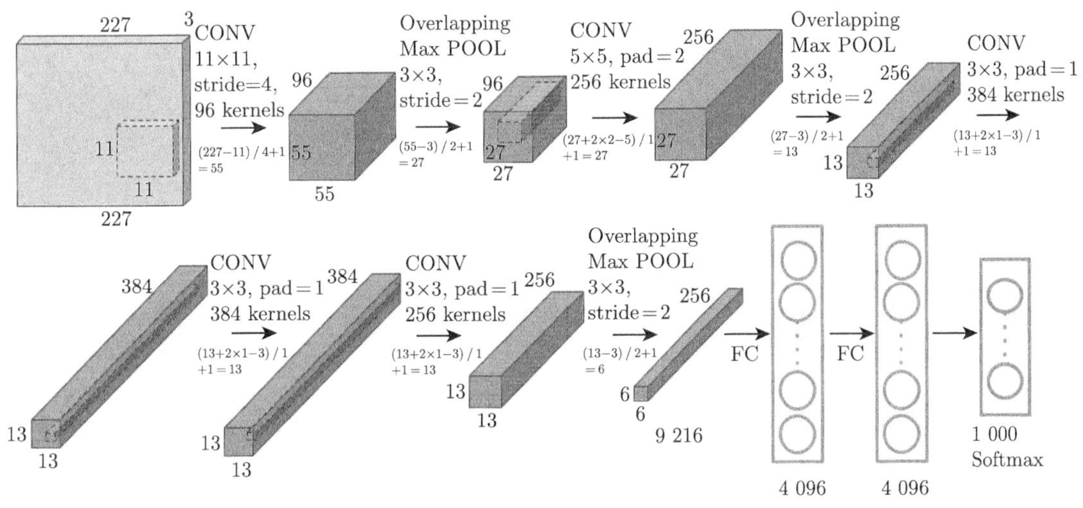

图 11.10 AlexNet 示意图

6. VGGNet

VGGNet 是牛津大学计算机视觉组和 Google 旗下 DeepMind 公司一起研发的深度卷积神经网络，取得了 2014 年 Imagenet 比赛定位项目第一名和分类项目第二名。图 11.11 所示为一个 16 层 VGGNet 的网络结构，里面所有的卷积核都为 3×3 的大小，池化层都使用大小为 2×2，步长为 2 的最大池化。

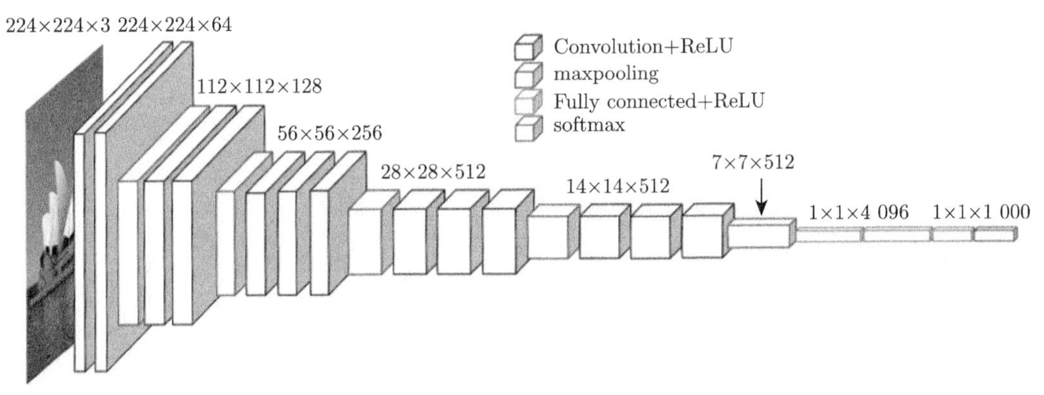

图 11.11 VGGNet 示意图

11.2.2 循环神经网络 RNN

循环神经网络（Recurrent Neutral Network，RNN，又称为递归神经网络）是一种用于处理序列输入和序列输出的特殊神经网络。传统神经网络假设所有的输入是相互独立的，不能有效利用序列中的关联信息。循环神经网络通过复杂的结构设计使得网络具有一定的记忆能力，在文本生成、图像描述生成、机器翻译、语音识别方面的应用中取得了很大的成功。以下我们从简单网络到复杂设计来介绍循环神经网络的结构。

Elman network 是一种简单的循环神经网络（simple recurrent network），如图 11.12 所示，其结构如下：

$$s_t = \sigma_s(\boldsymbol{U}s_{t-1} + \boldsymbol{W}x_t) \tag{11.2.1}$$

$$o_t = \sigma_o(\boldsymbol{V}s_t) \tag{11.2.2}$$

其中，x_t 是 t 时刻的输入，s_t 是 t 时刻的隐状态，o_t 是 t 时刻的输出，$\boldsymbol{U},\boldsymbol{W},\boldsymbol{V}$ 是权重参数矩阵，σ_s 和 σ_o 是激活函数。我们从网络结构中可以看到，t 时刻的隐状态依赖于 $(t-1)$ 时刻的隐状态 s_{t-1}。

另外一种简单循环神经网络是 Jordan network，其结构如下：

$$s_t = \sigma_s(\boldsymbol{U}o_{t-1} + \boldsymbol{W}x_t) \tag{11.2.3}$$

$$o_t = \sigma_o(\boldsymbol{V}s_t) \tag{11.2.4}$$

Jordan network 区别于 Elman network，其隐含层 t 时刻的隐状态依赖于 $(t-1)$ 时刻的输出 o_{t-1}。

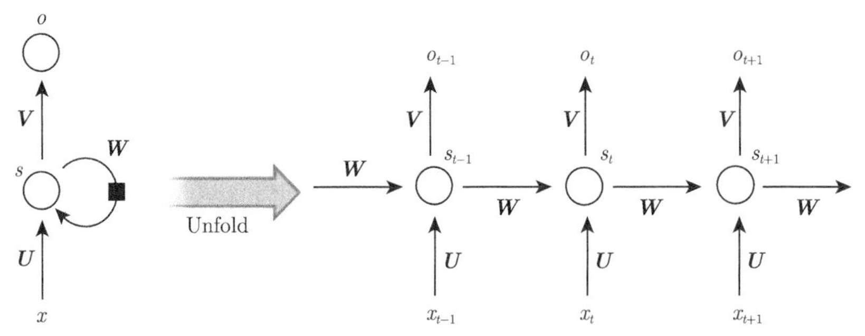

图 11.12　简单循环神经网络示意图

Gated Recurrent Unit（GRU）是一种更为复杂的循环神经网络结构。GRU 的一种简化形式（minimal gated unit）如下：

$$f_t = \sigma_g(\boldsymbol{W}_f x_t + \boldsymbol{U}_f o_{t-1} + b_f) \tag{11.2.5}$$

$$o_t = f_t \circ o_{t-1} + (1-f_t) \circ \sigma_o[\boldsymbol{W}_h x_t + \boldsymbol{U}_t(f_t \circ o_{t-1}) + b_h] \tag{11.2.6}$$

其中，x_t 是 t 时刻的输入，o_t 是 t 时刻的输出，f_t 是 t 时刻的遗忘门，依赖于 $(t-1)$ 时刻的输出 o_{t-1}。b_f 和 b_h 是权重向量。符号 $\circ$ 表示相同大小的矩阵或向量的哈达马乘积，即对应位置的元素相乘。σ_g 和 σ_o 是激活函数。

GRU 的标准形式又称为 fully gated unit，形式如下：

$$f_t = \sigma_g(\boldsymbol{W}_f x_t + \boldsymbol{U}_f o_{t-1} + b_f) \tag{11.2.7}$$

$$r_t = \sigma_g(\boldsymbol{W}_r x_t + \boldsymbol{U}_r o_{t-1} + b_r) \tag{11.2.8}$$

$$o_t = f_t \circ o_{t-1} + (1-f_t) \circ \sigma_o[\boldsymbol{W}_h x_t + \boldsymbol{U}_t(r_t \circ o_{t-1}) + b_h] \tag{11.2.9}$$

fully gated unit 中的遗忘门 f_t 又称为 update gate（更新门）。此外，fully gated unit 多了一个重设门（reset gate）r_t，b_r 是权重向量。

LSTM 长短记忆单元具有更为复杂的网络结构，形式如下：

$$f_t = \sigma_g(\boldsymbol{W}_f x_t + \boldsymbol{U}_f o_{t-1} + b_f) \tag{11.2.10}$$

$$r_t = \sigma_g(\boldsymbol{W}_r x_t + \boldsymbol{U}_r o_{t-1} + b_r) \tag{11.2.11}$$

$$c_t = f_t \circ c_{t-1} + r_t \circ \sigma_c(\boldsymbol{W}_c x_t + \boldsymbol{U}_c o_{t-1} + b_h) \tag{11.2.12}$$

$$o_t = \sigma_g(\boldsymbol{W}_o x_t + \boldsymbol{U}_o o_{t-1} + b_o) \circ \sigma_h(c_t) \tag{11.2.13}$$

其中，f_t 是遗忘门，r_t 是输入控制，c_t 是记忆细胞，$\sigma_g(W_o x_t + U_o o_{t-1} + b_o)$ 代表输出控制。σ_g、σ_c 和 σ_h 是激活函数。

LSTM 有其他的变种，如 Peephole LSTM，其将遗忘门、输入控制、输出控制和记忆细胞中的 o_{t-1} 替换为了 c_{t-1}。

11.2.3 Dropout

“过拟合”是深度神经网络（DNN）中比较常见的问题，Dropout 方法是解决过拟合的一种简单有效的方法。在梯度下降训练的过程中，对每次使用的 minibatch 数据，Dropout 通过以一定的概率随机舍弃部分神经元，将剩下的部分网络结构使用向后传播更新参数，更新完成后恢复舍弃部分，即舍弃部分不参与梯度下降训练中的计算误差和参数更新。以上过程不断重复，最后得到训练好的神经网络。

Dropout 在训练大型的深度网络时，可以有效解决过拟合问题。它的效果类似于训练多个不同的神经网络并取平均预测值。这是一种类比于集成模型的解释。集成模型在机器学习和统计学中是比较常见的方法，如第 10 章介绍的 Bagging、随机森林（random forest）等。

11.2.4 Batch Normalization

批标准化（Batch Normalization，BN）对每个隐含层的输入进行标准化，用于提高神经网络的稳定性和效果。批标准化首先将输入变为一个 0 均值标准差为 1 的分布，然后通过增加参数允许自适应调整均值和方差。则有：

$$x^* = (x - \mu_x)/\sigma_x \tag{11.2.14}$$

$$BN(x) = \alpha x^* + \beta \tag{11.2.15}$$

其中，μ_x 和 σ_x 是 minibatch 数据的均值和方差，α 和 β 是两个参数，能够通过神经网络学习。通常建议把批标准化放置在激活函数 $\sigma(\cdot)$ 之前的位置，即将原来的 $z = \sigma(\boldsymbol{w}^{\mathrm{T}}\boldsymbol{x} + b)$ 变为 $z = \sigma[\mathrm{BN}(\boldsymbol{w}^{\mathrm{T}}\boldsymbol{x} + b)]$。

使用 Batch Normalization 可以降低网络初始化权重的敏感度，提高训练速度，在训练时可以使用一个更高的学习率，使其具有类似正则化和平滑的功能。因此使用 Batch Normalization 可以更轻松地训练深度网络。实践表明，Batch Normalization 效果与 Dropout 类似或优于 Dropout，一般使用了 Batch Normalization 就不需要再使用 Dropout 了。

11.2.5 残差网络

研究发现，神经网络的层数也不是越多越好。通常，训练误差随着模型复杂度的增加而下降。但在深度神经网络中，随着网络层数的增加，尽管参数更多模型更复杂，但研究人员发现训练误差也会变大。这种现象称为退化，不是过拟合导致的。

何凯明等人（2016）提出了深度残差网络（Deep Residual Network），其基本思想是拟合目标映射与输入的残差，而非直接求目标映射。假设我们要求的映射是 $H(\boldsymbol{x})$，那么残差网络层拟合残差 $F(\boldsymbol{x}) = H(\boldsymbol{x}) - \boldsymbol{x}$。具体来看，假如 $F = \boldsymbol{w}_2\sigma(\boldsymbol{w}_1\boldsymbol{x})$ 是一个两层映射，则：

$$H(\boldsymbol{x}) = \boldsymbol{w}_2\sigma(\boldsymbol{w}_1\boldsymbol{x}) + \boldsymbol{x} \tag{11.2.16}$$

残差网络层的一般形式如下：

$$H(\boldsymbol{x}) = F(W, \boldsymbol{x}) + \boldsymbol{x} \tag{11.2.17}$$

其中，F 是一个两层或多层映射，W 是网络权重参数。如果输入和输出的维度不一致，可以引入线性投影矩阵 $\boldsymbol{U}$，残差网络层形式为：

$$H(\boldsymbol{x}) = F(W, \boldsymbol{x}) + \boldsymbol{U}\boldsymbol{x} \tag{11.2.18}$$

深度残差网络在初始状态时有更少的层数，在学习过程中逐渐更新每层参数。一些研究显示，深度残差网络具有较浅网络集成学习的特性，在一定程度上规避了梯度消失带来的问题。深度残差网络在 Computer Vision 的多个比赛项目中取得了很好的成绩，其中在图像识别领域已经超越了人类的水平，达到非常高的精度。DeepMind 公司著名的围棋程序 AlphaGo Zero 中，也使用了具有 19 个或 39 个残差单元的卷积残差网络，每个残差单元包含了两个连续的卷积单元（卷积层-BN 层-ReLU 激活层）。

11.3　自编码和生成模型

无监督学习研究与数据 X 的分布 $f_X(x)$ 相关的量或特征。直接估计 $f_X(x)$ 也是一种无监督学习。如果我们能得到 $f_X(x)$ 比较好的估计，就可以抽样生成新的数据，它们的分布接近原始数据集的分布。在数据维数比较低的时候，一些简单的非参数模型可以胜任，如我们学过的核密度估计。

在数据维数较高的时候，直接估计分布是不现实的，需要引入一些结构来表示数据的特征，在特征的基础上生成新的数据。例如，我们通过主成分分析学习到数据特征后，就可以根据学到的特征线性组合生成新的数据。由于层级结构的神经网络在特征学习中表现出更强的能力，因此基于神经网络的生成模型具有更好的表现。

基于神经网络的无监督学习是一个非常广泛且有价值的研究领域，具有深度网络结构的无监督学习也称为深度无监督学习，包括受限波尔兹曼机和深度信念网络、各种自编码器、表示学习/特征学习（representation learning/feature learning）、生成模型等。本节仅介绍其中具有代表性的方法，包括自编码、逐层特征学习、生成对抗网络和变分自编码。

11.3.1　自编码

自编码，也称为自动编码器（autoencoder），是一种具有重构功能的神经网络，它将输入映射到隐含层，并用隐含层重构输入数据。隐含层又称为 code 层，能表示输入数据的某些特征。从输入到隐含层的映射称为编码，从隐含层到输出重构的映射称为解码。假设输入 $\boldsymbol{x}=(X_1,\cdots,X_p)^{\mathrm{T}}$，$\sigma_e(\cdot)$ 为编码激活函数，则自动编码器把输入通过编码激活函数映射为隐含层单元，有：

$$h_j=\sigma_e(\boldsymbol{w}_j^{\mathrm{T}}\boldsymbol{x}), j=1,2,\cdots,q \tag{11.3.1}$$

然后，自动编码器通过解码激活函数 $\sigma_d(\cdot)$ 把隐含层 $\boldsymbol{h}=(h_1,\cdots,h_q)^{\mathrm{T}}$ 再次映射，得到：

$$Z_j=\sigma_d(\boldsymbol{b}_j^{\mathrm{T}}\boldsymbol{h}), j=1,2,\cdots,p \tag{11.3.2}$$

$\boldsymbol{z}=(Z_1,\cdots,Z_p)^{\mathrm{T}}$ 作为输入 $\boldsymbol{x}$ 的重构，自编码通过极小化重构误差来求解参数 $\boldsymbol{w}_j, j=1,2,\cdots,q$ 和 $\boldsymbol{b}_k, k=1,2,\cdots,p$，如下：

$$\ell(\boldsymbol{w},\boldsymbol{b})=\sum_{i=1}^{N}L(\boldsymbol{x}_i,\boldsymbol{z}_i) \tag{11.3.3}$$

假如 L 是平方损失函数，则：

$$\ell(\boldsymbol{w}, \boldsymbol{b}) = \sum_{i=1}^{N}\sum_{j=1}^{p}(x_{ij} - z_{ij})^2 \tag{11.3.4}$$

$$= \sum_{i=1}^{N}\sum_{j=1}^{p}\left\{x_{ij} - \sigma_d\left[\sum_{k=1}^{q} b_{jk}\sigma_e\left(\mathbf{w}_j\mathbf{x}_i\right)\right]\right\}^2 \tag{11.3.5}$$

使用更抽象的映射符号 $f: \boldsymbol{x} \mapsto \boldsymbol{h}$，$g: \boldsymbol{h} \mapsto \boldsymbol{z}$，自编码目标函数可以写为：

$$L\{\boldsymbol{x}, g[f(\boldsymbol{x})]\} \tag{11.3.6}$$

如果隐含层的维度 q 低于输入 $\boldsymbol{x}$ 的维度 p，那么特征向量可以看成是输入的压缩表示。如果隐含层的维度 q 大于输入 $\boldsymbol{x}$ 的维度 p，则自编码器可能会无效。一些研究表明，在 $q > p$ 的情形下，自动编码器仍然可能学习到有用的表示。

自动编码器可以有多个隐含层，使用多个隐含层的自动编码器相对于单个隐含层自动编码器的优势类似于多层神经网络对单层神经网络的优势。具有多个隐含层的自动编码器可以直接通过梯度下降法求解，也可以通过堆栈的方式逐层学习。

自动编码有一些变体，包括降噪自编码（denoising autoencoder）和稀疏自编码（sparse autoencoder）。降噪自编码在编码过程中对输入加入噪声，产生含有噪声的输入 $\widetilde{\boldsymbol{x}}$。引入噪声的目的是避免模型过拟合，改善泛化能力。降噪自编码目标函数可以写为：

$$L\{\boldsymbol{x}, g[f(\widetilde{\boldsymbol{x}})]\} \tag{11.3.7}$$

以平方损失函数为例，降噪自编码的目标函数为：

$$\ell(\boldsymbol{w}, \boldsymbol{b}) = \sum_{i=1}^{N}\sum_{j=1}^{p}(x_{ij} - \widetilde{z}_{ij})^2 \tag{11.3.8}$$

$$= \sum_{i=1}^{N}\sum_{j=1}^{p}\left\{x_{ij} - \sigma_d\left[\sum_{k=1}^{q} b_{jk}\sigma_e\left(\boldsymbol{w}_j\widetilde{\boldsymbol{x}}_i\right)\right]\right\}^2 \tag{11.3.9}$$

稀疏自编码对自编码的隐含层 $\boldsymbol{h}$ 加入某种形式的惩罚项，使得隐含层中尽量少的单元被激活。稀疏自编码通常需要求解：

$$L\{\boldsymbol{x}, g[f(\boldsymbol{x})]\} + P[f(\boldsymbol{x})] \tag{11.3.10}$$

其中 $P[f(\boldsymbol{x})]$ 是对隐含层 $\boldsymbol{h} = f(\boldsymbol{x})$ 的惩罚。Ng（2011）给出了惩罚项的一种基于熵的形式，使得每个隐含层神经元的平均激活度接近一个较小的值。

11.3.2 案例分析: 手写数字 3 特征分析 (续)

[目标和背景]

在 3.4.3 节案例分析中，我们使用主成分方法来得到手写数据集“zip.train”中数字 3 的特征。我们将数据减去均值后投影到某个主成分方向上，得到该主成分得分。通过对得分进行排序，并画出排序最靠前和最靠后的几个数据的图像，可以识别该主成分对应的特征，如第一主成分代表的是手写 3 中的宽–窄特征，第二主成分代表的是手写 3 中的粗–细特征。本例中，我们使用自编码来获得手写数字 3 特征。

[解决方案和程序]

在使用自编码分析这个数据集的时候，我们首先对比第 3 章主成分分析的两个公式 (3.4.6) 和 (3.4.8)，以及本章的式 (11.3.6)。可以看到，式 (11.3.6) 中的 $f(\boldsymbol{x})$ 对应主成分分析的 $\boldsymbol{V}^{\mathrm{T}}(\boldsymbol{x}-\bar{\boldsymbol{x}})$，式 (11.3.6) 中的 $g[f(\boldsymbol{x})]$ 对应主成分分析的 $\bar{\boldsymbol{x}}+\boldsymbol{V}\boldsymbol{V}^{\mathrm{T}}(\boldsymbol{x}-\bar{\boldsymbol{x}})$。自编码中的隐含层某个单元的数值与主成分分析中的投影得分是对应的，不同的是，主成分使用了线性变换，而自编码使用了非线性变换。在图 11.13 中，我们对前面 4 个隐含层单元的数值排序，画出排序最靠前和最靠后的几个数据的图像，然后分析该隐含层单元的意义。在这个例子中，第 1 个隐含层单元似乎给出了是手写 3 中的宽–窄特征，对应主成分分析中的第一个主成分的特征，但不如第一主成分明显。第 3 个隐含层单元中，我们看到手写 3 的长翘尾特征，这个特征在主成分分析中的第 4 个主成分中也有明显体现。值得注意的是，自编码的神经网络训练过程具有一定随机性，每次训练的结果可能不同，在特征提取上并不稳定。

```
from keras.layers import Input, Dense
from keras.models import Model
from keras import regularizers
from sklearn.model_selection import train_test_split

encoding_dim = 100
input_img = Input(shape=(256, ))
encoded = Dense(encoding_dim, activation = 'sigmoid',
                activity_regularizer = regularizers.l1(10e-8))(input_img)
decoded = Dense(256, activation='sigmoid')(encoded)
autoencoder = Model(input_img, decoded)
autoencoder.compile(optimizer='Adam', loss='binary_crossentropy')

# data3 来自 3.4.3 节案例分析
x_train,x_test=train_test_split(data3,test_size=0.2)
autoencoder.fit(x_train, x_train, epochs=1000, batch_size=256,
           shuffle=True,
                validation_data=(x_test, x_test),verbose=2)
```

```
encoder = Model(input_img, encoded)
encoded_imgs = encoder.predict(x_train)

j = 0 # 1,2,3 ...
id = encoded_imgs[:,j].argsort()
for i in range(5):
    plt.subplot(2,5,i+1)
    plt.imshow(x_train[id[-i-1]].reshape(16, 16))
for i in range(5):
    plt.subplot(2,5,5+i+1)
    plt.imshow(x_train[id[i]].reshape(16, 16))
```

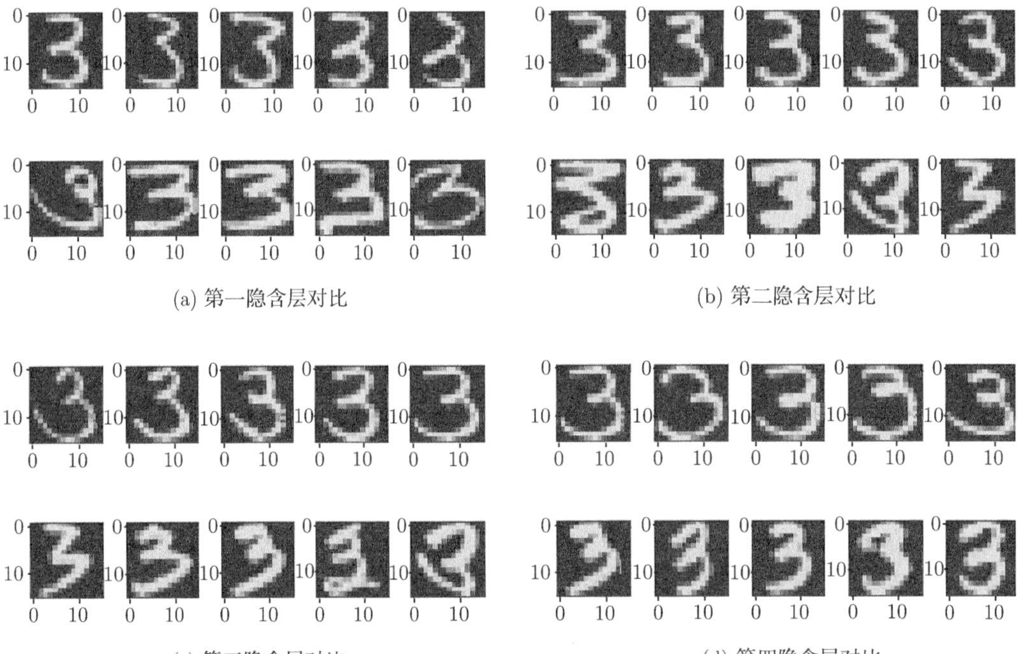

(a) 第一隐含层对比

(b) 第二隐含层对比

(c) 第三隐含层对比

(d) 第四隐含层对比

图 11.13 隐含层单元数值排序对比图

11.3.3 逐层特征学习

在深度学习发展早期，多层神经网络在引入 ReLU、Batch Normalization 等技术之前是很难训练的。Hinton 等人（2006）提出可在受限波尔兹曼机 RBM 的基础上引入贪婪逐层训练（greedy layer-wise training）的方式，得到堆栈式的 RBM 网络，即深度信念网络（Deep Belief Network，DBN）。这种方法通过逐层无监督学习的预训练，获得深度网络的初始化参数。随后可以通过引入调优 (fine tune)，使用梯度下降算法通过反向传播更新整个网络的参数，极大提升了神经网络的性能。

由于受限波尔兹曼机相对比较复杂，这里我们基于自动编码器来说明逐层特征学习。类似栈式 RBM 网络，自动编码器以逐层训练的方式，得到栈式自动编码（stacked autoencoder）。首先训练自动编码器，得到隐含层，随后将隐含层当作自动编码器输入，继续训练得到第二隐含层。如此重复逐层学习原始数据的特征。除了堆栈自编码，我们也可以堆栈自编码的各种变体，如堆栈降噪自编码等，进一步提升特征学习。尽管引入 ReLU、Batch Normalization 等技术之后，深度神经网络的训练不需要通过逐层学习的方式来获得初始化参数，但在一些缺少标签的数据中，逐层特征学习仍是一种可行的方法。

通过反卷积方法，我们通过可视化发现深度卷积神经网络中各个隐含层代表原始输入不同层次的特征，后一层特征比前一层更抽象。在分析 ImageNet 数据集中，第一和第二层是低级一些的颜色和边角轮廓特征，第三层是高级一些的形状特征（如网格、纹理等）。第四第五层显示了对类别判断有关键性区别的高级特征，如模糊的头像、眼睛、键盘等。在监督学习中，很多时候高级的特征对类别预测有很大帮助，深度学习在特征提取上相对于浅层学习具有天然优势。

11.3.4 生成对抗网络

生成对抗网络（Generative Adversarial Network，GAN）是深度无监督学习的一个重要方向。生成对抗网络是一种学习数据的分布的新方法，可以生成非常逼真，接近真实的图像。生成对抗网络的思想非常直观：生成器（generator）和判别器（discriminator）两个神经网络彼此博弈。

假设 D_θ 表示参数为 θ 的判别网络，G_ϕ 表示参数为 ϕ 的生成网络。判别网络的输出在 0 和 1 之间，1 表示真实，越接近 1 表示真实的可能性越大。生成网络的目标是生成一个目标对象，并使其尽可能接近真实。而判别器的目标就是尽可能区分生成出的结果和真实对象。使用数学描述以上目标，则在给定判别网络 D_θ 的时候，生成网络的优化目标是:

$$\min_{\phi} E_{\boldsymbol{z}\sim p_{\boldsymbol{z}}(\boldsymbol{z})} \log\{1 - D_\theta[G_\phi(\boldsymbol{z})]\} \tag{11.3.11}$$

其中，$p_{\boldsymbol{z}}(\boldsymbol{z})$ 表示生成网络输入的分布，如标准多元正态分布，代表随机输入。目标值越小，则 $D_\theta[G_\phi(\boldsymbol{z})]$ 越接近 1，生成网络可以生成接近真实的对象。在给定生成网络 G_ϕ 的时候，判别网络的优化目标是:

$$\max_{\theta} E_{\boldsymbol{x}\sim p_{\boldsymbol{x}}(\boldsymbol{x})} \log[D_\theta(\boldsymbol{x})] + E_{\boldsymbol{z}\sim p(\boldsymbol{z})} \log\{1 - D_\theta[G_\phi(\boldsymbol{z})]\} \tag{11.3.12}$$

其中第 1 项最大化表示将真实的输入尽可能判别为真，最大化第 2 项表示将生成的输入尽可能判别为假。两个优化目标可以写成统一的形式如下：

$$\min_{\phi}\max_{\theta} E_{\boldsymbol{x}\sim p(\boldsymbol{x})}\log[D_\theta(\boldsymbol{x})]+E_{\boldsymbol{z}\sim p(\boldsymbol{z})}\log\{1-D_\theta[G_\phi(\boldsymbol{z})]\} \tag{11.3.13}$$

古德弗洛（Goodfellow）等人（2014）给出了生成对抗网络的随机梯度下降算法和收敛性结果，以及一些理论结果，如网络最小化了生成分布和实际分布的 Jensen-Shannon 散度，全局最优解是生成网络的分布等于真实数据的分布，即 $p[G_\phi(\boldsymbol{z})]=p(\boldsymbol{x})$。这时候判别器无法有效区分生成数据和真实数据，$D_\theta[G_\phi(\boldsymbol{z})]=0.5$。生成对抗网络有很多推广模型，如 DCGAN、条件 GAN、Wasserstein-GAN、Bidirectional GAN、f-GAN、Big-GAN 等。

11.3.5 变分自编码

变分自编码（variational autoencoder）是一种基于自编码的生成模型，在图像生成和半监督学习中有很好的表现。本节我们使用联合分布的思路来介绍变分自编码。

对于输入数据 $\boldsymbol{x}$，考虑引入隐含层 $\boldsymbol{h}$ 表示数据的特征。模型的输入和隐含层的联合分布 $p(\boldsymbol{x},\boldsymbol{h})$ 可以写为两种条件分布的表达：

$$p(\boldsymbol{x},\boldsymbol{h})=p(\boldsymbol{h}|\boldsymbol{x})p(\boldsymbol{x}) \tag{11.3.14}$$

$$p(\boldsymbol{x},\boldsymbol{h})=p(\boldsymbol{x}|\boldsymbol{h})p(\boldsymbol{h}) \tag{11.3.15}$$

第 1 种表达是编码表达，得到由数据到特征的条件分布。第 2 种表达是解码表达，得到由特征到数据重构的生成模型。我们假设 $p(\boldsymbol{x},\boldsymbol{h})$ 是真实模型。对编码表达，赋予条件分布 $p(\boldsymbol{h}|\boldsymbol{x})$ 神经网络结构，即联合分布：

$$p_\theta(\boldsymbol{x},\boldsymbol{h})=p_\theta(\boldsymbol{h}|\boldsymbol{x})p(\boldsymbol{x}) \tag{11.3.16}$$

$p_\theta(\boldsymbol{x}|\boldsymbol{h})$ 是一个具有神经网络结构的条件分布，例如：

$$p_\theta(\boldsymbol{h}|\boldsymbol{x})=N[\boldsymbol{h};\boldsymbol{\mu}_{\theta_1}(\boldsymbol{x}),\boldsymbol{\Sigma}_{\theta_2}(\boldsymbol{x})] \tag{11.3.17}$$

其中，$\boldsymbol{\mu}_{\theta_1}(\boldsymbol{x})$ 表示输入为 $\boldsymbol{x}$ 的均值向量神经网络，$\boldsymbol{\Sigma}_{\theta_2}(\boldsymbol{x})$ 表示输入为 $\boldsymbol{x}$ 的对角阵方差神经网络。由于方差非负，实际应用的时候神经网络将拟合方差的对数。

在变分推断中，我们使用另一个近似分布 $q(\boldsymbol{x},\boldsymbol{h})$ 去逼近 $p_\theta(\boldsymbol{x},\boldsymbol{h})$，并采用第 2 种表达（解码表达），即给定隐含层 $\boldsymbol{h}$ 的条件分布表达，赋予条件分布 $q(\boldsymbol{x}|\boldsymbol{h})$ 一种神经网络结构，即联合分布：

$$q_\phi(\boldsymbol{x},\boldsymbol{h})=q_\phi(\boldsymbol{x}|\boldsymbol{h})q(\boldsymbol{h}) \tag{11.3.18}$$

类似地，$q_\phi(\boldsymbol{x}|\boldsymbol{h})$ 是一个具有神经网络结构的条件分布，例如：

$$q_\phi(\boldsymbol{x}|\boldsymbol{h})=N[\boldsymbol{x};\boldsymbol{\mu}_{\phi_1}(\boldsymbol{h}),\boldsymbol{\Sigma}_{\phi_2}(\boldsymbol{h})] \tag{11.3.19}$$

其中，$\boldsymbol{\mu}_{\phi_1}(\boldsymbol{h})$ 和 $\boldsymbol{\Sigma}_{\phi_2}(\boldsymbol{h})$ 表示输入为 $\boldsymbol{x}$ 的两个神经网络。

为了求解参数 θ，ϕ，考虑最小化解码模型 $q_\phi(\boldsymbol{x},\boldsymbol{h})$ 到编码模型 $p_\theta(\boldsymbol{x},\boldsymbol{h})$ 的 KL 距离：

$$\begin{aligned}&\mathrm{KL}[p_\theta(\boldsymbol{h}|\boldsymbol{x})p(\boldsymbol{x})||q_\phi(\boldsymbol{x}|\boldsymbol{h})q(\boldsymbol{h})]\\&=\int\int p(\boldsymbol{x})p_\theta(\boldsymbol{h}|\boldsymbol{x})\log\frac{p(\boldsymbol{x})p_\theta(\boldsymbol{h}|\boldsymbol{x})}{q_\phi(\boldsymbol{x}|\boldsymbol{h})q(\boldsymbol{h})}\mathrm{d}\boldsymbol{h}\mathrm{d}\boldsymbol{x} \quad (11.3.20)\\&=E_{\boldsymbol{x}\sim p(\boldsymbol{x})}\int p_\theta(\boldsymbol{h}|\boldsymbol{x})\log\frac{p(\boldsymbol{x})p_\theta(\boldsymbol{h}|\boldsymbol{x})}{q_\phi(\boldsymbol{x}|\boldsymbol{h})q(\boldsymbol{h})}\mathrm{d}\boldsymbol{h} \quad (11.3.21)\end{aligned}$$

由于 $E_{\boldsymbol{x}\sim p(\boldsymbol{x})}\int p_\theta(\boldsymbol{h}|\boldsymbol{x})\log p(\boldsymbol{x})\mathrm{d}\boldsymbol{h}=E_{\boldsymbol{x}\sim p(\boldsymbol{x})}\log p(\boldsymbol{x})$ 是一个常数，KL 距离减去这个常数可以进一步写成：

$$\begin{aligned}&E_{\boldsymbol{x}\sim p(\boldsymbol{x})}\left\{-\int p_\theta(\boldsymbol{h}|\boldsymbol{x})\log q_\phi(\boldsymbol{x}|\boldsymbol{h})\mathrm{d}\boldsymbol{h}+\mathrm{KL}[p_\theta(\boldsymbol{h}|\boldsymbol{x})||q(\boldsymbol{h})]\right\} \quad (11.3.22)\\&=E_{\boldsymbol{x}\sim p(\boldsymbol{x})}\left\{-E_{\boldsymbol{h}\sim p_\theta(\boldsymbol{h}|\boldsymbol{x})}\log q_\phi(\boldsymbol{x}|\boldsymbol{h})+\mathrm{KL}[p_\theta(\boldsymbol{h}|\boldsymbol{x})||q(\boldsymbol{h})]\right\} \quad (11.3.23)\end{aligned}$$

一般数学期望可以通过样本均值来计算，即：

$$\frac{1}{N}\sum_{i=1}^{N}\left\{-E_{\boldsymbol{h}\sim p_\theta(\boldsymbol{h}|\boldsymbol{x}_i)}\log q_\phi(\boldsymbol{x}_i|\boldsymbol{h})+\mathrm{KL}[p_\theta(\boldsymbol{h}|\boldsymbol{x}_i)||q(\boldsymbol{h})]\right\} \quad (11.3.24)$$

在使用随机梯度下降算法求解参数 θ 和 ϕ 时，我们只需要计算批量样本的导数即可。在批量样本数量是一个的时候，我们需要计算下式：

$$-E_{\boldsymbol{h}\sim p_{\boldsymbol{\theta}}(\boldsymbol{h}|\boldsymbol{x}_i)}\log q_\phi(\boldsymbol{x}_i|\boldsymbol{h})+\mathrm{KL}[p_\theta(\boldsymbol{h}|\boldsymbol{x}_i)||q(\boldsymbol{h})] \quad (11.3.25)$$

的导数。变分自编码中，一般假设 $q(\boldsymbol{h})$ 是标准多元正态分布，结合 $p_\theta(\boldsymbol{h}|\boldsymbol{x}_i)$ 的具体形式（如式 (11.3.17)）可以得到第 2 项 $\mathrm{KL}[p_\theta(\boldsymbol{h}|\boldsymbol{x}_i)||q(\boldsymbol{h})]$ 的显式表达，并求出导数。对于第 1 项，我们需要根据条件分布 $p_\theta(\boldsymbol{h}|\boldsymbol{x}_i)$ 来抽样，即：

$$\boldsymbol{h}^*\sim N[\boldsymbol{h};\boldsymbol{\mu}_{\theta_1}(\boldsymbol{x}_i),\boldsymbol{\Sigma}_{\theta_2}(\boldsymbol{x}_i)] \quad (11.3.26)$$

进而代入计算 $\log q_\phi(\boldsymbol{x}_i|\boldsymbol{h}^*)$ 导数。实证研究显示，在批量样本足够的情形下，一次抽样的效果已经可以接受了。

最小化第 1 项意味着最小化重构误差，最小化第 2 项意味着希望编码模型生成的隐变量的分布接近标准多元正态分布。这两项是有对抗意味的，如果 $p_\theta(\boldsymbol{h}|\boldsymbol{x})$ 接近标准多元正态分布 $q(\boldsymbol{h})$，则使用接近随机的输入得到的重构误差不会很小。我们在下一节中对第 2 项给出一个信息瓶颈的解释。

11.4 揭开深度学习的黑箱

深度神经网络和深度学习的成功涵盖了监督学习、无监督学习和强化学习 3 个主流的机器学习领域。代表性的例子如监督学习的深度卷积网络、循环神经网络、无监督学习的生成对抗网络、变分自编码及强化学习的 AlphaGo 等，都使用了深度学习。这些成就是传统的机器学习方法无法取得的。我们很自然地试图去解释为何深度学习有效，因为这里面除了强大的算力支持之外，应该还有更深刻的道理。

1. 特征提取和降维

在数据维数不高，数据量不大的情况下，深度学习不是必须的，而优秀的浅层学习方法也可能达到比深度学习更好的效果，如随机森林、XGBoost 等集成学习方法。但是，传统的浅层学习方法在高维和大量数据的情形下，如处理图像这种高维数据的时候显得比较无力，很难同时兼顾非线性建模、特征提取、数据降维这几个能提高学习效果的操作方案。统计学追求完善的理论结果，很多统计学降维的研究仅局限在十分简单的线性模型，很难有效处理复杂高维数据的非线性建模。深度学习方法较其他机器学习方法的突出优点是同时兼备了非线性建模、特征提取和降维 3 个特点。其中，特征提取如何自动实现是研究关注的重点。

深度网络结构可以帮助高维数据降维，各个隐含层具有代表不同层次的特征的能力。到接近输出层的时候，隐含层（特征）的维数一般会远小于输入数据的维数。例如，在深度卷积神经网络中，我们看到接近输入的大层到接近输出的小层这样的层级结构就是一种有效的降维方式。具有特征表示和降维的网络结构并不自动意味着可以实现有效的特征提取，但我们的实践证明深度学习确实做到了浅层学习没有的自动特征工程的能力，通过非线性映射和层级结构实现特征的提取。那么深度学习是怎么实现特征提取的？本节我们就从信息瓶颈理论的角度去进一步了解。

2. 信息瓶颈

万能近似定理（Universal Approximation Theorem，UAT）指的是具有一个隐含层的前馈神经网络可以逼近一个（紧集上的）任意连续函数，它说明仅有一层的神经网络就可以具有几乎无限的拟合能力或学习能力。我们很自然地推断，多层的神经网络具有更多的参数和更灵活的结构，因此学习能力只会更强。我们看到，一些常用的方法是在限制神经网络的能力，如 Max Pooling 池化、Dropout 的随机丢弃，还有降噪自编码中给输入数据增加噪声的方法。这些方法除了解释为防止过拟合之外，也可以看成是控制信息在层与层之间的流动，从而强迫学习能力极其强大的神经网络去学习有效的信息，或更有效地提取重要的特征。

尽管有一些争议，信息瓶颈理论提供了一种深度学习的解释，即控制层与层之间流动的信息量。下面我们以变分自编码为例来说明这个概念。

输入层 $\boldsymbol{x}$ 到隐含层 $\boldsymbol{h}$ 的信息量使用 $E\{\mathrm{KL}[p_\theta(\boldsymbol{h}|\boldsymbol{x})||p(\boldsymbol{h})]\}$ 来表示，$p(\boldsymbol{h})$ 是隐含层的实

际分布。根据式 (8.4.11)，这个 KL 距离的期望也是互信息（mutual information）$I(\boldsymbol{x},\boldsymbol{h})$ 的一种形式。如果互信息很大，表示两个分布 $p_\theta(\boldsymbol{h}|\boldsymbol{x})$ 和 $p(\boldsymbol{h})$ 的差别很大，说明来自 $\boldsymbol{x}$ 的信息流入到隐含层的信息量较大；反之，说明流入该层的信息量较少。如果使用更少的信息可以实现相同精确度的重构，这些信息可能会代表更重要的特征。

变分自编码的目标函数为：

$$E_{\boldsymbol{x}\sim p(\boldsymbol{x})}\left\{-E_{\boldsymbol{h}\sim p_\theta(\boldsymbol{h}|\boldsymbol{x})}\log q_\phi(\boldsymbol{x}|\boldsymbol{h})+\mathrm{KL}[p_\theta(\boldsymbol{h}|\boldsymbol{x})||q(\boldsymbol{h})]\right\} \tag{11.4.1}$$

其中，第 1 项包含由编码模型生成隐含层并代入到解码模型的似然函数，代表重构误差。第 2 项中的 $q(\boldsymbol{h})$ 是标准多元正态分布，假设 $p_\theta(\boldsymbol{h}|\boldsymbol{x})=p(\boldsymbol{h}|\boldsymbol{x})$，经过简单推导可以得到：

$$E\{\mathrm{KL}[p_\theta(\boldsymbol{h}|\boldsymbol{x})||p(\boldsymbol{h})]\}\leqslant E\{\mathrm{KL}[p_\theta(\boldsymbol{h}|\boldsymbol{x})||q(\boldsymbol{h})]\} \tag{11.4.2}$$

由于神经网络具有接近无限的拟合能力，$p_\theta(\boldsymbol{h}|\boldsymbol{x})$ 和真实分布 $p(\boldsymbol{h}|\boldsymbol{x})$ 理论上可以无限接近，则假设 $p_\theta(\boldsymbol{h}|\boldsymbol{x})=p(\boldsymbol{h}|\boldsymbol{x})$ 可以认为近似成立。由此，变分自编码目标函数的第 2 项可以近似看成是信息量 $E\{\mathrm{KL}[p_\theta(\boldsymbol{h}|\boldsymbol{x})||p(\boldsymbol{h})]\}$ 的一个上界，它的作用是控制流入隐含层的信息量。

Beta-变分自编码（Beta-VAE）的目标函数将信息量上界作为正则项并加入正的参数 β，即有：

$$-E_{\boldsymbol{h}\sim p_\theta(\boldsymbol{h}|\boldsymbol{x}_i)}\log q_\phi(\boldsymbol{x}_i|\boldsymbol{h})+\beta\mathrm{KL}[p_\theta(\boldsymbol{h}|\boldsymbol{x}_i)||q(\boldsymbol{h})] \tag{11.4.3}$$

这个思路也可以用到监督学习，如变分信息瓶颈提出的目标函数：

$$\frac{1}{N}\sum_{i=1}^{N}\left\{-E_{\boldsymbol{h}\sim p_\theta(\boldsymbol{h}|\boldsymbol{x}_i)}\log q_\phi(y_i|\boldsymbol{h})+\beta\mathrm{KL}[p_\theta(\boldsymbol{h}|\boldsymbol{x}_i)||q(\boldsymbol{h})]\right\} \tag{11.4.4}$$

其中，y_i 是监督学习的标签数据。变分自编码的目标函数与变分信息瓶颈的目标函数是一致的，可写为：

$$-\beta I(\boldsymbol{y};\hat{\boldsymbol{x}})+I(\boldsymbol{x};\hat{\boldsymbol{x}}) \tag{11.4.5}$$

其中 $\hat{\boldsymbol{x}}$ 是 $\boldsymbol{x}$ 的某种表示，如隐含层特征表示。$I(\boldsymbol{y},\boldsymbol{x})$ 是两个变量分布的互信息。目标函数第 1 项是极小化基于特征表示（隐含层）的重构误差，同时通过第 2 项控制流入隐含层的信息量。一个好的表示应该能保留 $\boldsymbol{x}$ 中与 $\boldsymbol{y}$ 相关的信息，同时抛弃 $\boldsymbol{x}$ 中与预测 $\boldsymbol{y}$ 不相关的信息。在信息瓶颈的模式中，神经网络的每一层都可以控制信息量的流入，因此信息量（隐含层表示与标签的互信息）从输入到输出将逐渐递减。信息瓶颈的研究还给出了信息量估计的上界，以及神经网络性能的度量。在“打开深度神经网络的黑箱”一文中，研究人员实证发现神经网络训练过程中信息量可以收敛到信息瓶颈的理论界限。

本章习题

1. 写出和逻辑回归等价的神经网络模型。

2. 写出卷积运算的数学表达式。

3. 把主成分分析看成自编码，写出对应的编码和解码运算。

4. 在 5.2.3 节案例分析中，使用其他的预测指标（如 RSI、ROC 等技术指标）重新分析数据，并调参观察神经网络的效果。

5. 在 11.1.4 节的前馈神经网络中加入 Batch Normalization，推导反向传播公式。

6. 参考 11.4.2 节，使用降噪自编码分析手写数字 3 的特征。

7. 在式 (11.3.25) 中，推导第 2 项 $\mathrm{KL}[p_\theta(\boldsymbol{h}|\boldsymbol{x}_i)||q(\boldsymbol{h})]$ 的显式表达，并求出导数。其中，$q(\boldsymbol{h})$ 是标准多元正态分布，$p_\theta(\boldsymbol{h}|\boldsymbol{x}) = N[\boldsymbol{h};\boldsymbol{\mu}_{\theta_1}(\boldsymbol{x}),\boldsymbol{\Sigma}_{\theta_2}(\boldsymbol{x})]$。

第 12 章 强化学习

深度强化学习是自 2013 年以来人工智能的一个热点研究领域。Google 旗下的 DeepMind 公司 2013 年发表了著名的 DQN 论文，在 Atari 游戏中用原始像素图片作为输入训练的强化学习模型可以达到甚至超过了人类专业玩家的表现。此后 DeepMind 公司开发的 AlphaGo 围棋程序在 2016 年击败了世界冠军李世石，实现了人工智能领域的阶段性进展，并吸引了来自工业界和学术界大量的资金和人才。本章将首先回顾强化学习的基础概念，以及强化学习的各种方法，包括基于值函数的强化学习方法、基于策略梯度的强化学习方法。然后介绍深度强化学习方向上一些关键性的进展和代表性方法，如 DQN 及其拓展、A3C、D4PG，以及树搜索等前沿方法。

12.1 基于值函数的强化学习

12.1.1 强化学习的基础概念

在第 1 章中，我们提到，有一大类涉及决策和环境交互影响的问题，它们不容易放到有监督学习或无监督学的框架内研究，但可以使用强化学习解决。在强化学习中，依据环境状态做出决策的主体（决策函数 π）称为代理（Agent）。在时刻 t，代理观察到环境状态 s_t，并选择执行一个动作 a_t。接着在时刻 $(t+1)$，代理收到执行该动作的回报（或反馈）r_{t+1}，并观测到环境状态 s_{t+1}，然后执行动作 a_{t+1}。如此下去，直到这个过程以某种方式或条件结束。

以上序贯决策过程可以用马尔可夫决策过程（Markov Decision Process，MDP）描述。马尔可夫决策过程是一个五元组 $(S, A, \boldsymbol{P}, R, \gamma)$，其中：

（1）S 是状态集，$s_t \in S$；

（2）A 是动作集，$a_t \in A$；

（3）$\boldsymbol{P}$ 是转移概率函数矩阵，$\boldsymbol{P}_{ss'}^{a} = P(s_{t+1} = s'|s_t = s, a_t = a)$ 为三元函数，表示在状态 $s_t = s$ 执行动作 $a_t = a$ 后下一个状态为 $s_{t+1} = s'$ 的概率；

（4）R 是回报函数，$r_t \in R$，表示代理在状态 s_t 时得到的回报，R_s^a 表示当前状态 s，代

理执行动作 a，且使用策略 π 时，在下一个时刻的回报的期望 $R_s^a = E_\pi(r_{t+1}|s_t = s, a_t = a)$；

（5）$\gamma \in [0,1]$ 是折现因子, 代表未来下一时刻单位回报在当前的价值。

传统强化学习考虑离散状态空间和离散动作空间的情形，记动作的个数为 $|S|$，状态的个数为 $|A|$。强化学习的目标是寻求决策函数 $\pi(a|s)$，使得执行该策略的期望累计回报最大，即：

$$\pi^* = \arg\max E_\pi\left(\sum_{k=0}^{\infty} \gamma^k r_{t+k+1}\right) \tag{12.1.1}$$

我们使用一个概率分布来描述决策函数，$\pi(a|s) = P(a_t = a|s_t = s)$。如果对于任意给定状态 s，存在 a'，$\pi(a'|s) = 1$，这时我们得到一个确定性策略，记为 $a' = \pi'(s)$。在强化学习中，学习（Learning）指的是通过不断与环境的交互改进决策函数 $\pi(a|s)$。

12.1.2 值函数和 Bellman 方程

值函数是在给定某个策略 π 下，未来累积折现回报的期望，分为状态值函数（state value function)，一般记为 $v_\pi(s)$；和动作状态值函数（action-state value function)，一般记为 $q_\pi(s,a)$。

状态值函数是给定状态 $s_t = s$，使用策略 π 的期望累积折现回报，即：

$$v_\pi(s) = E_\pi(R_t|s_t = s) = E_\pi\left(\sum_{k=0}^{\infty} \gamma^k r_{t+k+1}|s_t = s\right) \tag{12.1.2}$$

其中，$R_t = \sum_{k=0}^{\infty} \gamma^k r_{t+k+1}$ 是自时刻 t 开始的总回报，即有：

$$\begin{aligned} R_t &= r_{t+1} + \gamma r_{t+2} + \gamma^2 r_{t+3} + \cdots \\ &= r_{t+1} + \gamma R_{t+1} \end{aligned} \tag{12.1.3}$$

类似地，动作状态值函数是给定状态 $s_t = s$ 并选择动作 $a_t = a$，使用策略 π 的期望累积折现回报，$q_\pi(s,a) = E_\pi(R_t|s_t = s, a_t = a)$。显然，状态值函数可以有如下分解：

$$v_\pi(s) = E_\pi\left(r_{t+1} + \gamma v_\pi(s_{t+1})|s_t = s\right) \tag{12.1.4}$$

使用条件概率（全概率）展开 $v_\pi(s)$，可得：

$$\begin{aligned} v_\pi(s) &= E_\pi(R_t|s_t = s) \\ &= \sum_{a \in A} P(a_t = a|s_t = s) E_\pi(R_t|s_t = s, a_t = a) \\ &= \sum_{a \in A} \pi(a|s) q_\pi(a,s) \end{aligned} \tag{12.1.5}$$

根据上式，动作状态值函数可以有如下分解：

$$\begin{aligned} q_\pi(s,a) &= E_\pi(R_t|s_t=s,a_t=a) \\ &= E_\pi(r_{t+1}+\gamma v_\pi(s_{t+1})|s_t=s,a_t=a) \\ &= E_\pi(r_{t+1}+\gamma q_\pi(s_{t+1},a_{t+1})|s_t=s,a_t=a) \end{aligned} \tag{12.1.6}$$

使用条件概率展开 $q_\pi(s,a)$，可得：

$$\begin{aligned} q_\pi(s,a) &= E(R_t|s_t=s,a_t=a) \\ &= E_\pi(r_{t+1}|s_t=s,a_t=a)+\gamma E_\pi(R_{t+1}|s_t=s,a_t=a) \\ &= R_s^a+\gamma\sum_{s'\in S}P(s_{t+1}=s'|s_t=s,a_t=a)E_\pi(R_{t+1}|s_{t+1}=s') \\ &= R_s^a+\gamma\sum_{s'\in S}\boldsymbol{P}_{ss'}^a v_\pi(s') \end{aligned} \tag{12.1.7}$$

其中，第 3 个等号使用了 MDP 的马尔可夫性质，即期望与当前状态 s_{t+1} 有关，与之前的状态无关。将式（12.1.7）代入式（12.1.5），可以得到状态值函数的 Bellman 方程：

$$v_\pi(s)=\sum_{a\in A}\pi(a|s)\left[R_s^a+\gamma\sum_{s'\in S}\boldsymbol{P}_{ss'}^a v_\pi(s')\right] \tag{12.1.8}$$

将式（12.1.5）代入式（12.1.7），可以得到动作–状态值函数的 Bellman 方程：

$$q_\pi(s,a)=R_s^a+\gamma\sum_{s'\in S}\boldsymbol{P}_{ss'}^a[\sum_{a'\in A}\pi(a'|s')q_\pi(a',s')] \tag{12.1.9}$$

可以定义最优值函数：

$$\begin{aligned} v^*(s) &= \max_\pi v_\pi(s) \\ q^*(s,a) &= \max_\pi q_\pi(s,a) \end{aligned} \tag{12.1.10}$$

根据 MDP 的理论，在一定条件下，存在最优的决策函数 π^*，由此得到 $v^*(s)=v_{\pi^*}(s)$，$q^*(s,a)=q_{\pi^*}(s,a)$。如果知道了 $q^*(s,a)$，我们就得到了最优值函数，即：

$$v^*(s)=\max_a q^*(s,a) \tag{12.1.11}$$

由于 $q^*(s,a)=q_{\pi^*}(s,a)$，因此满足式（12.1.7），即：

$$q^*(s,a)=R_s^a+\gamma\sum_{s'\in S}\boldsymbol{P}_{ss'}^a v^*(s') \tag{12.1.12}$$

将式（12.1.12）代入 $v^*(s)=\max\limits_a q^*(s,a)$，得到状态值函数的 Bellman 最优方程的形式如下：

$$v^*(s)=\max_a\left[R_s^a+\gamma\sum_{s'\in S}\boldsymbol{P}_{ss'}^a v^*(s')\right] \tag{12.1.13}$$

将 $v^*(s)=\max\limits_a q^*(s,a)$ 代入式（12.1.12），得到动作–状态值函数的 Bellman 最优方程的形式如下：

$$q^*(s,a)=R_s^a+\gamma\sum_{s'\in S}\boldsymbol{P}_{ss'}^a[\max_{a'}q^*(a',s')] \tag{12.1.14}$$

12.1.3 策略迭代和值迭代

在马尔可夫决策过程的转移概率矩阵 $\boldsymbol{P}$ 和回报函数 R 已知或者存在估计的情形下，求解马尔可夫决策过程可以通过策略迭代和值迭代实现。求解目标是找到最优决策函数 π^*，达到期望累积折现回报最大，即值函数最优。我们在以上推导 Bellman 方程的时候，使用的决策函数是一个随机决策函数 $\pi(a|s)$。在求解 MDP 的时候，我们使用确定性的贪婪决策函数，$\pi'(a'|s)=1$，$a'=\arg\max\limits_a q_\pi(s,a)$。我们将这个确定性的贪婪决策函数记为 $\pi'(s)$，则有：

$$\pi'(s)=\arg\max_a q_\pi(s,a) \tag{12.1.15}$$

可以证明，对任意的 π 和状态 s，$v_{\pi'}\geqslant v_\pi$。

在策略迭代算法中，需要对策略评估（Policy Evaluation）和策略改进（Policy Improvement）这两个步骤进行迭代，直到算法收敛。策略评估指的是对于给定的策略 $\pi(a|s)$，获取值函数 $v_\pi(s)$ 的估计。这一步可以使用状态值函数的 Bellman 方程迭代实现，

$$v_{k+1}(s)=\sum_{a\in A}\pi(a|s)\left[R_s^a+\gamma\sum_{s'\in S}\boldsymbol{P}_{ss'}^a v_k(s')\right] \tag{12.1.16}$$

策略改进指的是寻求一个更好的策略。对于给定的策略 $\pi(a|s)$，可以使用确定性的贪婪决策函数 $\pi'(s)$ 进行策略改进。于是我们得到了策略迭代算法描述，如下所示。

（1）初始化策略 π_0，$v_{\pi_0}(s)$。

（2）策略迭代 $t=0,1,2,\cdots$

① 策略评估：

a. 迭代 $k=1,2,\cdots$；

b. $v_{k+1}(s)=\sum\limits_{a\in A}\pi_t(a|s)\left[R_s^a+\gamma\sum\limits_{s'\in S}\boldsymbol{P}_{ss'}^a v_k(s')\right]$；

c. 收敛得到 $v_{\pi_t}(s)$。

② 策略改进：$\pi_{t+1}(s)=\arg\max\limits_a q_{\pi_t}(s,a)=\arg\max\limits_a R_s^a+\gamma\sum\limits_{s'\in S}\boldsymbol{P}_{ss'}^a v_{\pi_t}(s')$。

尽管策略迭代算法可以收敛到最优策略，但其中的策略评估步骤也包含迭代，因而增大了计算量。我们可以在不影响收敛性的情况下减少策略评估步骤的迭代次数。一种更简单的算法是将策略迭代替换为值迭代，可以写为：

$$v_{t+1}(s)=\max_a\left[R_s^a+\gamma\sum_{s'\in S}\boldsymbol{P}_{ss'}^a v_t(s')\right] \tag{12.1.17}$$

在获得最优值函数估计后，再一次性计算最优策略。这个算法称为值迭代算法。我们可以看到，值迭代算法可以通过状态值函数的 Bellman 最优方程实现。相应地，策略评估迭代可以通过状态值函数的 Bellman 方程来实现。

12.1.4 基于值函数的无模型强化学习

策略迭代和值迭代算法属于动态规划（Dynamic Programming），不需要与环境交互就可以直接求解决策函数。如果 MDP 的转移概率和回报函数未知，我们不能使用策略迭代和值迭代算法。本节将介绍在离散的状态空间和离散的动作空间情形下，基于值函数的无模型（Model Free）强化学习方法，包括蒙特卡洛方法和时序差分（Temporal Difference，TD）的代表性方法（如 SARSA、Q 学习等）。

在强化学习中，预测（Prediction）这个概念指的是值函数的估计，而控制（Control）指的是寻找最优策略。我们注意到，不能直接从状态值函数 $v_\pi(s)$ 得出策略，但可以从动作–状态值函数 $q_\pi(s,a)$ 求出策略。在 MDP 转移概率和回报函数已知的情形下，状态值函数 $v_\pi(s)$ 和动作–状态值函数 $q_\pi(s,a)$ 可以互相导出，因此策略迭代和值迭代算法可以聚焦在 $v_\pi(s)$。在没有转移概率和回报函数模型的时候，无模型强化学习方法更关注 $q_\pi(s,a)$ 的预测。

基于值函数的 Model Free 强化学习方法大体沿袭了策略迭代算法，分为策略评估（Policy Evaluation）和策略改进（Policy Improvement）两个部分。在模型未知的情形下，这两个步骤与策略迭代算法相比有所改变。对于策略改进，我们引入 $\epsilon-$贪婪决策函数（$\epsilon-$greedy policy），使得策略可以有机会探索到所有的动作。假设动作集 A 是有限的，$|A|$ 代表动作的个数，则 $\epsilon-$贪婪的随机策略为：

$$\pi'(a|s)=\begin{cases}1-\epsilon+\epsilon/|A|, & a=\arg\max\limits_{a'} q_\pi(s,a')\\ \epsilon/|A|, & a\neq\arg\max\limits_{a'} q_\pi(s,a')\end{cases} \tag{12.1.18}$$

与确定性的贪婪决策函数类似，$\epsilon-$贪婪决策函数也满足 $v_{\pi'}\geqslant v_\pi$，其中 π 是改进前的一个 $\epsilon-$贪婪决策函数。

1. 蒙特卡洛方法

对于无模型下的策略评估，我们可以使用蒙特卡洛方法和时序差分方法。蒙特卡洛（Monte Carlo，MC）方法是利用抽样轨迹中回报的均值来估计值函数。根据大数定律，样本均值将收敛到累计回报的期望。蒙特卡洛方法的一个例子是 First Visit 蒙特卡洛控制，算法描述如下：

（1）初始化策略 π_0，$q(s,a)$；初始化回报列表 $R(s,a)$，为 $|S|\times|A|$ 空列表。

（2）策略迭代 $t=0,1,2,\cdots$

① 策略评估：

a. 以策略 π_t 抽样，得到一段轨迹 $s_1,a_1,r_2,s_2,a_2,r_3,\cdots,s_T$；

b. 记录轨迹中每一个首次出现的动作状态对 (s,a) 之后的累积（折现）回报 $\tilde{R}_t(s,a)$，并附到 $R(s,a)$ 对应位置列表之后；

c. 计算 $q(s,a)$，即 $R(s,a)$ 对应位置列表元素的均值。

② 策略改进：$\epsilon-$贪婪策略改进 $q(s,a)$，得到 π_{t+1}。

蒙特卡洛方法还包括 Every Visit 蒙特卡洛控制、各种渐进式的蒙特卡洛控制（Incremental MC Control）等。渐进式的方法利用了均值的一个性质，即：

$$\mu_t=\frac{1}{t}\sum_{i=1}^{t}x_i=\frac{1}{t}[x_t+(t-1)\mu_{t-1}]=\mu_{t-1}+\frac{1}{t}(x_t-\mu_{t-1}) \tag{12.1.19}$$

因此在更新 $q(s,a)$ 时，可以使用：

$$q(s,a)\leftarrow q(s,a)+\frac{1}{N(s,a)}[\tilde{R}_t(s,a)-q(s,a)] \tag{12.1.20}$$

其中，$N(s,a)$ 是 $R(s,a)$ 对应位置列表元素的个数。在实际应用中，往往会用一个小的正数 η 替换 $\dfrac{1}{N(s,a)}$，得到的更新公式如下：

$$q(s,a)\leftarrow q(s,a)+\eta[\tilde{R}_t(s,a)-q(s,a)] \tag{12.1.21}$$

2. 时序差分方法

在使用蒙特卡洛方法的时候我们需要执行策略得到一段轨迹之后，才能获得 $\tilde{R}_t(s,a)$，从而更新一次 $q(s,a)$。在时序差分（TD）方法中，考虑到：

$$q_\pi(s,a)=E_\pi[r_{t+1}+\gamma q_\pi(s_{t+1},a_{t+1})|s_t=s,a_t=a] \tag{12.1.22}$$

我们使用 $r_{t+1}+\gamma q(s_{t+1},a_{t+1})$ 来替换 $\tilde{R}_t(s,a)$。这样处理后每一步都能更新一次 $q(s,a)$。我们将 $r_{t+1}+\gamma q(s_{t+1},a_{t+1})$ 称为一步 TD 目标。TD 可以展开到多步，如两步 TD 目标为：

$$r_{t+1}+\gamma r_{t+2}+\gamma^2 q(s_{t+2},a_{t+2}) \tag{12.1.23}$$

类似可得 k 步 TD 目标。TD 误差是 TD 目标和 $q(s,a)$ 的差，一步 TD 误差记为：

$$\delta_t^1=r_{t+1}+\gamma q(s_{t+1},a_{t+1})-q(s,a) \tag{12.1.24}$$

TD(n) 方法使用计算 n 步 TD 目标的指数加权平均作为 TD 目标，$n=1,2,\cdots$。结合一般策略评估–策略改进框架，我们得到离散状态和动作空间下，一步时序差分 TD(1) 的强化方法的算法描述，如下所示。

（1）初始化 $q(s,a)$，环境状态 s_0。

（2）策略迭代 $t=0,1,2,\cdots$

① 策略评估：

a. 根据 ϵ–贪婪的 π_t 策略，在状态 s_t 下选择动作 a_t；

b. 执行动作 a_t，进入状态 s_{t+1}，并得到回报 r_{t+1}；

c. 根据某个策略，在状态 s_{t+1} 下选择动作 a_{t+1}；

d. 使用一步 TD 方法，更新 $q(s_t,a_t)$。

② 策略改进：用 ϵ–贪婪策略改进 $q(s,a)$，得到 π_{t+1}。

在多局制（episode）环境下，我们在每局开始的时候重新初始化环境状态，并把动作–状态值函数在每局结束状态的值设为 0。由于 ϵ–贪婪策略仅用于选择一次动作，我们可以把以上算法描述如下。

（1）初始化 $q(s,a)$，环境状态 s_0。

（2）策略迭代 $t=0,1,2,\cdots$

① 基于 $q(s,a)$ 的 ϵ–贪婪的策略，在状态 s_t 下选择动作 a_t；

② 执行动作 a_t，进入状态 s_{t+1}，并得到回报 r_{t+1}；

③ 根据某个策略，在状态 s_{t+1} 下选择动作 a_{t+1}；

④ 使用一步 TD 方法，更新 $q(s_t,a_t)$。

以上算法可以包含常见的基于值函数的强化学习方法，如 SARSA 和 Q 学习。在 SARSA 强化学习中，策略评估第 3 步是根据 ϵ–贪婪的 π_t 策略，在状态 s_{t+1} 下选择动作 a_{t+1}。$q(s,a)$ 的 TD 更新公式是：

$$q(s_t,a_t) \leftarrow q(s_t,a_t)+\eta[r_{t+1}+\gamma q(s_{t+1},a_{t+1})-q(s_t,a_t)] \tag{12.1.25}$$

在 Q 学习中，策略评估第 3 步需要基于 $q(s_t,a)$ 的普通贪婪策略来选择动作 a_{t+1}，$q(s,a)$ 的 TD 更新公式与 SARSA 相同。Q 学习的更新也可以写成：

$$q(s_t,a_t) \leftarrow q(s_t,a_t)+\eta[r_{t+1}+\gamma \max_a q(s_{t+1},a)-q(s_t,a_t)] \tag{12.1.26}$$

比较 SARSA 和 Q 学习这两种算法可知，SARSA 在进行策略评估更新 $q(s,a)$ 的时候，使用到的动作 a_t 和 a_{t+1} 都是来自同样的策略，即基于 $q(s,a)$ 的 ϵ–贪婪策略。这种模式又称为同策略（on policy）TD 方法。而 Q 学习在策略评估更新 $q(s,a)$ 的时候，使用到来自不同策略的动作，即一个 ϵ–贪婪策略和一个贪婪策略。这种模式又称为异策略（off policy）TD 方法。

3. 强化学习方法比较

下面我们来比较动态规划（值迭代、策略迭代）、蒙特卡洛方法和时序差分方法。动态规划是基于模型的方法，没有使用抽样。而蒙特卡洛方法和时序差分方法属于无模型方法，都使用了抽样来评估策略、估计值函数。强化学习中有一个 Bootstraping 的概念，不同于统计学中的 Bootstrap（自助抽样），强化学习的 Bootstraping 指的是在估计值函数的时候，使用到了值函数在后续状态的估计值。动态规划和时序差分方法都是明显使用了 Bootstraping，蒙特卡洛方法没有使用 Bootstraping。

对于无模型方法，蒙特卡洛方法需要得到一段轨迹之后才能实施一次更新，时序差分可以在每一步都更新值函数，不需要等到马尔可夫决策过程结束。蒙特卡洛方法值函数估计是无偏差的，但方差较大，而时序差分的值函数估计方差较小但存在偏差。时序差分利用了马尔可夫性质；蒙特卡洛方法没有利用马尔可夫性质，因此在一些非马尔可夫的环境下也可以有好的表现。在 n 较大时，n 步时序差分方法趋向于蒙特卡洛方法。

12.2 值函数近似和深度 Q 网络

12.1 节介绍的强化学习方法是处理离散状态空间和离散动作空间的情形。如果状态空间 $s_t \in S$ 是连续的（动作空间仍然是离散的），可以考虑值函数近似的处理方案，如线性近似 $v_\pi(s) \approx v_\pi(s, \boldsymbol{\theta}) = \boldsymbol{\theta}^{\mathrm{T}} s$。使用线性近似的时序差分学习具有良好的性质，如收敛性。在状态空间很大的时候，一个自然的想法是使用非线性的神经网络近似值函数。虽然学术界和业界在这个方向上曾经有一些探索，但是在深度 Q 网络出现之前，一般认为结合神经网络近似值函数的强化学习是不稳定且难以训练的。深度 Q 网络（DQN）整合了一些能大幅提高训练稳定性的技巧，第一次实现了结合深度神经网络的强化学习方法。

12.2.1 值函数的近似

在无模型强化学习中，$q_\pi(s,a)$ 的估计是十分关键的。考虑 $q_\pi(s,a)$ 的一个近似 $\hat{q}(s,a,\boldsymbol{\theta})$，这个近似可以是线性函数也可以是复杂的深度神经网络。对于线性近似，$\boldsymbol{\theta} = (\theta_1, \cdots, \theta_{|A|})$，$\hat{q}(s,a,\boldsymbol{\theta}) = \boldsymbol{\theta}_a^{\mathrm{T}} s$。对于神经网络近似，$\boldsymbol{\theta}$ 代表神经网络的参数，可以是 $|A|$ 个不同的神经网络，也可以是底层共用的神经网络，仅在输出层有 $|A|$ 个不同的输出。深度 Q 学习的神经网络近似采用了后一种网络结构。

在假设 $q_\pi(s,a)$ 已知的情形下，使用最小二乘来作为求解 $\boldsymbol{\theta}$ 的目标函数：

$$\ell(\boldsymbol{\theta}) = E_\pi[q_\pi(s,a) - \hat{q}(s,a,\boldsymbol{\theta})]^2 \tag{12.2.1}$$

参数 $\boldsymbol{\theta}$ 可以使用随机梯度下降法更新：

$$\boldsymbol{\theta} \leftarrow \boldsymbol{\theta} + \eta[q_\pi(s,a) - \hat{q}(s,a,\boldsymbol{\theta})]\nabla_{\boldsymbol{\theta}}\hat{q}(s,a,\boldsymbol{\theta}) \tag{12.2.2}$$

在实际中，$q_\pi(s,a)$ 是未知的，我们借鉴时序差分方法，把 $q_\pi(s,a)$ 替换为 $r_{t+1}+\gamma\hat{q}(s_{t+1}, a_{t+1},\boldsymbol{\theta})$，于是参数 $\boldsymbol{\theta}$ 的 TD 更新变为：

$$\boldsymbol{\theta} \leftarrow \boldsymbol{\theta} + \eta[r_{t+1} + \gamma\hat{q}(s_{t+1}, a_{t+1}, \boldsymbol{\theta}) - \hat{q}(s, a, \boldsymbol{\theta})]\nabla_{\boldsymbol{\theta}}\hat{q}(s, a, \boldsymbol{\theta}) \tag{12.2.3}$$

参考离散状态和离散动作空间下一步时序差分的强化学习的算法，我们可以写出（动作空间离散时）值函数近似的一步时序差分的强化学习，如下所示。

（1）初始化 θ，环境状态 s_0；

（2）策略迭代 $t=0,1,2,\cdots$

① 基于 $\hat{q}(s,a,\boldsymbol{\theta})$ 的 $\epsilon-$贪婪策略，在状态 s_t 下选择动作 a_t；

② 执行动作 a_t，进入状态 s_{t+1}，并得到回报 r_{t+1}；

③ 根据某个策略，在状态 s_{t+1} 下选择动作 a_{t+1}；

④ 使用值函数近似的 TD 方法，更新参数 $\boldsymbol{\theta}$：

$$\boldsymbol{\theta} \leftarrow \boldsymbol{\theta} + \eta[r_{t+1} + \gamma\hat{q}(s_{t+1}, a_{t+1}, \boldsymbol{\theta}) - \hat{q}(s_t, a_t, \boldsymbol{\theta})]\nabla_{\boldsymbol{\theta}}\hat{q}(s_t, a_t, \boldsymbol{\theta}) \tag{12.2.4}$$

以上算法在 $\hat{q}(s,a,\boldsymbol{\theta})$ 是线性近似的时候，策略评估的第 3 步可以使用 $\epsilon-$贪婪策略选择动作 a_{t+1}，得到 LSTD-SARSA 算法；使用普通贪婪策略选择动作 a_{t+1}，得到 LSTD-Q 算法。但是，强化学习算法使用复杂的非线性神经网络近似是很难训练的。我们将要介绍的深度 Q 网络改进了训练技巧，成功地实现了卷积神经网络近似的强化学习。

12.2.2 深度 Q 网络 DQN

深度 Q 网络（Deep Q Network，DQN），是第一个成功地将深度学习引入到强化学习的算法。DQN 之前的研究发现，在时序差分强化学习中直接引入神经网络近似会导致神经网络的参数发散或震荡。DQN 论文认为不收敛的原因主要有以下 3 点。

（1）输入数据不是独立同分布的，可能具有高度序列相关性。

（2）神经网络近似的值函数 $\hat{q}(s,a,\boldsymbol{\theta})$ 不稳定将导致基于 $\hat{q}(s,a,\boldsymbol{\theta})$ 的贪婪策略不稳定，不利于生成好的 TD 目标用于网络训练。

（3）某次回报的（绝对）值过大会导致梯度下降训练不稳定。

DQN 针对以上 3 个问题分别设计了相应的处理方法。对于高度序列相关性输入数据，引入经验回放（experience replay）来减弱数据关联性，获得相对独立的训练数据。对于策略不稳定问题，DQN 引入目标网络，在一段训练期内固定目标网络来产生 TD 目标。最后，为了获得相对稳健的梯度训练，DQN 限制 TD 误差 (12.2.5) 在 $[-1,1]$ 区间，这等价于修正了式 (12.2.1) 平方损失目标函数，即使用 Huber Loss，将 $[-1,1]$ 区间之外的平方损失替换为绝对值损失。

1. 经验回放

将路径中的数据元组 $\boldsymbol{e}_t=(s_t,a_t,r_{t+1},s_{t+1})$ 存储到一定大小的回放容器（Replay Memory，记为 D）中。在策略评估步骤更新 $\hat{q}(s,a,\boldsymbol{\theta})$ 中的参数 $\boldsymbol{\theta}$ 的时候，随机选取记忆容器中的小批量（mini-batch）数据估计动作状态–值函数，并更新网络参数。在实施经验回放更新后，代理将根据 $\epsilon-$贪婪策略选择一个动作并进入下一个状态，获得下一个回报。

2. 目标网络

DQN 建立两个结构一样但参数可能不同的神经网络，记为在线网络 $\hat{q}(s,a,\boldsymbol{\theta})$ 和目标网络 $\hat{q}(s,a,\boldsymbol{\theta}^-)$。在线网络参数 $\boldsymbol{\theta}$ 不断更新，而目标网络 $\boldsymbol{\theta}^-$ 定期更新，如每隔 N 步，将 $\boldsymbol{\theta}^-$ 设为 $\boldsymbol{\theta}$，基于在线网络用 $\epsilon-$贪婪策略来产生轨迹，并存入回放容器。目标网络的用途是产生 Q 学习的 TD 目标值 $r_{t+1}+\gamma\max_a\hat{q}(s_{t+1},a,\boldsymbol{\theta}^-)$。TD 误差由基于目标网络的 TD 目标值和基于在线网络的 $\hat{q}(s,a,\boldsymbol{\theta})$ 组成，即 DQN 的 TD 误差为：

$$r_{t+1}+\gamma\max_a\hat{q}(s_{t+1},a,\boldsymbol{\theta}^-)-\hat{q}(s_t,a_t,\boldsymbol{\theta}) \tag{12.2.5}$$

其中，$(s_t,a_t,r_{t+1},s_{t+1})$ 由回放容器中随机抽样产生。引入目标网络的处理能使训练更加稳健，防止 $\boldsymbol{\theta}$ 频繁更新导致 TD 目标值不稳定而引发的网络发散或震荡。

结合以上说明，我们可以得到 DQN 算法描述如下。

（1）初始化 $\boldsymbol{\theta}$，环境状态 s_0，$\boldsymbol{\theta}^-\leftarrow\boldsymbol{\theta}$，$\boldsymbol{\theta}^-$ 的更新周期 N。

（2）策略迭代 $t=0,1,2,\cdots$

① 基于 $\hat{q}(s,a,\boldsymbol{\theta})$ 的 $\epsilon-$贪婪策略，在状态 s_t 下选择动作 a_t；

② 执行动作 a_t，进入状态 s_{t+1}，并得到回报 r_{t+1}；

③ 将数据元组 $\boldsymbol{e}_t=(s_t,a_t,r_{t+1},s_{t+1})$ 存储到回放容器 D 中；

④ 从回放容器中随机 mini-batch 抽样，如得到一个样本 $\boldsymbol{e}_k=(s_k,a_k,r_{k+1},s_{k+1})$；

⑤ 使用值函数近似的 TD 方法，更新参数 $\boldsymbol{\theta}$。记 $a_{k+1}=\max\limits_a\hat{q}(s_{k+1},a,\boldsymbol{\theta}^-)$，则有

$$\boldsymbol{\theta}\leftarrow\boldsymbol{\theta}+\eta[r_{k+1}+\gamma\hat{q}(s_{k+1},a_{k+1},\boldsymbol{\theta}^-)-\hat{q}(s_k,a_k,\boldsymbol{\theta})]\nabla_{\boldsymbol{\theta}}\hat{q}(s_k,a_k,\boldsymbol{\theta}) \tag{12.2.6}$$

其中，$r_{k+1}+\gamma\hat{q}(s_{k+1},a_{k+1},\theta^-)-\hat{q}(s_k,a_k,\theta)$ 的值在 $[-1,1]$ 区间之外会被设为边界值 1 或 -1。

⑥ 每间隔 N 步（t 被 N 整除），$\boldsymbol{\theta}^-\leftarrow\boldsymbol{\theta}$。

在多局制（episode）环境下，我们在每局开始的时候重新初始化环境状态，并把动作–状态值函数在每局结束状态的值设为 0。

3. DQN 的拓展

DQN 的成功启发了一系列相关工作，包括 Double DQN、Prioritized Replay 和 Dueling Architecture 等。Double Q 学习解决了 Q 学习中的 q 值估计偏高的问题。将 Double Q 学

习方法应用到 DQN，一种简单的处理方法是只需将 DQN 算法第⑤步 a_{k+1} 的计算修改为 $a_{k+1}=\max\limits_{a}\hat{q}(s_{k+1},a,\boldsymbol{\theta})$。Prioritized Replay 修改了经验回放中的随机抽样，使得更重要的样本（TD 误差大）被回放的频率更大。Dueling Architecture 把 q 值函数分解为状态值函数和优势函数之和，$q(s,a,\boldsymbol{\theta})=v_{\pi_{\boldsymbol{\theta}}}(s,\boldsymbol{\theta})+A(s,a,\boldsymbol{\theta})$，并使用底层共享的网络结构分别估计再加起来。实践证明，以上 3 种处理方法对 DQN 都有显著的改进，这些方法也可以组合起来使用，会得到更好的效果。

12.2.3 案例分析：DQN 智能交易机器人

[目标和背景]

本例中我们使用结合 Prioritized Replay 的 Double DQN 方法来实现一个智能量化交易机器人。机器人根据输入的技术指标来综合分析，并输出持仓决策。对应到强化学习的术语，状态集 $\boldsymbol{s}_t$ 是一个 16×1 的向量，表示输入使用的 16 个技术指标（包括 ROC、RSI、ADX 等）。动作集是 $(-1,0,1)$，表示卖空一手，无持仓和持有一手。回报由持仓和下一刻的价格变化决定。训练结束后，我们得到了 q 函数网络 $q(s,a)$，表示在技术指标 s 和持仓 a 条件下的未来累计折现期望收益。我们会根据最高的期望收益对应的动作来决定持仓。

[解决方案和程序]

使用沪深 300 指数 2015 年 1 月 5 号到 7 月 14 号的数据作为训练数据，并将 7 月 15 号到 12 月 7 号的数据作为检验数据。神经网络使用了具有两个隐含层的 DNN，参数设定较为随意，没有刻意优化，训练过程较为稳定，样本内效果不断提升，也得到相对正面的样本外表现。折现因子设为 0.95，意味着交易机器人关注中长期的期望收益。如果更换不同的网络参数和训练参数，甚至是更换技术指标和训练数据，训练完成后就会得到不同的交易机器人。这些机器人根据训练数据和参数可以适应一定的市场环境并取得成绩。本例中的交易机器人可以解释为一个关注中长期的期望收益，可以在类似从 2015 年 1 月 5 号到 7 月 14 号的市场环境中取得较好收益的智能交易机器人。

由于 Double DQN 程序较长，我们把实现代码放在本书的配套学习资料和网页中，读者可以自行学习，对照书中的公式和程序代码加深理解。本例中，从图 12.1 中我们可以看到，智能交易机器人样本内收益非常高，样本外测试也取得了正收益。但由于很多的相关工作没有考虑进去，如考虑资金成本、交易成本，防止过拟合等，回测得到的收益和实际交易会有很大差距。智能交易机器人需要经过很多改进和提升才可以用于实践。

对 AI 交易机器人程序进行简单修改，动作集固定为 1，一直持有，其他设置不变，输出为持有策略的期望收益 $q_{\pi}(s,a=1)$，修改后将得到“AI 股评家”。它可以解释为，在类似训练样本的市场环境中，对市场未来走势预期较准确的人工智能评论员。更换不同的参数、指标和训练数据，训练完后就会得到很多不同风格，对未来不同时间长度进行预期的 AI 股评家。这里的股评家实际上是对持有策略进行策略评估，不包含策略改进的步骤。实际上，持有策略的股评家类似于一个有监督学习模型，但在设置响应变量上较有监督学习更为灵活。股评家可以评估各种固定的策略，如2均线策略；也可以进行相应的策略评估，这点通过有监督学习是较难实现的。

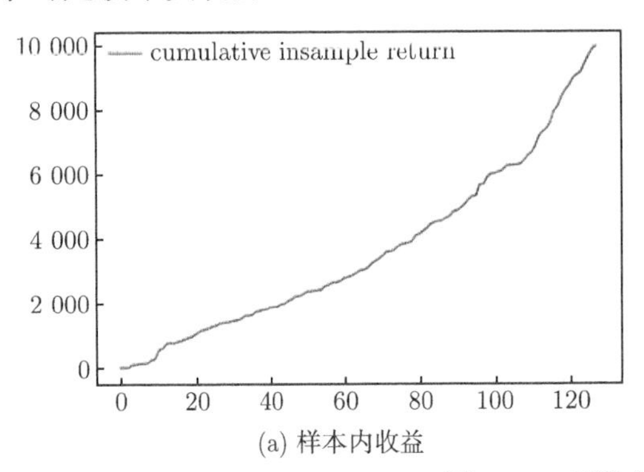

(a) 样本内收益

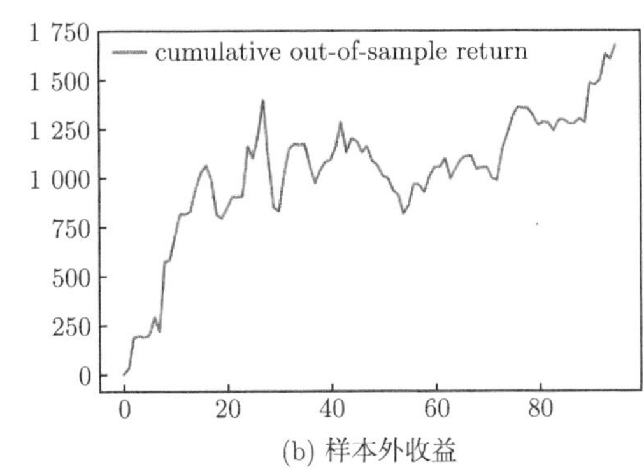

(b) 样本外收益

图 12.1 智能交易机器人收益表现

12.3 策略梯度和 Actor-Critic 方法

强化学习除了基于值函数的一类方法（如 SARSA、Q 学习）之外，还有一类是基于策略的，又称为策略梯度（Policy Gradient，PG）方法。值函数方法通过估计动作–值函数，间接地获得了策略，这类方法难以应用到连续的动作空间的情形以及最优策略是随机策略的情形。基于策略类的方法通常具有更好的收敛性，在高维度和连续动作空间更有效，可以用来学习随机策略。

12.3.1 策略梯度定理

在策略类强化学习方法中，我们一般用值函数近似直接对策略进行建模，即优化 $\pi(a|s,\boldsymbol{\theta})$，记为 $\pi_{\boldsymbol{\theta}}$。策略建模一种常见的例子是 soft max 策略，即：

$$\pi(a|s,\boldsymbol{\theta})=\frac{\exp[h(s,a,\boldsymbol{\theta})]}{\sum_{a'}\exp[h(s,a',\boldsymbol{\theta})]} \tag{12.3.1}$$

其中，$h(s,a,\boldsymbol{\theta})$ 可以是线性函数也可以表示复杂的深度神经网络。另一种常用的策略建模是连续型的高斯策略，即：

$$\pi(a|s,\boldsymbol{\theta})=\phi[a|\mu(s,\boldsymbol{\theta}),\sigma(s,\boldsymbol{\theta})] \tag{12.3.2}$$

其中，ϕ 表示正态密度函数，$\sigma(s,\boldsymbol{\theta})=\exp[g(s,\boldsymbol{\theta})]$，$\mu(s,\boldsymbol{\theta})$ 和 $g(s,\boldsymbol{\theta})$ 可以是线性函数也可以是复杂的深度神经网络。

我们的目标是求解 $\boldsymbol{\theta}$，使得在策略 $\pi_{\boldsymbol{\theta}}$ 下最大化初始状态开始的期望累计回报（值函数）$J(\boldsymbol{\theta})=v_{\pi_{\boldsymbol{\theta}}}(s_0)$，或者最大化值函数的平均，$J(\boldsymbol{\theta})=\sum_s \mathrm{d}_{\pi_{\boldsymbol{\theta}}}(s)v_{\pi_{\boldsymbol{\theta}}}(s)$，其中，$\mathrm{d}_{\pi_{\boldsymbol{\theta}}}(s)$ 表示在

策略 $\pi_{\boldsymbol{\theta}}$ 下状态的平稳分布，则有：

$$\boldsymbol{\theta}^* = \arg\max_{\theta} J(\boldsymbol{\theta}) \tag{12.3.3}$$

上式可以通过梯度算法进行迭代求解：

$$\boldsymbol{\theta}^{(l+1)} = \boldsymbol{\theta}^l + \eta \nabla_{\boldsymbol{\theta}} J(\boldsymbol{\theta}) \tag{12.3.4}$$

其中，η 是学习率，$\nabla_{\boldsymbol{\theta}} J(\boldsymbol{\theta})$ 是 $J(\boldsymbol{\theta})$ 的梯度。

策略梯度定理（Policy Gradient Theorem）是求解策略 $\nabla_{\boldsymbol{\theta}} J(\boldsymbol{\theta})$ 的基础。萨顿（Sutton）等人（2000）证明策略梯度具有如下形式：

$$\nabla_{\boldsymbol{\theta}} J(\boldsymbol{\theta}) = \int \mathrm{d}_{\pi_{\boldsymbol{\theta}}}(\boldsymbol{s}) \int q_{\pi_{\boldsymbol{\theta}}}(s, a) \nabla_{\boldsymbol{\theta}} \pi(a|s, \boldsymbol{\theta}) \mathrm{d}a\mathrm{d}s \tag{12.3.5}$$

利用 $\nabla_{\boldsymbol{\theta}} \pi(a|s, \boldsymbol{\theta}) = \pi(a|s, \boldsymbol{\theta}) \nabla_{\boldsymbol{\theta}} \log \pi(a|s, \boldsymbol{\theta})$，策略梯度可以进一步写为：

$$\nabla_{\boldsymbol{\theta}} J(\boldsymbol{\theta}) = E_{s \sim \mathrm{d}_{\pi_{\boldsymbol{\theta}}}, a \sim \pi} \left[q_{\pi_{\theta}}(s, a) \nabla_{\theta} \log \pi(a|s, \boldsymbol{\theta}) \right] \tag{12.3.6}$$

根据策略梯度定理，我们可以通过抽样来估计策略梯度，进而使用随机梯度算法来更新参数。REINFOECE 算法使用折扣累积回报 G_t 来估计 $q_{\pi_\theta}(s, a)$，是一种蒙特卡洛算法。REINFO-ECE 算法描述如下：

（1）初始化策略 $\pi_{\boldsymbol{\theta}}$；

（2）多局制（episode）环境下，迭代 $k = 0, 1, 2, \cdots$

① 根据策略 $\pi_{\boldsymbol{\theta}}$，抽样得到第 k 局状态–动作–回报的轨迹 $s_0, a_0, r_1, s_1, a_1, r_2, \cdots, r_T$；

② 迭代 $t = 0, 1, 2, \cdots$

a. 计算 $G_t = \sum_{j=t+1}^{\mathrm{T}} \gamma^{j-t-1} r_j$；

b. $\boldsymbol{\theta} \leftarrow \boldsymbol{\theta} + \eta G_t \nabla_{\boldsymbol{\theta}} \log \pi(a_t|s_t, \boldsymbol{\theta})$。

多局制（episode）环境下，每局会有一个终止状态，因此 G_t 与没有终止状态的折扣累积回报 $R_t = \sum_{k=0}^{\infty} \gamma^k r_{t+k+1}$ 不同。Sutton 建议参数更新时加上一个动态权重 γ^t，即 $\boldsymbol{\theta} \leftarrow \boldsymbol{\theta} + \eta \gamma^t G_t \nabla_{\boldsymbol{\theta}} \log \pi(a_t|s_t, \boldsymbol{\theta})$。此外，直接使用 REINFOECE 算法会导致较大的估计方差，实际使用的时候会考虑将折扣累积回报 G_t 减去一个与动作无关的基准 $b(s)$。例如，状态值函数的一个函数近似作为基准 $b(s) = \hat{v}_{\pi_\theta}(s, w)$。容易验证，$E_{s \sim \mathrm{d}_{\pi_{\boldsymbol{\theta}}}, a \sim \pi}[\nabla_{\boldsymbol{\theta}} \log \pi(a|s, \boldsymbol{\theta}) b(s)] = 0$，因此减去基准并不会影响策略梯度的期望。动作–状态值函数减去基准后一般称为优势函数。这个时候我们得到带基准的 REINFOECE 算法描述如下：

（1）初始化策略 $\pi_{\boldsymbol{\theta}}$，值函数 $\hat{v}_{\pi_{\boldsymbol{\theta}}}(s, w)$，$\eta_1 > 0, \eta_2 > 0$。

（2）多局制（episode）环境下，迭代 $k = 0, 1, 2, \cdots$

① 根据策略 $\pi_{\boldsymbol{\theta}}$，抽样得到第 k 局状态–动作–回报的轨迹 $s_0, a_0, r_1, s_1, a_1, r_2, \cdots, r_T$；

② 迭代 $t=0,1,2,\cdots$

a. 计算 $G_t=\sum_{j=t+1}^{\mathrm{T}}\gamma^{j-t-1}r_j$；

b. $\delta_t=G_t-\hat{v}_{\pi_{\boldsymbol{\theta}}}(s_t,w)$；

c. $w\leftarrow w+\eta_1\delta_t\nabla_w\hat{v}_{\pi_\theta}(s_t,w)$；

d. $\boldsymbol{\theta}\leftarrow\boldsymbol{\theta}+\eta_2\gamma^t\delta_t\nabla_{\boldsymbol{\theta}}\log\pi(a_t|s_t,\boldsymbol{\theta})$。

12.3.2 强化学习和有监督学习的对比

策略梯度定理告诉我们，如果希望值函数 $J(\boldsymbol{\theta})$ 增大，我们应该如何改变参数。如果我们令 $L(\boldsymbol{\theta})=-J(\boldsymbol{\theta})$，并最小化 $L(\boldsymbol{\theta})$，则梯度算法求解式 (12.3.4) 和式 (11.1.5) 形式完全一致。下面我们把强化学习和有监督学习的梯度算法进行对比。强化学习中的状态 s 的地位等同于有监督学习中的解释变量 X，强化学习中的动作 a 的地位等同于有监督学习的响应变量或标签 Y，而 $\log\pi(a_t|s_t,\boldsymbol{\theta})$ 的地位类似于单个样本的损失函数。

我们看到，强化学习与有监督学习十分类似。假设我们已经事先得到了样本 $(a_t,s_t),t=1,\cdots,T$，就是说在每个状态中我们已知正确的动作，则强化学习的求解完全变为一个标准的有监督学习，最小化：

$$-\sum_{t=1}^{T}\log\pi(a_t|s_t,\boldsymbol{\theta})\tag{12.3.7}$$

由于在强化学习中，样本不像监督学习那样可以事先得到，而是需要通过代理和环境的交互来获取。我们根据 $s\sim\mathrm{d}_{\pi_{\boldsymbol{\theta}}},a\sim\pi$ 抽样得到状态–动作–回报的轨迹 $s_0,a_0,r_1,s_1,a_1,r_2,\cdots,r_T$（仅需保留状态–动作轨迹）。然后利用样本均值来替换式 (12.3.6) 中的期望，从而计算梯度。

一个区别在于，有监督学习的标签 Y 默认是正确的标签，而强化学习的“标签 a”不一定是正确的，所以强化学习需要通过 $q_{\pi_{\boldsymbol{\theta}}}(s,a)$ 来对单个样本的损失函数进行加权。$q_{\pi_{\boldsymbol{\theta}}}(s,a)$ 是动作–状态值函数，引入这个权重使得对值函数的估计较大的样本（动作–状态样本）对改变参数有较大影响。在带基准的 REINFOECE 算法中，我们使用优势函数进行加权，使得比平均的值函数偏离更大的动作–状态样本有更大的权重，从而引导策略更新偏向于能带来更好的动作–状态值函数对应的动作–状态。另一个区别在于，有监督学习的样本分布是确定的，而强化学习中不断抽样得到的样本的分布依赖于参数 $\boldsymbol{\theta}$，而 $\boldsymbol{\theta}$ 在不断更新，因此强化学习的训练样本的分布在策略收敛前是不断变化的。

12.3.3 Actor-Critic 算法

Actor-Critic 算法是基于策略梯度定理的梯度方法，Critic 表示一个函数近似的动作–状态值函数 $\hat{q}(s,a,w)$，用来估计策略梯度中的 $q_{\boldsymbol{\theta}}(s,a)$；Actor 代表参数化的策略 $\pi(a|s,\boldsymbol{\theta})$，Actor 的参数更新方向依赖于 Critic 的值。我们看到，带基准的 REINFOECE 算法已经具有 Actor-Critic 的雏形，但还不是一个标准的 Actor-Critic 算法。在标准的 Actor-Critic 算法中，我们

一般使用 Bootstraping，即使用 TD 的方式估计动作–状态值函数 $q_{\pi_{\boldsymbol{\theta}}}(s,a)$，在每一步都能更新 Actor 和 Critic 的参数，并使用最新的策略进行抽样。

与 REINFORCE 算法类似，在 Actor-Critic 算法中直接使用动作–状态值函数 $q_{\pi_{\boldsymbol{\theta}}}(s,a)$ 的参数近似会导致估计方差较大。通常在实际使用中，我们会定义一个优势函数 $A_{\pi_{\boldsymbol{\theta}}}(s,a)=q_{\pi_{\boldsymbol{\theta}}}(s,a)-v_{\pi_{\boldsymbol{\theta}}}(s)$，并基于优势函数的策略梯度来实现 Actor-Critic 算法。则有：

$$\nabla_{\boldsymbol{\theta}} J(\boldsymbol{\theta})=E_{s\sim \mathrm{d}_{\pi_{\boldsymbol{\theta}}},a\sim\pi}\left[A_{\pi_{\boldsymbol{\theta}}}(s,a)\nabla_{\boldsymbol{\theta}}\log\pi(a|s,\boldsymbol{\theta})\right] \tag{12.3.8}$$

根据式（12.1.6），状态值函数的一步 TD 误差 $\delta_t=r_{t+1}+\gamma v_{\pi_\theta}(s_{t+1})-v_{\pi_\theta}(s_t)$ 满足：

$$E_{\pi_{\boldsymbol{\theta}}}(\delta_t|s_t,a_t)=q_{\pi_{\boldsymbol{\theta}}}(s_t,a_t)-v_{\pi_{\boldsymbol{\theta}}}(s_t)=A_{\pi_{\boldsymbol{\theta}}}(s_t,a_t) \tag{12.3.9}$$

我们使用值函数近似的一步 TD 误差 $\hat{\delta}_t=r_{t+1}+\gamma\hat{v}_{\pi_{\boldsymbol{\theta}}}(s_{t+1},w)-\hat{v}_{\pi_{\boldsymbol{\theta}}}(s_t,w)$ 来替代上式的期望 δ_t，作为优势函数的无偏估计，得到一步 TD 的 Actor-Critic 算法描述，如下所示：

（1）初始化策略 $\pi_{\boldsymbol{\theta}}$，值函数 $\hat{v}_{\pi_{\boldsymbol{\theta}}}(s,w)$，$\eta_1>0,\eta_2>0$。

（2）多局制（episode）环境下，迭代 $k=0,1,2,\cdots$

① 初始化第 k 局状态 s_0；

② 迭代 $t=0,1,2,\cdots$

a. 根据策略 $\pi(\cdot|s_t,\boldsymbol{\theta})$ 选择动作 a_t；

b. 执行动作 a_t，进入状态 s_{t+1}，并得到回报 r_{t+1}；

c. 计算一步 TD 误差 $\hat{\delta}_t=r_{t+1}+\gamma\hat{v}_{\pi_{\boldsymbol{\theta}}}(s_{t+1},w)-\hat{v}_{\pi_{\boldsymbol{\theta}}}(s_t,w)$；

d. $w\leftarrow w+\eta_1\hat{\delta}_t\nabla_w\hat{v}_{\pi_{\boldsymbol{\theta}}}(s_t,w)$；

e. $\boldsymbol{\theta}\leftarrow\boldsymbol{\theta}+\eta_2\gamma^t\hat{\delta}_t\nabla_{\boldsymbol{\theta}}\log\pi(a_t|s_t,\boldsymbol{\theta})$。

1. TRPO

策略梯度的一个问题是在更新参数的时候由于步长不合适可能会导致目标函数 $J(\boldsymbol{\theta})$ 减小而不是增大。对这个问题的一个改进方案是 TRPO（Trust Region Policy Optimization），通过近似求解更新前后两个策略下的值函数的差，并加入更新前后两个策略 KL 距离的约束等技巧，保证参数更新的时候目标函数 $J(\boldsymbol{\theta})$ 不减小。在实践中，TRPO 及相关算法（如 PPO）等表现十分优秀，如在训练对战游戏 DOTA 中 OpenAI Five 人工智能体取得了很好的成绩。

2. A3C

在 DQN 中，我们使用经验回放来解决训练数据高度相关性的问题。经验回放对计算机内存有较大要求，不能充分利用计算机性能。DeepMind 团队提出了异步更新的框架来解决输入数据相关性问题。用异步方法创建多个代理，单机中可以使用多线程在多个环境中并行且异步地运行。不同的代理可能会遇到不同的状态，执行不同的动作，从而避免了数据相关性。此外，由于不需要存储样本，因此这种方法需要更少的内存开销。

异步方法应用到策略梯度中的一个著名算法是 A3C（Asynchronous Advantage Actor-Critic）。在 A3C 中，使用了深度神经网络来对策略和值函数建模，如卷积神经网络。A3C 具有两个全局的网络，全局策略网络和全局值函数网络。与 DQN 类似，这两个网络具有共同的非输出层，仅在输出层参数不同。每个代理使用 n 步 TD 方法来计算自己的策略梯度，并把这些梯度累加起来，一定步数后更新共享网络参数。A3C 方法在处理一大类连续动作空间问题的表现十分优异，在性能、计算和时间消耗上都大幅优于以前的方法。

3. DDPG

策略梯度定理中的策略 $\pi(a|s,\boldsymbol{\theta})$ 是一个用分布表示的随机策略。与离散情形的贪婪策略（12.1.15）类似，我们也可以学习一个确定性策略 $a=\pi'(s,\boldsymbol{\theta})$。西沃（Silver）（2014）证明，策略梯度定理在确定性策略下也成立，并证明了确定性策略梯度（Deterministic Policy Gradient，DPG），形式如下：

$$\nabla_{\boldsymbol{\theta}} J(\boldsymbol{\theta})=E_{s\sim d_{\pi'_{\boldsymbol{\theta}}}}\left[\nabla_{\boldsymbol{\theta}}\pi'(s,\boldsymbol{\theta})\nabla_a q_{\pi_{\boldsymbol{\theta}}}(s,a)|_{a=\pi'(s,\boldsymbol{\theta})}\right] \tag{12.3.10}$$

与随机策略的 Actor-Critic 算法类似，我们容易得到确定性策略下的 Actor-Critic 算法（SARSA）描述，如下所示：

（1）初始化策略 $\pi_{\boldsymbol{\theta}}$，值函数 $\hat{v}_{\pi_{\boldsymbol{\theta}}}(s,w)$，$\eta_1>0,\eta_2>0$。

（2）多局制（episode）环境下，迭代 $k=0,1,2,\cdots$

① 初始化第 k 局状态 s_0；

② 迭代 $t=0,1,2,\cdots$

a. 根据策略 $\pi'(s_t,\boldsymbol{\theta})$ 得到动作 a_t；

b. 执行动作 a_t，进入状态 s_{t+1}，并得到回报 r_{t+1} 及动作 $a_{t+1}=\pi'(s_{t+1},\boldsymbol{\theta})$；

c. 计算一步 TD 误差 $\hat{\delta}_t=r_{t+1}+\gamma\hat{q}_{\pi'_\theta}(s_{t+1},a_{t+1},w)-\hat{q}_{\pi'_\theta}(s_t,a_t,w)$；

d. $w\leftarrow w+\eta_1\hat{\delta}_t\nabla_w\hat{q}_{\pi'_{\boldsymbol{\theta}}}(s_t,a_t,w)$；

e. $\boldsymbol{\theta}\leftarrow\boldsymbol{\theta}+\eta_2\gamma^t\hat{\delta}_t\nabla_{\boldsymbol{\theta}}\pi'(s_t,\boldsymbol{\theta})\nabla_a q_{\pi_{\boldsymbol{\theta}}}(s_t,a_t)|_{a=\pi'(s_t,\boldsymbol{\theta})}$。

确定性策略在使用 on policy 算法时会导致探索不足，此时我们可以引入 off policy 算法，在选择动作时使用随机的策略等方法来增加探索，提高算法收敛到最优的可能性。

在策略梯度方法中我们可以借鉴 DQN 的成功技术，引入深度神经网络作为策略函数和值函数的近似。深度确定随机梯度算法（DDPG）引入了 DQN 的关键处理方法，即采用了经验回放和目标网络这两项技术。DDPG 的经验回放仿照了 DQN 的做法，但在目标网络技术上有创新，把目标网络定期更新改为逐渐更新。与 DQN 相比，DDPG 解决高维连续动作控制问题，将深度强化学习方法推广到可以处理连续状态空间和连续动作空间的情形。

4. D4PG

大部分强化学习方法都基于值函数，或从值函数出发，考虑折现（累积）回报的期望。贝勒马尔（Bellemare）等人（2017）提出了从折现回报分布的视角来研究强化学习，而不是仅仅关注回报的期望或均值。对折现回报分布建模比对期望建模可以获得更多有用的信息，提升了强化学习方法的准确性和学习效率。基于分布建模的思路可以用到各种强化学习方法中，提升原有方法的表现。如基于分布建模的 DQN 在各个 Atari 游戏中的表现均超越了 DQN。巴斯（Barth）等人（2018）将深度确定随机梯度算法 DDPG 结合折现回报的分布建模和分布式计算，得到了 D4PG 方法（D4 表示 deep，distributed，distributional，deterministic），这个方法超越了 A3C，是深度强化学习最出色的方法之一（state of the art）。

12.4 学习、推演和搜索

12.4.1 “记忆式”学习

在有监督学习中，我们对模型 $Y=f(X,\theta)+\epsilon$ 进行建模估计 f，这接近于我们日常说的“记忆”这个概念。例如，使用 k 近邻法估计 f 在某个 x 的值，实际是通过记住了 x 附近的响应变量的值求平均得到的，这是一种低级的通过简单“记忆”来学习的方法。使用结构化的模型 f 代表了通过某种形式的“记忆”来进行学习。深度学习引入多层神经网络来提取数据特征，瓶颈理论揭示了信息在层间的流动和信息遗忘，代表了一种更高级的学习方式。

在强化学习中，学习的概念指的是通过不断与环境的交互改进决策函数 $\pi(a|s)$。我们把强化学习和有监督学习对比一下。从 TD 的参数更新的角度看，强化学习与有监督学习类似，强化学习中的动作 a_t 类似于有监督学习的响应变量或标签 Y，而状态 s_t 类似于有监督学习的解释变量 X。不同的是。有监督学习的样本是预先给定的，而强化学习中的样本需要通过代理不断与环境互动来获取。这点与在线监督学习也不同。有监督的在线学习中，学习器被动接受新的样本；而强化学习中，代理可以根据动态更新的策略去探索环境获得学习样本。

一些强化学习方法也属于记忆式学习。在离散状态和离散动作情形下，基于值函数的无模型学习（蒙特卡洛和 TD 方法）最终得到两维表格 $q(s,a)$，通过表格记住了每一个状态下执行各个动作的累积期望收益，作为决策的依据。深度强化学习代表算法如 DQN，把表格式记忆学习替换成了更高级的基于神经网络的学习方法。这些方法和人类的学习方式仍有很大不同。一个明显的差别是深度强化学习需要极其大量的训练样本，而人类的学习方式不需要也不可能处理等量的样本数据。AlphaGo 的创作者之一，大卫 · 西沃（David Silver）提出人工智能 = 强化学习 + 深度学习。尽管深度强化学习在一些任务中，如电子游戏、下棋等，取得了超越人类的成绩，但它离大众所期望的接近人类智能（拥有自我意识）的“人工智能”仍有很大的距离。

12.4.2 推演和搜索

强化学习中除了学习的概念，还有一个特有的概念，称为规划（Planning，在本书中也称为推演），它比起记忆式学习更接近人类的思考和决策方式。强化学习的规划指的是没有与环境交互的情形下改进决策函数。在有模型的情形下，规划的例子包括策略迭代和值迭代算法。在无模型强化学习里，规划指的是代理在学习过程的某个时刻，暂时停止与环境的交互，在此期间通过某种方式来改进决策函数。改进决策函数的方法可以是对环境和回报函数建模，利用模型抽样生成的样本去学习，然后更新策略，如 Dyna 算法、VIN 等。或者我们可以通过对未来轨迹的搜索来进行规划。因此，Planning 这个概念翻译成中文“推演”也是比较合适的。

搜索指的是在当前状态下对未来动作状态轨迹的探索，用来寻找最优决策。搜索可以用来进行规划（推演），在一些环境下（如下棋类游戏）会比使用其他的规划算法更高效。常用的搜索算法一般使用树的结构来表示环境状态的转换。强化学习中搜索的方法主要有全宽度搜索、基于抽样的搜索、基于模拟的搜索以及蒙特卡洛树搜索（MCTS）。全宽度搜索对当前状态下每一个可能的动作和每一个后继状态都进行搜索，然后使用某种回溯方式评估值函数。基于抽样的搜索对环境和回报函数建模，利用模型生成轨迹探索部分后继动作和状态。基于模拟的搜索（包括蒙特卡洛模拟搜索）使用一个固定的模拟策略生成一段达到终点的轨迹，通常利用多段轨迹的平均回报作为当前状态下动作–状态值函数的估计。

12.4.3 蒙特卡洛树搜索

蒙特卡洛树搜索（MCTS）是一种重要的搜索算法，在棋类游戏中取得了巨大的成功。树的节点代表一个游戏状态 s，同时包含了该状态被访问的次数 $N(s)$，以及每一个后继动作–状态值函数 $q(s,a)$，和每一个后继动作–状态访问次数 $N(s,a)$。MCTS 包含 4 个主要步骤，具体描述如下。

（1）迭代 $k=1,2,\cdots,K$。

① 选择。每次自根节点 s_0 开始往下选择路径，直到一个访问过但没有完全展开的叶子节点。节点 s 被访问过意味着访问的次数 $N(s)>0$。没有完全展开意味着该节点存在至少一个后继状态没有被访问。

② 扩张。在选择步骤最后的叶子节点 s_{T-1}，随机选择一个后继状态，并将该状态并入蒙特卡洛树，成为一个新的叶子节点 s_T。

③ 评估。评估最近加入的新叶子节点 s_T。对于棋类游戏这步可以是某种快速走子的策略，得到这个状态下的累积回报 $\tilde{R}$，或者是结合状态值函数的网络近似直接评估己方胜率。

④ 回溯。更新本次模拟中，从根节点到最新加入的叶子节点这条路径上所有节点 $\{s_0,\cdots,s_T\}$ 的统计信息；

（2）MCTS 进行了 K 次的模拟之后，执行根节点 s_0 被访问次数最多的子节点对应的动作。

UCT 算法是 MCTS 算法的一个成功的例子。在 UCT 中，MCTS 的第一步选择步骤应用了 UCB1 算法。选择的规则如下：

$$q'(s,a)=q(s,a)+c\sqrt{\frac{2\log N(s)}{N(s,a)}} \tag{12.4.1}$$

$$a'=\arg\max q'(s,a) \tag{12.4.2}$$

其中，c 是一个控制如何探索的常数，平衡蒙特卡洛树搜索算法中对已有信息的利用和对未知领域的探索这两方面（balance between exploitation and exploration）。$c=0$ 的时候我们得到一个偏向于深度搜索的贪婪的 MCTS 算法，c 越大就越偏向探索没有被访问过，或者访问次数较少的节点，防止算法陷入局部极值。

在第 4 步回溯中，对本次模拟从根节点到最新加入的叶子节点路径 $\{s_0,a_0,s_1,a_1\cdots,s_T\}$ 的每个节点进行更新：

$$N(s_t) \qquad \leftarrow N(s_t)+1 \tag{12.4.3}$$

$$N(s_t,a_t) \qquad \leftarrow N(s_t,a_t)+1 \tag{12.4.4}$$

$$q(s_t,a_t) \quad \leftarrow q(s_t,a_t)+\frac{\tilde{R}-q(s_t,a_t)}{N(s_t,a_t)} \tag{12.4.5}$$

AlphaGo 在 MCTS 算法中引入深度神经网络作为策略函数和值函数近似，在大量计算资源的支持下，棋力显著超过了顶尖的人类棋手。这是自 DQN 之后，深度强化学习的又一次著名应用。MCTS 还可以用于改进 DQN 算法，寻找贝叶斯强化学习的最优规划等。

12.4.4 不完全信息决策简介

围棋游戏属于完全信息的博弈，整个过程对博弈双方是完全可观测的和完全公开的。其他一些非常流行的游戏，如德州扑克和麻将等，不属于完全信息的博弈，博弈双方或多方只能观测到部分的信息。解决这类不完全信息博弈问题的一个重要方法是 Counterfactual Regret Minimization（CFR），通过迭代逼近博弈的纳什均衡（Nash Equilibriun）。在 CFR 的基础上，有限制回合的德州扑克问题得到了基本解决。结合 CFR 的深度强化学习在这类不完全信息博弈问题中也取得了很优异的表现。例如，DeepStack 结合了递归 CFR、搜索树和深度神经网络等技术，在无限制回合的一对一德州扑克中击败了人类职业玩家。由卡内基梅隆大学研发的 Libratus 是一个更强的人工智能德州扑克程序，可以在一对一比赛中击败顶尖人类职业玩家。对于多人德州扑克游戏，人工智能也有了很大的进展。

不完全信息决策模型的另一个例子是部分可观察的马尔可夫决策过程（Partially Observable Markov Decision Process，POMDP）。POMDP 与 MDP 的关系类似于马尔可夫模型和隐马尔可夫模型的关系，在 POMDP 中代理观测到的环境状态是隐状态确定的模型随机产生的，而隐状态不能被观察到。

本章习题

1. 证明由式 (12.1.15) 定义的贪婪决策函数 π'，对任意的 π 和状态 s，满足 $v_{\pi'} \geqslant v_\pi$。

2. 证明由式 (12.1.18) 定义的 $\epsilon-$贪婪决策函数 π'，满足 $v_{\pi'} \geqslant v_\pi$。其中 π 是改进前的一个 $\epsilon-$贪婪决策函数。

3. 描述 TD(λ) 算法。

4. 描述 Double DQN 算法。

5. 证明策略梯度定理 (12.3.5)。

6. 对带基准的 REINFOECE 算法，验证 $\mathrm{E}_{s\sim d_{\pi_{\boldsymbol{\theta}}},a\sim\pi}[\nabla_{\boldsymbol{\theta}} \log \pi(a|s,\boldsymbol{\theta})b(s)] = 0$。

7. 证明确定性策略梯度定理 (12.3.10)。

8. 对比强化学习的动作–状态和有监督学习的响应变量–解释变量，理解梯度策略定理是一种加权极大似然估计的梯度求解方法。

9. 自主编程，使用 Actor-Critic 方法对 12.2.3 节案例分析中的数据进行分析，并对比 DQN 的结果。

10. 自主编程，对 12.2.3 节案例分析中的程序进行修改得到 AI 股评家。

参考文献

[1] 李航. 统计学习方法 [M]. [S.l.]: 清华大学出版社, 2012.

[2] 周志华. 机器学习 [M]. [S.l.]: 清华大学出版社, 2016.

[3] TAN P-N. Introduction to data mining [M]. [S.l.]: Pearson Education India, 2018.

[4] HAN J, PEI J, KAMBER M. Data mining: concepts and techniques [M]. [S.l.]: Elsevier, 2011.

[5] LOADER C R. Local likelihood density estimation [J]. The Annals of Statistics, 1996, 24(4): 1602–1618.

[6] HJORT N L, JONES M C. Locally parametric nonparametric density estimation [J]. The Annals of Statistics, 1996: 1619–1647.

[7] EGGERMONT P, LARICCIA V. Maximum smoothed likelihood density estimation for inverse problems [J]. The Annals of Statistics, 1995, 23(1): 199–220.

[8] EGGERMONT P. Nonlinear smoothing and the EM algorithm for positive integral equations of the first kind [J]. Applied Mathematics and Optimization,1999, 39(1): 75–91.

[9] NG A Y, JORDAN M I, WEISS Y. On spectral clustering: Analysis and an algorithm [C] // Advances in Neural Information Processing Systems.2002: 849–856.

[10] VON LUXBURG U. A tutorial on spectral clustering [J]. Statistics and Computing, 2007, 17(4): 395–416.

[11] ESTER M, KRIEGEL H-P, SANDER J, et al. A density-based algorithm for discovering clusters in large spatial databases with noise. [C] // Kdd: Vol 96. 1996: 226–231.

[12] ANKERST M, BREUNIG M M, KRIEGEL H-P, et al. OPTICS: ordering points to identify the clustering structure [C] // ACM Sigmod Record: Vol 28. 1999: 49–60.

[13] SIBSON R. SLINK: an optimally efficient algorithm for the single-link cluster method [J]. The Computer journal, 1973, 16(1): 30–34.

[14] ZHANG T, RAMAKRISHNAN R, LIVNY M. BIRCH: an efficient data clustering method for very large databases [C] // ACM Sigmod Record: Vol 25. 1996: 103–114.

[15] ECKART C, YOUNG G. The approximation of one matrix by another of lower rank [J]. Psychometrika, 1936, 1(3): 211–218.

[16] HASTIE T, TIBSHIRANI R. Discriminant analysis by Gaussian mixtures [J]. Journal of the Royal Statistical Society: Series B (Methodological), 1996, 58(1): 155–176.

[17] MITCHELL T J, BEAUCHAMP J J. Bayesian variable selection in linear regression [J]. Journal of the American Statistical Association, 1988, 83(404): 1023–1032.

[18] GOLDFELD S M, QUANDT R E. A Markov model for switching regressions [J/OL]. Journal of

Econometrics,1973, 1(1): 3–15.
https://EconPapers.repec.org/RePEc:eee:econom:v:1:y:1973:i:1:p:3-15.

[19] STAMP M. A revealing introduction to hidden Markov models [J]. Department of Computer Science San Jose State University, 2004: 26–56.

[20] TIBSHIRANI R. Regression shrinkage and selection via the lasso [J]. Journal of the Royal Statistical Society: Series B (Methodological),1996, 58(1): 267–288.

[21] FRIEDMAN J, HASTIE T, HÖFLING H, et al. Pathwise coordinate optimization [J]. The Annals of Applied Statistics, 2007, 1(2): 302–332.

[22] EFRON B, HASTIE T, JOHNSTONE I, et al. Least angle regression [J]. The Annals of Statistics, 2004, 32(2): 407–499.

[23] HUNTER D R, LI R. Variable selection using MM algorithms [J]. Annals of Statistics, 2005, 33(4): 1617.

[24] FAN J, LI R. Variable selection via nonconcave penalized likelihood and its oracle properties [J]. Journal of the American Statistical Association, 2001, 96(456): 1348–1360.

[25] ZHANG C. Nearly unbiased variable selection under minimax concave penalty [J]. The Annals of Statistics, 2010, 38(2): 894–942.

[26] SHEN X, PAN W, ZHU Y. Likelihood-Based Selection and Sharp Parameter Estimation [J]. Journal of the American Statistical Association,2012, 107: 223–232.

[27] TREFETHEN L N, BAU III D. Numerical linear algebra: Vol 50 [M]. [S.l.]: Siam, 1997.

[28] DEMMEL J W. Applied numerical linear algebra: Vol 56 [M]. [S.l.]: Siam, 1997.

[29] CORTES C, VAPNIK V. Support-vector networks [J]. Machine Learning, 1995, 20(3): 273–297.

[30] BENJAMINI Y, HOCHBERG Y. Controlling the false discovery rate: a practical and powerful approach to multiple testing [J]. Journal of the Royal Statistical Society: series B (Methodological), 1995, 57(1): 289–300.

[31] MASON S J, GRAHAM N E. Areas beneath the relative operating characteristics (ROC) and relative operating levels (ROL) curves: Statistical significance and interpretation [J]. Quarterly Journal of the Royal Meteorological Society, 2002, 128(584): 2145–2166.

[32] WILSON D L. Asymptotic properties of nearest neighbor rules using edited data [J]. IEEE Transactions on Systems, Man, and Cybernetics, 1972(3): 408–421.

[33] LIU X-Y, WU J, ZHOU Z-H. Exploratory undersampling for class-imbalance learning [J]. IEEE Transactions on Systems, Man, and Cybernetics, Part B (Cybernetics),2009, 39(2): 539–550.

[34] CHAWLA N V, BOWYER K W, HALL L O, et al. SMOTE: synthetic minority over-sampling technique [J]. Journal of Artificial Intelligence Research,2002, 16: 321–357.

[35] ELKAN C. The foundations of cost-sensitive learning [C] // International Joint Conference on Artificial Intelligence: Vol 17. 2001: 973–978.

[36] DRUMMOND C, HOLTE R C. Exploiting the Cost (In)sensitivity of Decision Tree Splitting Criteria [C] // ICML. 2000.

[37] LING C X, YANG Q, WANG J, et al. Decision trees with minimal costs [C] // ICML. 2004.

[38] FAN W, STOLFO S J, ZHANG J, et al. AdaCost: Misclassification Cost-Sensitive Boosting [C/OL] // ICML'99: Proceedings of the Sixteenth International Conference on Machine Learning. San Francisco, CA, USA: Morgan Kaufmann Publishers Inc., 1999: 97–105. http://dl.acm.org/citation.cfm?id=645528.657651.

[39] VIOLA P A, JONES M J. Fast and Robust Classification using Asymmetric AdaBoost and a Detector Cascade [C] // NIPS. 2001.

[40] WEISS G M, MCCARTHY K, ZABAR B. Cost-sensitive learning vs. sampling: Which is best for handling unbalanced classes with unequal error costs? [J]. DMIN, 2007, 7: 35–41.

[41] KING G, ZENG L. Logistic Regression in Rare Events Data [J/OL]. Political Analysis,2001, 9(02): 137–163. https://EconPapers.repec.org/RePEc:cup:polals:v:9:y:2001:i:02:p:137-163_00.

[42] OWEN A B. Infinitely Imbalanced Logistic Regression [J]. Journal of Machine Learning Research, 2007, 8: 761–773.

[43] DE BOOR C. A practical guide to splines [J], 2001.

[44] RAMSAY J, SILVERMAN B. Functional data analysis [M]. [S.l.]: Springer,,2005.

[45] WAHBA G. Spline models for observational data: Vol 59 [M]. [S.l.]: Siam, 1990.

[46] GIROSI F, JONES M, POGGIO T. Regularization theory and neural networks architectures [J]. Neural Computation, 1995, 7(2): 219–269.

[47] NADARAYA E A. On estimating regression [J]. Theory of Probability & Its Applications, 1964, 9(1): 141–142.

[48] WATSON G S. Smooth regression analysis [J]. Sankhyā: The Indian Journal of Statistics, Series A, 1964: 359–372.

[49] FAN J, GIJBELS I. Local Polynomial Modelling and its Applications: Vol 66 [M]. [S.l.]: Chapman & Hall/CRC, 1996.

[50] FAN J. Local linear regression smoothers and their minimax efficiencies [J]. The Annals of Statistics, 1993, 21(1): 196–216.

[51] BOUSQUET O, BOUCHERON S, LUGOSI G. Introduction to statistical learning theory [C] // Summer School on Machine Learning. 2003: 169–207.

[52] AKAIKE H. Information Theory and an Extension of the Maximum Likelihood Principle [G] // Breakthroughs in Statistics. [S.l.]: Springer, 1992: 610–624.

[53] SUGIURA N. Further analysts of the data by akaike's information criterion and the finite corrections: Further analysts of the data by akaike's [J]. Communications in Statistics-Theory and Methods, 1978, 7(1): 13–26.

[54] SCHWARZ G. Estimating the dimension of a model [J]. The Annals of Statistics, 1978, 6(2): 461–464.

[55] ZOU H, HASTIE T, TIBSHIRANI R. On the degrees of freedom of the lasso [J]. The Annals of Statistics, 2007, 35(5): 2173–2192.

[56] TIBSHIRANI R J, TAYLOR J. Degrees of freedom in lasso problems [J]. The Annals of Statistics, 2012, 40(2): 1198–1232.

[57] YE J. On measuring and correcting the effects of data mining and model selection [J]. Journal of the American Statistical Association, 1998, 93(441): 120–131.

[58] EFRON B, TIBSHIRANI R J. An introduction to the bootstrap [M]. [S.l.]: CRC press,1994.

[59] DEMPSTER A P, LAIRD N M, RUBIN D B. Maximum likelihood from incomplete data via the EM algorithm [J]. Journal of the Royal Statistical Society: Series B (Methodological), 1977, 39(1): 1–22.

[60] WU C J. On the convergence properties of the EM algorithm [J]. The Annals of Statistics, 1983, 11(1): 95–103.

[61] LANGE K, HUNTER D R, YANG I. Optimization transfer using surrogate objective functions [J]. Journal of Computational and Graphical Statistics, 2000, 9(1): 1–20.

[62] HUNTER D R, LANGE K. A tutorial on MM algorithms [J]. The American Statistician, 2004, 58(1): 30–37.

[63] FORNEY G D. The viterbi algorithm [J]. Proceedings of the IEEE, 1973, 61(3): 268–278.

[64] HOETING J A, MADIGAN D, RAFTERY A E, et al. Bayesian model averaging: a tutorial [J]. Statistical Science, 1999: 382–401.

[65] HASTINGS W K. Monte Carlo sampling methods using Markov chains and their applications [J], 1970.

[66] CHIB S, GREENBERG E. Understanding the metropolis-hastings algorithm [J]. The American Statistician,1995, 49(4): 327–335.

[67] METROPOLIS N, ROSENBLUTH A W, ROSENBLUTH M N, et al. Equation of state calculations by fast computing machines [J]. The Journal of Chemical Physics, 1953, 21(6): 1087–1092.

[68] GEMAN S, GEMAN D. Stochastic relaxation, Gibbs distributions, and the Bayesian restoration of images [G] // Readings in Computer Vision. [S.l.]: Elsevier, 1987: 564–584.

[69] WAINWRIGHT M J, JORDAN M I, OTHERS. Graphical models, exponential families, and variational inference [J]. Foundations and Trends® in Machine Learning, 2008, 1(1–2): 1–305.

[70] BLEI D M, KUCUKELBIR A, MCAULIFFE J D. Variational inference: A review for statisticians [J]. Journal of the American Statistical Association,2017, 112(518): 859–877.

[71] DRUGOWITSCH J. Variational Bayesian inference for linear and logistic regression [J]. arXiv preprint arXiv: 1310. 5438, 2013.

[72] BRODERSEN K H. TAPAS-VBLM [K/OL]. https://translationalneuromodeling.github.io/tapas/.

[73] BREIMAN L. Classification and regression trees [M]. [S.l.]: Routledge, 2017.

[74] QUINLAN J R. Induction of decision trees [J]. Machine Learning, 1986, 1(1): 81–106.

[75] QUINLAN J R. C4.5: programs for machine learning [M]. [S.l.]: Elsevier, 2014.

[76] QUINLAN R. C5.0 [K/OL]. 2004. www.rulequest.com.

[77] RIPLEY B D. Pattern recognition and neural networks [M]. [S.l.]: Cambridge University Press, 2007.

[78] BREIMAN L. Bagging predictors [J]. Machine learning, 1996, 24(2): 123–140.

[79] BREIMAN L. Random forests [J]. Machine learning,2001, 45(1): 5–32.

[80] FREUND Y, SCHAPIRE R. A decision-theoretic generalization of online learning and an application to boosting [J]. Journal of Computer and System Sciences, 1997, 55: 119–139.

[81] FRIEDMAN J, HASTIE T, TIBSHIRANI R, et al. Additive logistic regression: a statistical view of boosting (with discussion and a rejoinder by the authors) [J]. The Annals of Statistics, 2000, 28(2): 337–407.

[82] EFRON B, HASTIE T, JOHNSTONE I, et al. Least angle regression [J]. The Annals of Statistics, 2004, 32(2): 407–499.

[83] FRIEDMAN J H. Greedy function approximation: a gradient boosting machine [J]. Annals of Statistics, 2001: 1189–1232.

[84] CHEN T, GUESTRIN C. Xgboost: A scalable tree boosting system [C] // Proceedings of the 22nd acm sigkdd international conference on knowledge discovery and data mining. 2016: 785–794.

[85] ROSENBLATT F. The perceptron: a probabilistic model for information storage and organization in the brain. [J]. Psychological Review,1958, 65(6): 386.

[86] RUMELHART D E, HINTONF G E. Learning representations by back-propagating errors [J]. Nature, 1986, 323: 9.

[87] SUTSKEVER I, MARTENS J, DAHL G, et al. On the importance of initialization and momentum in deep learning [C] // International conference on machine learning. 2013: 1139–1147.

[88] TIELEMAN T, HINTON G. Lecture 6.5-rmsprop: Divide the gradient by a running average of its recent magnitude [J]. COURSERA: Neural networks for machine learning, 2012, 4(2): 26–31.

[89] KINGMA D P, BA J. Adam: A method for stochastic optimization [J]. arXiv preprint arXiv: 1412.6980, 2014.

[90] NAIR V, HINTON G E. Rectified linear units improve restricted boltzmann machines [C] // Proceedings of the 27th international conference on machine learning (ICML-10). 2010: 807–814.

[91] MAAS A L, HANNUN A Y, NG A Y. Rectifier nonlinearities improve neural network acoustic models [C] // Proc. icml: Vol 30. 2013: 3.

[92] HE K, ZHANG X, REN S, et al. Delving deep into rectifiers: Surpassing human-level performance on imagenet classification [C] // Proceedings of the IEEE international conference on computer vision. 2015: 1026–1034.

[93] XU B, WANG N, CHEN T, et al. Empirical evaluation of rectified activations in convolutional network [J]. arXiv preprint arXiv: 1505.00853,2015.

[94] CLEVERT D-A, UNTERTHINER T, HOCHREITER S. Fast and accurate deep network learning by exponential linear units (elus) [J]. arXiv preprint arXiv: 1511. 07289, 2015.

[95] BENGIO Y. Practical recommendations for gradient-based training of deep architectures [G] // Neural networks: Tricks of the trade. [S.l.]:Springer, 2012: 437–478.

[96] LECUN Y, BOSER B, DENKER J S, et al. Backpropagation applied to handwritten zip code

recognition [J]. Neural Computation, 1989, 1(4): 541–551.

[97] SZEGEDY C, LIU W, JIA Y, et al. Going deeper with convolutions [C] // Proceedings of the IEEE conference on computer vision and pattern recognition. 2015: 1–9.

[98] IOFFE S, SZEGEDY C. Batch normalization: Accelerating deep network training by reducing internal covariate shift [J]. arXiv preprint arXiv: 1502. 03167, 2015.

[99] LECUN Y, BOTTOU L, BENGIO Y, et al. Gradient-based learning applied to document recognition [J]. Proceedings of the IEEE, 1998, 86(11): 2278–2324.

[100] KRIZHEVSKY A, SUTSKEVER I, HINTON G E. Imagenet classification with deep convolutional neural networks [C] // Advances in Neural Information Processing Systems. 2012: 1097–1105.

[101] WANG S, WANG Y, TANG J, et al. What your images reveal: Exploiting visual contents for point-of-interest recommendation [C] // Proceedings of the 26th International Conference on World Wide Web. 2017: 391–400.

[102] SIMONYAN K, ZISSERMAN A. Very deep convolutional networks for large-scale image recognition [J]. arXiv preprint arXiv: 1409. 1556, 2014.

[103] LECUN Y, BENGIO Y, HINTON G. Deep learning [J]. Nature, 2015, 521(7553): 436.

[104] CHO K, VAN MERRIËNBOER B, GULCEHRE C, et al. Learning phrase representations using RNN encoder-decoder for statistical machine translation [J]. arXiv preprint arXiv: 1406. 1078, 2014.

[105] HOCHREITER S, SCHMIDHUBER J. Long short-term memory [J]. Neural Computation, 1997, 9(8): 1735–1780.

[106] GERS F A, SCHRAUDOLPH N N, SCHMIDHUBER J. Learning precise timing with LSTM recurrent networks [J]. Journal of Machine Learning Research, 2002, 3(Aug): 115–143.

[107] SRIVASTAVA N, HINTON G, KRIZHEVSKY A, et al. Dropout: a simple way to prevent neural networks from overfitting [J]. The Journal of Machine Learning Research, 2014, 15(1): 1929–1958.

[108] SANTURKAR S, TSIPRAS D, ILYAS A, et al. How does batch normalization help optimization? [C] // Advances in Neural Information Processing Systems. 2018: 2483–2493.

[109] HE K, ZHANG X, REN S, et al. Deep residual learning for image recognition [C] // Proceedings of the IEEE conference on computer vision and pattern recognition. 2016: 770–778.

[110] VEIT A, WILBER M J, BELONGIE S. Residual networks behave like ensembles of relatively shallow networks [C] // Advances in Neural Information Processing Systems. 2016: 550–558.

[111] VINCENT P, LAROCHELLE H, BENGIO Y, et al. Extracting and composing robust features with denoising autoencoders [C] // Proceedings of the 25th international conference on Machine learning. 2008: 1096–1103.

[112] NG A, OTHERS. Sparse autoencoder [J]. CS294A Lecture notes, 2011, 72(2011): 1–19.

[113] HINTON G E, OSINDERO S, TEH Y-W. A fast learning algorithm for deep belief nets [J]. Neural Computation, 2006, 18(7): 1527–1554.

[114] BENGIO Y, LAMBLIN P, POPOVICI D, et al. Greedy layer-wise training of deep networks [C]

// Advances in Neural Information Processing Systems. 2007: 153–160.

[115] VINCENT P, LAROCHELLE H, LAJOIE I, et al. Stacked denoising autoencoders: Learning useful representations in a deep network with a local denoising criterion [J]. Journal of Machine Learning Research,2010, 11(Dec): 3371–3408.

[116] ZEILER M D, TAYLOR G W, FERGUS R, et al. Adaptive deconvolutional networks for mid and high level feature learning. [C] // ICCV: Vol 1. 2011: 6.

[117] ZEILER M D, FERGUS R. Visualizing and understanding convolutional networks [C] // European conference on computer vision. 2014: 818–833.

[118] GOODFELLOW I, POUGET-ABADIE J, MIRZA M, et al. Generative adversarial nets [C] // Advances in Neural Information Processing Systems. 2014: 2672–2680.

[119] RADFORD A, METZ L, CHINTALA S. Unsupervised representation learning with deep convolutional generative adversarial networks [J]. arXiv preprint arXiv: 1511.06434, 2015.

[120] MIRZA M, OSINDERO S. Conditional generative adversarial nets [J]. arXiv preprint arXiv: 1411. 1784, 2014.

[121] ARJOVSKY M, CHINTALA S, BOTTOU L. Wasserstein gan [J]. arXiv preprint arXiv: 1701. 07875, 2017.

[122] DONAHUE J, KRÄHENBÜHL P, DARRELL T. Adversarial feature learning [J]. arXiv preprint arXiv: 1605. 09782, 2016.

[123] NOWOZIN S, CSEKE B, TOMIOKA R. f-gan: Training generative neural samplers using variational divergence minimization [C] // Advances in Neural Information Processing Systems. 2016: 271–279.

[124] BROCK A, DONAHUE J, SIMONYAN K. Large scale gan training for high fidelity natural image synthesis [J]. arXiv preprint arXiv: 1809. 11096, 2018.

[125] KINGMA D P, WELLING M. Auto-encoding variational bayes [J]. arXiv preprint arXiv: 1312.6114, 2013.

[126] SU J. Variational Inference: A Unified Framework of Generative Models and Some Revelations [J]. arXiv preprint arXiv: 1807. 05936, 2018.

[127] HORNIK K, STINCHCOMBE M, WHITE H. Multilayer feedforward networks are universal approximators [J]. Neural Networks, 1989, 2(5): 359–366.

[128] TISHBY N, PEREIRA F C, BIALEK W. The information bottleneck method [J]. arXiv preprint physics/0004057, 2000.

[129] HIGGINS I, MATTHEY L, PAL A, et al. beta-vae: Learning basic visual concepts with a constrained variational framework [C] // International Conference on Learning Representations: Vol 3. 2017.

[130] ALEMI A A, FISCHER I, DILLON J V, et al. Deep variational information bottleneck [J]. arXiv preprint arXiv: 1612.00410, 2016.

[131] SHWARTZ-ZIV R, TISHBY N. Opening the black box of deep neural networks via information

[J]. arXiv preprint arXiv: 1703. 00810, 2017.

[132] MNIH V, KAVUKCUOGLU K, SILVER D, et al. Playing atari with deep reinforcement learning [J]. arXiv preprint arXiv: 1312. 5602, 2013.

[133] MNIH V, KAVUKCUOGLU K, SILVER D, et al. Human-level control through deep reinforcement learning [J]. Nature, 2015, 518(7540): 529.

[134] TSITSIKLIS J N, VAN ROY B. Analysis of temporal-diffference learning with function approximation [C] // Advances in Neural Information Processing Systems. 1997: 1075–1081.

[135] LIN L-J. Reinforcement learning for robots using neural networks [R]. [S.l.]: Carnegie-Mellon Univ Pittsburgh PA School of Computer Science, 1993.

[136] VAN HASSELT H, GUEZ A, SILVER D. Deep reinforcement learning with double q-learning [C] // Thirtieth AAAI Conference on Artificial Intelligence. 2016.

[137] SCHAUL T, QUAN J, ANTONOGLOU I, et al. Prioritized experience replay [J]. arXiv preprint arXiv: 1511. 05952, 2015.

[138] WANG Z, SCHAUL T, HESSEL M, et al. Dueling network architectures for deep reinforcement learning [J]. arXiv preprint arXiv: 1511. 06581, 2015.

[139] HASSELT H V. Double Q-learning [C] // Advances in Neural Information Processing Systems. 2010: 2613–2621.

[140] SUTTON R S, MCALLESTER D A, SINGH S P, et al. Policy gradient methods for reinforcement learning with function approximation [C] // Advances in Neural Information Processing Systems. 2000: 1057–1063.

[141] SCHULMAN J, LEVINE S, ABBEEL P, et al. Trust region policy optimization [C] // International Conference on Machine Learning. 2015: 1889–1897.

[142] SCHULMAN J, WOLSKI F, DHARIWAL P, et al. Proximal policy optimization algorithms [J]. arXiv preprint arXiv: 1707. 06347, 2017.

[143] MNIH V, BADIA A P, MIRZA M, et al. Asynchronous methods for deep reinforcement learning [C] // International conference on machine learning. 2016: 1928–1937.

[144] SILVER D, LEVER G, HEESS N, et al. Deterministic policy gradient algorithms [C] // ICML. 2014.

[145] LILLICRAP T P, HUNT J J, PRITZEL A, et al. Continuous control with deep reinforcement learning [J]. arXiv preprint arXiv: 1509. 02971, 2015.

[146] BELLEMARE M G, DABNEY W, MUNOS R. A distributional perspective on reinforcement learning [C] // Proceedings of the 34th International Conference on Machine Learning-Volume 70. 2017: 449–458.

[147] BARTH-MARON G, HOFFMAN M W, BUDDEN D, et al. Distributed distributional deterministic policy gradients [J]. arXiv preprint arXiv: 1804. 08617, 2018.

[148] SUTTON R S. Integrated architectures for learning, planning, and reacting based on approximating dynamic programming [G] // Machine Learning Proceedings 1990. [S.l.]: Elsevier, 1990:

216–224.

[149] TAMAR A, WU Y, THOMAS G, et al. Value iteration networks [C] // Advances in Neural Information Processing Systems. 2016: 2154–2162.

[150] COULOM R. Efficient selectivity and backup operators in Monte-Carlo tree search [C] // International Conference on Computers and Games. 2006: 72–83.

[151] BROWNE C B, POWLEY E, WHITEHOUSE D, et al. A survey of monte carlo tree search methods [J]. IEEE Transactions on Computational Intelligence and AI in games, 2012, 4(1): 1–43.

[152] KOCSIS L, SZEPESVÁRI C. Bandit based monte-carlo planning [C] // European Conference on Machine Learning. 2006: 282–293.

[153] AUER P, CESA-BIANCHI N, FISCHER P. Finite-time analysis of the multiarmed bandit problem [J]. Machine Learning,2002, 47(2-3): 235–256.

[154] SILVER D, HUANG A, MADDISON C J, et al. Mastering the game of Go with deep neural networks and tree search [J]. Nature, 2016, 529(7587): 484.

[155] SILVER D, SCHRITTWIESER J, SIMONYAN K, et al. Mastering the game of go without human knowledge [J]. Nature, 2017, 550(7676): 354.

[156] GUO X, SINGH S, LEE H, et al. Deep learning for real-time Atari game play using offline Monte-Carlo tree search planning [C] // Advances in Neural Information Processing Systems. 2014: 3338–3346.

[157] GUEZ A, SILVER D, DAYAN P. Efficient Bayes-adaptive reinforcement learning using sample-based search [C] // Advances in Neural Information Processing Systems.2012: 1025–1033.

[158] ZINKEVICH M, JOHANSON M, BOWLING M, et al. Regret minimization in games with incomplete information [C] // Advances in Neural Information Processing Systems. 2008: 1729–1736.

[159] BOWLING M, BURCH N, JOHANSON M, et al. Heads-up limit holdem poker is solved [J]. Science, 2015, 347(6218): 145–149.

[160] MORAVČÍK M, SCHMID M, BURCH N, et al. Deepstack: Expert-level artificial intelligence in heads-up no-limit poker [J]. Science, 2017, 356(6337): 508–513.

[161] BROWN N, SANDHOLM T. Superhuman AI for heads-up no-limit poker: Libratus beats top professionals [J]. Science, 2018, 359(6374): 418–424.

[162] BROWN N, SANDHOLM T. Superhuman AI for multiplayer poker [J]. Science, 2019: eaay 2400.